全国中医药行业高等教育“十二五”创新教材
高等中医药院校中药学、药学类专业实践教学创新系列教材

# 基础化学实验

（供中药学、药学、制药工程、生物制药及相关专业用）

主　编　胡冬华　徐可进　杨　晶
副主编　孙　波　李德慧　吕　喆
编　委　刘　莉　许佳明　李　丹
　　　　高　颖　和东亮　赵珊珊
　　　　刘　威　白云鹏

中国中医药出版社
·北　京·

图书在版编目（CIP）数据

基础化学实验/胡冬华，徐可进，杨晶主编．—北京：中国中医药出版社，2015.4（2022.8 重印）
全国中医药行业高等教育“十二五”创新教材
ISBN 978－7－5132－2296－9

Ⅰ.①基…　Ⅱ.①胡…②徐…③杨…　Ⅲ.①化学实验－中医药院校－教材　Ⅳ.①06－3

中国版本图书馆 CIP 数据核字（2015）第 012153 号

中国中医药出版社出版
北京经济技术开发区科创十三街 31号院二区 8 号楼
邮政编码　100176
传真　010-64405721
三河市同力彩印有限公司印刷
各地新华书店经销
*
开本 787×1092　1/16　印张 14.25　字数 329 千字
2015 年 4 月第 1 版　2022 年 8 月第 5 次印刷
书　号　ISBN 978－7－5132－2296－9
*
定价 45.00 元
网址　www.cptcm.com

如有印装质量问题请与本社出版部调换（010-64405510）


**服务热线　010-64405510**

**购书热线　010-89535836**

**微信服务号　zgzyycbs**

**微商城网址　https://kdt.im/LIdUGr**

**官方微博　http://e.weibo.com/cptcm**

**天猫旗舰店网址　https://zgzyycbs.tmall.com**

# 高等中医药院校中药学、药学类专业实践教学创新系列教材编委会

# 序

实践教学是高等学校最基本的教学形式和育人形式之一，对培养学生的科学思维方法、创新意识与能力，全面推进素质教育有着重要的作用。科学技术的进步与发展，已成为主导社会进步的重要因素。高等中医药院校必须不断地深化实践教育教学改革，以此推动人才培养观念、培养模式的转变。

2012年，教育部出台了《关于进一步加强高校实践育人工作的若干意见》（教思政［2012］1号）（下称《若干意见》），强调在教学中突出实践环节，指出：实践教学是学校教学工作的重要组成部分，是深化课堂教学的重要环节，是学生获取、掌握知识的重要途径。要求高校结合本学校的专业特点和人才培养要求，分类制订实践教学标准，增加实践教学比重，确保理工农医类本科专业的实践教学比重不少于25%。《若干意见》的这一要求，对于深化教育教学改革、提高人才培养质量，服务于加快转变经济发展方式、建设创新型国家和人力资源强国，具有重要而深远的意义。

在落实《若干意见》要求、强化实践教学方面，长春中医药大学药学院全体师生进行了有益的探索。近年来，他们通过承担国家级人才培养模式创新实验区、国家级特色专业、国家级大学生创新创业训练项目基地等国家级质量工程项目，以及省校教学改革课题等多种方式，以教研促教改，努力增强整体教学中的实践教学比重，取得了一系列实践教学改革成果。此次组织编写的《高等中医药院校中药学、药学类专业实践教学创新系列教材》暨《全国中医药行业高等教育“十二五”创新教材》，就是广大教师长期致力于实践教学体系、实践教学内容与实践教学模式改革的重要成果之一。

本套实践教材改革了以往实践教学附属于理论教学、实践内容侧重于验证理论的做法，经过精选、整合和创新，强调以专业培养目标为主线，形成梯度层次型教学模式和相对独立的实践教学体系，体现了实践教学的科学性、系统性、独立性和完整性，同时避免了教学和训练内容不必要的重复，使各知识点及训练项目很好地衔接，有助于学生更好地掌握规范的基本操作技术，提高学生实践能力，培养学生严谨、求是、创新的科学态度。教材结合独立开设的实验课程，增加了综合性设计性实验、科学研究训练和创新实验等内容。综合性设计性实验有助于学生专业能力教育；科学研究训练有助于学生个性发展，培养学生分析问题和解决问题的能力；创新实验有助于使学生在掌握基本实验技术的同时，对专业学科前沿有所了解，并在此基础上进行创新探索，以激发学生的专业兴趣和创新意识。编写者们在教材结构设计方面的创新之举，体现了他们在强化实践教育方面的良苦用心，更展示了他们践行实践教育的坚定决心！

衷心期待本套实践教材的出版，对推动我国中医药教育发展、促进人才培养模式改革、加强专业内涵建设、提高人才培养质量会起到积极的促进作用。

长春中医药大学校长　宋柏林

2015 年 3 月

# 前　言

实践教学是高等学校特别是高等中医药院校人才培养过程中贯穿始终、不可缺少的重要组成部分，是培养学生综合素质、实践能力、实现人才培养目标的重要环节，是巩固学科知识、训练科研素养、培养创新创业意识的重要途径。转变传统的教育观念，树立科学的质量观和人才观，转变重理论轻实践、重论证轻探究、重知识传授轻能力培养的观念，注重学思结合、知行合一、因材施教、创新实践教育和实践育人模式，是培养具有科研创新能力的研究型人才和具有实践创新能力的应用型人才的必然要求。

实践教材是实践教学的载体和依据，实践教材建设是保证实践教学质量、教材专业内涵建设的基础。因此，长春中医药大学在中药学“两段双向型”国家级人才培养模式创新实验区、中药学国家级特色专业、国家级大学生创新创业训练项目基地等质量工程项目长期研究、实践与总结的基础上，组织编写了本套《高等中医药院校中药学、药学类专业实践教学创新系列教材》，对中医药院校中药学、药学类专业实验课程和实践训练的教学内容进行了“精选”“整合”和“创新”，强调对学生的动手能力、创新思维、科学素养等综合素质的全面培养。本套教材具有以下特点：

1. 体现教学研究型大学人才培养理念　本着教学研究型大学“厚基础、宽口径、精技能、重个性”的教育理念，体现“两段双向型”培养模式。“两段”，即第一阶段为通识认知教育，第二阶段为形成和创新教育。“双向型”，一是培养与科学学位研究生教育接轨的以创新思维和创新能力为主的研究型人才；二是培养以具有创新、实践动手能力和具有实践经验为主的应用型人才。

2. 构建实践教学和实践教材新体系　按照循序渐进的教育规律，整合、更新和重组实验教学内容，将原来按课程开设的实验整合为按专业、分模块进行开设。做好课程衔接，减少不必要的重复；纵向构建“三个平台四个层次”。“三个平台”，即针对大一至大二学年，建立宽泛、雄厚的实验基本技能平台；大三学年，建立初步的分析问题、解决问题能力的专业基础平台；大四学年，建立能够对所学知识综合运用的专业平台。“四个层次”，即第一层次为基础实验，以此进行基本技能强化训练；第二层次为探索性与设计性实验，给定题目，让学生自己动手查阅文献，自行设计，独立操作，最后总结；第三层次为综合性实验，完成一个中药或化学药或生物药物从原料到成品到药效及质量评价的全过程的设计与训练，为毕业实习和就业打下良好的基础；第四层次为自主研究性实验，结合大学生研究训练计划（SRT）和大学生创新创业训练计划进行科研能力训练。

3. 突出标准操作规范　根据专业标准，科学、合理地精选实验内容，特别增加了基本知识与技能篇幅，涵盖专业标准中所涉及的基本技能操作，并以此对学生进行基本技能的规范化训练。

本套教材从整体上体现课程、学科与专业的结合，以及医药结合、学思结合、实验方法与技能训练结合，继承、发展与创新结合，集系统性、学术性、前瞻性、适用性于一体。本套教材亦可以作为学生、专业技术人员培训、竞赛及科研、生产工作的参考用书。

尽管我们在编写过程中竭尽所能，但由于涉及多学科交叉整合，时间较为仓促，因此，不妥之处在所难免，敬请各位专家、同仁和广大读者提出宝贵意见和建议，以便今后进一步完善。

邱智东

2015 年 3 月

# 编写说明

为进一步建立高等中医药院校以提高学生综合实验素质和创新实验能力为主的新体系，我们将中医药院校无机化学、有机化学、分析化学（包括仪器分析）、物理化学四大化学实验内容进行整合、优化与更新，编写了本册《基础化学实验》教材。本教材突出了基础化学实验基本操作训练，加强了基础化学实验操作技能培养，促进了中医药院校学生实验方法的形成和掌握。《基础化学实验》教材分上、下两篇，上篇为基础知识与技能，内容突出基础化学实验中常用的基本操作，重点培养基于一般化学原理和实验方法分析解决化学及医药学领域相关问题的能力。下篇为实验内容与方法，内容包含了原四大基础化学，无机化学、有机化学、分析化学（包括仪器分析）及物理化学的经典实验内容，并将四门化学基础主干课程相衔接，将内容进行了适当的调整和整合，使四大化学实验有机地融为一体，同时也避免了在后续各门课程中实验内容重复开设等问题。根据实际情况，实验内容可根据专业特点、学习需要、学时情况进行适当的选择和调整。书后附录部分收列了实验中常用的试剂配制及一些物质的物理常数等相关内容。

本教材编写和审校过程中得到了中国中医药出版社编辑老师的大力帮助和支持，在此表示深深的谢意。由于作者能力水平有限，教材编写时间仓促，教材中难免有疏漏及不足之处，恳请读者提出宝贵意见，以便再版时修订提高。对于高等中医药院校的基础化学实验教学问题，也欢迎大家积极探讨，多提宝贵意见。

胡冬华

2015 年 2 月 1 日

# 目　录

## 上篇　基础知识与技能



## 下篇　实验内容与方法

## 附录

# 上篇　基础知识与技能

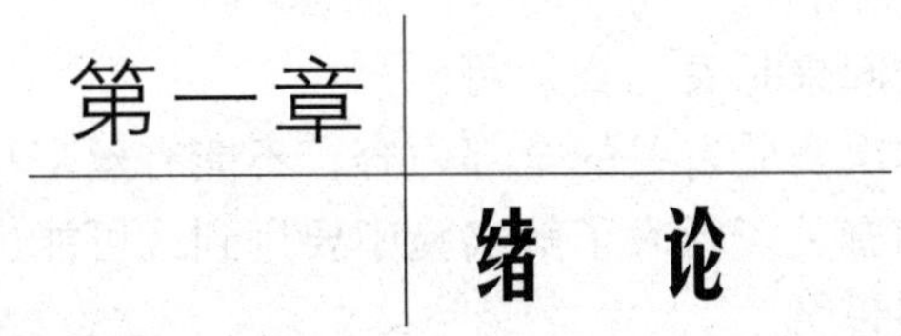


## 第一节　课程性质与内容

化学是一门科学性和实用性很强的学科，在高等中医药院校学生实验能力培养中发挥着极其重要的作用。化学实验教育既是传授知识和技能、训练科学方法和思维、提高创新意识与能力、培养科学精神和品德的有效形式，又是建立与发展化学理论的重要基础。化学实验课一般按无机化学、有机化学、分析化学、物理化学和结构化学依序开设，在历史上对化学科学和教育的发展起着重要作用。本册《基础化学实验》教材内容突出基础化学实验中常用的基本操作，重点培养基于一般化学原理和实验方法分析解决化学及药学相关问题的能力。内容包含无机化学、有机化学、分析化学、仪器分析、物理化学实验。

## 第二节　课程目的与任务

为进一步建立以提高学生综合素质和创新能力为主的新体系，我们将整个基础化学实验内容进行整合、优化与更新，更加重视基础化学实验基本操作训练，重点培养基础化学实验操作技能，促进实验方法的形成和掌握。《基础化学实验》教材内容包含了原四大基础化学［无机化学、有机化学、分析化学（含仪器分析）、物理化学］的实验，并将无机化学、有机化学、分析化学（包括仪器分析）、物理化学这四门化学基础主干课程相衔接，将内容进行了适当的调整和整合，使四大化学实验有机地融为一体，同时也避免了在后续各门课程中实验内容重复开设等问题。根据实际情况，实验内容可根据专业特点、学习需要、学时情况进行适当的选择和调整。

# 第三节　学习要求和考核办法

## 一、实验预习

化学实验课是一门综合性的理论联系实际的课程，同时，也是培养学生独立工作能力的重要环节，因此，要达到实验的预期效果，必须在实验前认真地预习好有关实验内容，做好实验前的准备工作。

实验前的预习，归结起来是看、查、写。

看：仔细地阅读与本次实验有关的全部内容，不能有丝毫马虎和遗漏。

查：通过查阅手册和有关资料来了解实验中要用到或可能出现的化合物的性质和物理常数，并记录在预习报告上。

写：在看和查的基础上认真地写好预习报告。每个学生都应准备一本实验预习记录本。

预习笔记的主要内容应包括：

（1）实验目的和要求，实验原理和反应式（正反应，主要副反应），所用仪器和装置的名称及性能，溶液浓度和配制方法，主要试剂和产物的物理常数等。主要试剂的规格用量（g，mL，mol）都要一一写在预习笔记本上，合成实验要提前计算出理论产量。

（2）阅读实验内容后，根据实验内容用自己的语言正确地写出简明的实验步骤，注意不是照抄实验讲义上的各个步骤。实验步骤中的文字可用符号简化，例如化合物只写分子式；克用“g”，毫升用“mL”，加热用“△”，加用“+”，沉淀用“↓”，气体逸出用“↑”，仪器以示意图代替。这样在实验前已形成了一个工作提纲，实验时按此提纲进行。

（3）对于合成实验，应列出粗产物纯化过程及原理。

（4）对于将要做的实验中可能会出现的问题（包括安全和实验结果）要写出防范措施和解决办法。

## 二、实验记录

实验时应认真操作，仔细观察，积极思考，并且应不断地将观察到的实验现象及测得的各种数据及时如实地记录在记录本上。记录必须做到简明、扼要，字迹整洁。本册《基础化学实验》中各科实验设有实验记录部分，实验完毕后，记录主要实验现象、结果和结论，将实验记录交教师审阅。

## 三、实验报告

实验报告是总结实验进行的情况，分析实验中出现的问题，整理归纳实验结果必不可少的基本环节。是把直接的感性认识提高到理性思维阶段的必要一步。因此必须认真地写好实验报告。

## 四、考核办法

实验课出勤5分，遵守实验室规章制度5分，预习报告10分，操作及考核50分，实验报告30分，总分100分。

# 第二章 化学实验室基本知识

## 第一节 实验室守则

化学实验室教学是高等中医药院校教学工作和学生培养工作的重要组成部分，是培养学生掌握实验基本技能和基础知识，验证所学理论知识的重要环节。化学实验室教学目的在于培养学生正确的观察和思维方式，以及实事求是、严谨细致的学术作风和良好的科学实验习惯，训练学生正确选择实验方法，提高分析和解决问题的能力。

为保证实验安全、顺利进行，必须遵守以下实验室守则：

（1）实验前，必须了解实验室的安全常识、注意事项及有关规定。认真预习有关实验内容，掌握有关化学知识，明确实验目的和要求，了解实验的基本原理、内容和方法。

（2）进入实验室应穿实验服，不能穿拖鞋、背心、短裤等不安全或不雅观的服装，不得将食物、饮品等带入实验室。

（3）进入实验室后，应了解实验室水、电、燃气等开关的位置及急救药箱、消防器材放置的位置和使用方法。严格遵守实验室安全规则和实验操作中的安全注意事项。

（4）实验前做好一切准备工作，检查仪器是否完好无缺，装置是否正确，严格按照操作规程和要求进行实验。如发生意外事故应及时采取应急措施并及时上报情况。

（5）实验进行时思想要集中，操作要认真，不得擅自离开实验室，要科学安排好时间，按时完成实验。

（6）实验过程中，应细心观察实验现象，并养成及时做记录的良好习惯，如实记录观察到的现象和有关数据。记录本应按顺序记录，不能撕页缺号。

（7）保持实验室整洁。实验时做到仪器、桌面、地面、水槽四净。实验台面应经常保持清洁和干燥，不需要和暂时不用的器材，不要放置在台面上，以免碰撞损坏。固体废物应倒入废物桶，严禁丢入水槽或下水道，以免堵塞，废液（易燃液体除外）应倒入废液缸内。有异臭或有毒物质的操作必须在通风橱内进行。

（8）爱护公物。实验过程中应爱护仪器设备，公用器材、药品用后立即整理好归放原处。节约水、电及消耗性药品，严格控制药品用量。

（9）实验结束后，做好实验记录并签字和查核。实验仪器要清洗、放好，实验台面打扫干净，整理公用器材，打扫实验室卫生，清倒废物桶，检查水电开关，关好门窗方可离开。

## 第二节　实验室安全常识

安全实验是化学实验的基本要求。化学实验经常使用易燃、易爆、有毒、有腐蚀性的试剂和药品，若疏忽大意，就可能产生着火、爆炸、中毒、烧伤等事故。此外，实验中常使用的玻璃仪器易碎、易裂，容易引发伤害、燃烧等。还有电器设备等，若使用不当也易引起触电或火灾。因此，必须树立安全第一的观念，认真预习和了解实验中使用的药品和仪器的性能、用途、危害及有关注意事项、预防措施，并严格执行操作规程，有效地维护人身和实验室的安全，确保实验顺利进行。

**1. 着火及爆炸的预防及处理**

（1）着火及爆炸的预防：着火和爆炸是有机实验中常见的事故，比如乙醚、乙醇、丙酮和苯等溶剂易于燃烧；氢气、乙炔、金属有机试剂和干燥的苦味酸等属易燃易爆气体或药品；反应过于剧烈难以控制也可能引起爆炸。因此，必须注意预防着火及爆炸，主要注意以下几点：

① 防火的基本原则是使溶剂与火源尽可能远离，因此盛有易燃试剂的容器不能靠近火源，加热时要根据易燃试剂的性质选择热源（如使用水浴、油浴或电热帽等），避免用明火直接加热。

② 不能用烧杯或敞口容器盛装、加热或蒸除易燃、易挥发的有机溶剂，数量较多的易燃试剂应放在危险药品橱内，而不能存放在实验室中。量取易燃试剂应远离火源，最好在通风橱中进行。

③ 回流、蒸馏等装置以及加热用仪器不能密闭，回流或蒸馏液体时切记加助沸物（沸石），以防溶液因过热暴沸而冲出。若在加热后发现未加助沸物，则应先停止加热，待稍冷后再加助沸物，否则在过热溶液中加入助沸物会导致液体突然沸腾，冲出瓶外而引起着火或其他意外事故。冷凝水要保持畅通，若冷凝管忘记通水，大量蒸气来不及冷凝而逸出，也易着火。

④ 在反应中添加或转移易燃有机溶剂时，应注意暂时熄火或远离火源。因故离开实验室时，一定要关闭热源和自来水。

⑤ 易燃有机溶剂（特别是低沸点易燃溶剂）在室温时即具有较大的蒸气压。空气中混杂易燃有机溶剂的蒸气达到某一极限时，遇明火即发生燃烧爆炸。而且，有机溶剂蒸气都较空气密度大，会沿着桌面或地面飘移，或沉积在低洼处。因此，蒸馏乙醚等低沸点易燃溶剂时装置切勿漏气，周围不能有明火，余气应通往下水道或室外。不能将易燃物倒入废物桶中，量较大时倒入指定容器进行回收处理，量少的倒入水槽用水冲走（与水有剧烈反应者除外，如金属钠的残液要用乙醇处理）。

常用的易燃有机溶剂蒸气爆炸极限见表2－1。

表 2-1 常用易燃有机溶剂蒸气爆炸极限

| 名称 | 沸点/℃ | 闪燃点/℃ | 爆炸范围（体积/%） |
| --- | --- | --- | --- |
| 甲醇 | 64.96 | 11 | 6.72~36.50 |
| 乙醚 | 34.51 | -45 | 1.85~36.5 |
| 乙醇 | 78.4 | 12 | 3.28~18.95 |
| 丙酮 | 56.2 | -17.5 | 2.55~12.80 |
| 乙酸乙酯 | 77.1 | 4.44 | 2.18~11.40 |
| 苯 | 80.1 | -11 | 1.41~7.10 |

⑥ 使用如氢气、乙炔气等易燃、易爆气体时要注意保持室内空气畅通，严禁明火，严防一切火星的发生，如由敲击、静电摩擦、鞋钉摩擦、电动机炭刷或电器开关等所产生的火花。

常用的易燃气体爆炸极限见表 2-2。

表 2-2 易燃气体爆炸极限

| 气体 | 空气中的含量（体积/%） |
| --- | --- |
| 氢气 | 4~7.4 |
| 一氧化碳 | 12.50~74.20 |
| 氨 | 15~27 |
| 甲烷 | 4.5~13.1 |
| 乙炔 | 2.5~80 |

⑦ 过氧化物、叠氮化合物、硝酸酯、多硝基化合物等具有爆炸性，使用时应特别小心，应严格按照操作规程操作。金属钾、钠及氢化铝锂等在使用时切勿遇水，否则会发生燃烧甚至爆炸。醚类化合物，久置后会产生易爆炸的过氧化物，须经特殊处理后才能使用。有些有机化合物遇氧化剂时会发生猛烈爆炸或燃烧。因此，应将氯酸钾、过氧化物、浓硝酸等强氧化剂与有机试剂分开存放。

⑧ 实验时，仪器装置不发生堵塞也是防止产生爆炸的要点之一。因此常压操作时，应使整套装置有一定的地方通向大气，并且经常检查仪器装置各部分有无堵塞现象，切勿造成密闭体系，否则内压过大，发生危险。减压蒸馏时，不可使用不耐压的仪器（如平底烧瓶、锥形瓶、薄壁试管等），否则可能会发生炸裂。必要时，可戴上防护面罩或防护眼镜。

⑨ 如果反应过于猛烈，应根据情况采取冷却或控制加物料速度等措施。

⑩ 应经常检查电源、煤气开关是否完好，煤气橡皮管是否漏气。

（2）着火的处理：一旦发生着火，应保持沉着镇静，不能惊慌失措，要及时采取各种相应措施，一方面防止火势扩展；另一方面立即灭火，根据起火的原因及周围的情况采取不同的方法灭火。

①立即熄灭附近所有火源，拉下电闸并移去周围未着火的易燃物质。②有机物着火：少量溶剂（几毫升，且周围无其他易燃物）着火，可任其燃完。若在小器皿内着

火可用石棉网或湿布盖灭；桌面或地面着火，如火势不大，也可用湿布或沙子灭掉。应注意的是油浴和有机溶剂着火时绝对不能用水浇，因为这样反而会使火焰蔓延。③电器着火：先切断电源，然后用二氧化碳灭火器、四氯化碳灭火器等灭火。④衣服着火：切勿乱跑，轻者可赶快把着火衣服脱下用水淋息，也可用湿布或厚的外衣包裹着火部位，使其熄灭。较严重者应躺在地上（以免火焰烧向头部）并打滚，其他人用防火毯或麻布之类的物品紧紧包住着火部位，使火焰隔绝空气而熄灭。烧伤严重者应立即送医院治疗。

火势较大时，应根据具体情况采用下列灭火器材灭火：

二氧化碳灭火器：是有机实验室中最常用的一种灭火器，它的钢筒内装有压缩的液态二氧化碳，使用时打开开关，二氧化碳气体即会喷出，用以扑灭有机物及电器设备的失火。使用时应注意，一手提灭火器，一手握喷二氧化碳喇叭筒的把手。因喷出的二氧化碳压力突然降低，温度也会骤降，手若握在喇叭筒上易被冻伤。

四氯化碳灭火器：用以扑灭电器内或电器附近之火或少量溶剂如汽油、丙酮等的失火，需要注意的是不能在狭小和通风不良的实验室中使用，因为四氯化碳在高温时会生成剧毒的光气。此外，还须注意四氯化碳和金属钠接触也会发生爆炸。使用四氯化碳灭火器时只需连续抽动唧筒，四氯化碳即会由喷嘴喷出。

泡沫灭火器：内部分别装有含发泡剂的碳酸氢钠溶液和硫酸铝溶液，使用时将筒身颠倒，两种溶液即发生反应生成硫酸氢钠、氢氧化铝及大量二氧化碳。灭火器筒内压力突然增大，将大量二氧化碳泡沫喷出。非大火通常不用泡沫灭火器，因后处理较麻烦。

使用灭火器时，应从火的四周向中心扑灭，并对准火焰的根部灭火。

实验室常用的灭火器及其适用范围见表2－3。

**表2－3　实验室常用的灭火器及适用范围**

| 灭火器 | 成　分 | 适用范围 |
|---|---|---|
| 二氧化碳灭火器 | 液态 $CO_2$ | 适用于扑灭电器设备、小范围油类及忌水的化学药品的起火 |
| 四氯化碳灭火器 | 液态 $CCl_4$ | 适用于扑灭电器设备、小范围汽油、丙酮等的起火 |
| 泡沫灭火器 | $Al_2(SO_4)_3$、$NaHCO_3$等 | 适用于油类失火 |
| 干粉灭火器 | 无机盐等干粉灭火剂 | 扑救油类、可燃性气体、电器设备、精密仪器、图书文件和遇水易燃物品的初起火灾 |

**2. 中毒的预防及处理**

化学药品大多具有不同程度的毒性。有机实验室使用着种类繁多的强挥发性有机试剂以及各种无机试剂，比其他化学实验更具有危险性，若操作不当和缺少必要的防护措施，就可能引起中毒。

有毒化学药品中毒常分为急性中毒和慢性中毒两种，急性中毒是指一次性接触中突然引起的伤害（如氰化物）；慢性中毒是指在反复的接触中出现明显的中毒症状，例如人若长时间吸入有机溶剂蒸气就会引起慢性中毒的现象。

一般有机溶剂对人体的危害有：对神经系统的破坏，如甲醇中毒会损伤视神经甚至致盲；一般氯代烃类均会引起肝脏中毒现象而对肝脏机能造成损害；此外还有对肾脏机能的影响、对造血系统的破坏以及对黏膜及皮肤的刺激等，此类溶剂除甲醇、氯代烃类（如二氯乙烷、二氯乙烯、三氯乙烯、氯仿、四氯化碳等）外，还有苯及其衍生物（如甲苯、二甲苯、异丙苯、氯化苯等）、丙酮、丁醇、甲酸戊酯、醋酸甲酯、醋酸戊酯、二元醇及醚类等。

产生中毒的主要原因是皮肤或呼吸道接触有毒药品所引起的。在实验中，为了防止中毒，要切实做到以下几点：①使用有毒药品时，应妥善保管，不能乱放，做到用多少，领多少。实验后的有毒残渣，必须妥善地处理，不能乱丢。②有些有毒物质会渗入皮肤，因此药品不能沾在皮肤上，称量任何药品都应使用工具，不得用手直接接触。需要接触有毒物质时，必须戴橡皮手套，尤其是极毒的药品。实验完毕后应立即洗手，切勿让毒品沾及五官及伤口，例如氰化物沾及伤口后就随血液循环全身，严重者会造成中毒死亡事故。③使用和处理有毒或腐蚀性物质时，应在通风柜中进行，并戴上防护品，尽可能避免有机物蒸气在实验室内扩散。④对沾染过有毒物质的仪器和用具，实验完毕应立即采取适当方法处理以破坏或消除其毒性。⑤防止水银等有毒物质流失。若温度计破损后水银撒落，应及时收集撒落的水银，并用硫黄或三氯化铁清除。⑥一般药品溅到手上，通常是用水和乙醇洗去。若溅入口中尚未咽下者立即吐出，再用大量水冲洗口腔。如已吞下，应根据毒物性质给以解毒剂。

如对于有腐蚀性的强酸应先饮大量水，然后服用氢氧化铝膏、鸡蛋白；若是强碱，先饮大量水后，再服用醋、酸果汁、鸡蛋白。不论酸或碱中毒皆再灌注牛奶，不要吃呕吐剂。

如果是刺激剂及神经性毒物，先服牛奶或鸡蛋白使之立即冲淡和缓解，再将硫酸镁（约 30g）溶于一杯水中服下催吐。有时也可用手指伸入喉部促使呕吐。

吸入气体中毒者，将中毒者移至室外，解开衣领及纽扣。吸入少量氯气或溴者，可用碳酸氢钠溶液漱口。

应该注意的是：不要在实验室进食、饮水，因为食物在实验室易沾染有毒的化学物质。

实验时若有中毒症状，应到空气新鲜的地方休息，最好平卧，出现其他较严重的症状，如斑点、头昏、呕吐、瞳孔放大时应及时送往医院。

**3. 灼伤的处理**

皮肤接触了高温（如热的物体、火焰、蒸气）、低温（如固体二氧化碳、液氮）、腐蚀性物质（如强酸、强碱、溴、酚类等）都会造成灼伤。因此，实验时，要避免皮肤与上述能引起灼伤的物质接触。取用有腐蚀性化学药品时，应戴上橡皮手套和防护眼镜。

若实验中发生了灼伤，应根据不同的灼伤情况采取不同的处理方法。

（1）被酸液或碱液灼伤，均应立即用大量水冲洗（浓硫酸除外），然后相应地再用 3% ~5% 碳酸钠溶液或 1% ~2% 硼酸溶液冲洗。最后都用水洗。严重者要消毒灼伤面，拭干并涂上烫伤软膏，及时送往医院。

（2）被溴灼伤，应立即用 2% 硫代硫酸钠溶液洗至伤处呈白色，然后涂上甘油或烫伤软膏。

（3）被酚灼伤：先用大量水洗，再用酒精擦至无酚液存在为止，然后涂上甘油或烫伤软膏。

（4）被钠灼伤：可见的小块用镊子移去，其余与碱灼伤处理相同。

（5）被灼热的玻璃或铁器烫伤，轻者立即用冷自来水冲洗伤口数分钟或用冰块敷伤口至痛感减轻；较重者可在患处涂红花油，然后涂擦烫伤软膏。

除金属钠外的任何药品溅入眼内，都要立即用大量水冲洗。冲洗后，如果眼睛未恢复正常，应马上送医院就医。

**4. 割伤的处理**

实验中若操作不当或不小心，可能会造成割伤。易造成割伤的情况有：装配仪器时用力过猛或装配不当；仪器口径不适合而勉强连接；玻璃折断面未烧圆滑有棱角；装配仪器时用力处与连接部位距离太远而致使玻璃仪器、玻璃管（或温度计）折断割伤手等。因此应注意预防割伤：①应按规程操作，不强行扳、折玻璃仪器，特别是比较紧的磨口处。尽量保证玻璃仪器的完整，装拆时不能硬性装拆，不宜用力过猛。最基本的原则是切忌对玻璃的任何部分施加过度的压力或扭歪。②将玻璃管（棒）或温度计插入塞子时，先检查塞孔大小是否合适，玻璃切口是否光滑，注意用力处（手指捏住玻璃管的位置）应尽量靠近塞子，且用力不能太大，以防因玻璃管（棒）折断而割伤皮肤，最好用布裹住并涂少许甘油等润滑剂后再缓缓旋转而入。插入或拔出弯曲管时，手指不能捏在弯曲处。③注意玻璃仪器的边缘是否碎裂，小心使用；玻璃管（棒）切割后，断面应在火上烧熔以消除棱角。

如果不慎，发生割伤事故要及时处理，先将伤口处的玻璃碎片取出。若伤口不大，用蒸馏水洗净伤口，用创可贴包扎，或涂上红药水，用纱布包扎。若伤口较大或割破了主血管，则应用力按紧主血管以防止大量出血，及时送医院治疗。

**5. 眼睛的保护**

在实验室中为了防止眼睛受到伤害，应注意对眼睛的保护。

进行有一定危险性的操作，如减压蒸馏、加压操作及取用有腐蚀性（尤其是挥发性大）的化学药品时，有必要戴上防护眼镜以保护眼睛。

如试剂溅入眼内，切记任何情况下都要先用水冲洗，若是酸液或碱液，再相应用1%碳酸氢钠溶液或1%硼酸溶液冲洗，然后再水洗；若是溴，也是再用1%碳酸氢钠溶液洗，最后用水洗。

以上方法只是紧急处理措施，处理后应马上送医院。

**6. 用电安全**

使用电器时，切记任何时候都不允许带电操作。应防止人体与电器导电部分直接接触，不能用湿的手或手握湿物接触电插头。为了防止触电，装置和设备的金属外壳等都应连接地线。实验完后先切断电源，再将连接电源的插头拔下。

**7. 实验室常用的急救药品**

为处理事故需要，实验室应备有急救药箱，内置以下一些物品：①医用酒精、碘酒、红药水、消炎粉、止血粉、硼酸溶液（1%）、碳酸氢钠溶液（1%）、甘油、龙胆紫等；②创可贴、凡士林、烫伤软膏、玉树油等；③医用棉花、纱布、绷带、镊子、剪刀等。

# 第三章 常用仪器设备

| 仪 器 | 规 格 | 用 途 | 使用注意事项 |
| --- | --- | --- | --- |
| 普通试管<br>(test - tube)<br>离心试管<br>(centrifugal test - tube) | 玻璃质，分硬质试管，软质试管；普通试管，离心试管。离心试管还分为低速和高速离心管。<br>无刻度的普通试管以管口外径（mm）×管长（mm）表示。离心试管以容量（mL）表示 | 用作少量试剂的反应容器，便于操作和观察。也可用于少量气体的收集。<br>离心试管主要用于沉淀分离 | （1）普通试管可直接用火加热。硬质试管可加热至高温。加热后不能骤冷<br>（2）加热时应用试管夹夹持，管口不要对人，且要不断移动试管，使其受热均匀，盛放的液体不能超过试管体积的1/3<br>（3）离心试管配合离心机使用，详见离心机部分 |
| 试管架<br>(test - tube rack) | 有木质、铝质和塑料质等。有大小不同、形状不一的各种规格 | 盛放试管 | 加热后的试管应以试管夹夹好悬放架上 |
| 试管夹<br>(test - tube clamp) | 由木料或粗金属丝、塑料制成 | 夹持试管 | 防止烧损和锈蚀 |
| 毛刷<br>(hair brush) | 以大小和用途表示。如试管刷、离心试管刷、烧杯刷等 | 洗刷玻璃器皿和仪器 | 使用前检查顶部竖毛是否完整，避免顶端铁丝戳破玻璃仪器 |

续表

| 仪器 | 规格 | 用途 | 使用注意事项 |
| --- | --- | --- | --- |
| 烧杯<br>(beaker) | 有玻璃质和塑料质。规格以容量(mL)表示 | 用作较大量反应物的反应容器，反应物易混合均匀。也用作配制溶液时的容器或简易水浴的盛水器 | (1) 不能用火焰直接加热烧杯，加热时，烧杯外壁须擦干<br>(2) 用于溶解和盛液体加热，液体的量以不超过烧杯容积的1/3为宜<br>(3) 加热腐蚀性药品时，可将一表面皿盖在烧杯口上，以免液体溅出<br>(4) 不可用烧杯长期盛放化学药品<br>(5) 不能用烧杯量取液体 |
| 锥形瓶<br>(conical flask) | 玻璃质。规格以容量(mL)表示 | 反应容器，振荡方便，适用于滴定操作 | 参照烧杯使用规范 |
| 量筒<br>(measuring cylinder)<br>量杯<br>(measuring glass) | 玻璃质。规格以刻度所能量度的最大容积(mL)表示。如10mL、50mL、100mL、200mL、500mL、1000mL等 | 是一种较为粗略的量器，用于量取精确度要求不高的液体体积 | (1) 不能加热<br>(2) 不能量热的液体<br>(3) 不能用作反应容器<br>(4) 不能用作配制溶液或稀释酸碱的容器<br>(5) 读数时，视线应与液体凹液面的最低点水平相切<br>(6) 量取已知体积的液体，应选择比已知体积稍大的量筒，否则会造成误差过大 |
| 容量瓶<br>(volumetric flask) | 玻璃质。按颜色分为棕色和无色两种。规格以刻度以下的容积(mL)表示。有的配以塑料瓶塞 | 配制准确浓度的溶液时用 | (1) 不能加热<br>(2) 不能用毛刷洗刷<br>(3) 瓶的磨口瓶塞配套使用，不能互换<br>(4) 不能在其中溶解固体，也不能用来存放溶液 |

续表

| 仪 器 | 规 格 | 用 途 | 使用注意事项 |
| --- | --- | --- | --- |
| (a) 吸量管 (b) 移液管<br>(pipette) | 玻璃质。吸量管有分刻度，移液管为单刻度。规格以刻度最大标度（mL）表示 | 用于精确移取一定体积的液体 | (1) 不能加热<br>(2) 用前先用少量要移取的溶液润洗3次<br>(3) 用后应洗净，置于吸管架（板）上，以免沾污 |
| 移液器<br>(pipette) | 按移液是否手动来分：手动移液器、电动移液器；按量程是否可调来分：固定移液器、可调移液器；按排出的通道来分：单道、8道、12道、96道站等规格 | 用于精确移取一定体积的液体 | (1) 所设量程在移液器量程范围内<br>(2) 不要将按钮旋出量程，否则会卡住机械装置，损坏移液器 |
| 漏斗<br>(funnel) | 玻璃质或搪瓷质。以直径（mm）表示 | 用于过滤操作以及倾注液体 | 不能用火直接加热 |
| (a) (b)<br>抽滤瓶和布氏漏斗<br>(filter flask and Büchner funnel) | 布氏漏斗为瓷质，规格以容量（mL）或斗径（cm）表示。<br>抽滤瓶为玻璃质，规格以容量（mL）表示 | 两者配套，用于无机制备晶体或粗颗粒沉淀的减压过滤 | (1) 不能用火直接加热<br>(2) 滤纸要略小于漏斗的内径，又要把底部的小孔全部盖住 |
| 玻璃砂芯漏斗<br>(galss sand funnel) | 又称烧结漏斗、细菌漏斗。漏斗为玻璃质。砂芯滤板为烧结陶瓷。其规格以砂芯板孔的平均孔径（μm）和漏斗的容积（mL）表示 | 用作细颗粒沉淀以至细菌的分离。也可用于气体洗涤和扩散实验 | (1) 不能用于含氢氟酸、浓碱液及活性炭等物质体系的分离<br>(2) 不能用火直接加热<br>(3) 用后应及时洗涤，以防滤渣堵塞滤板孔 |

续表

| 仪　器 | 规　格 | 用　途 | 使用注意事项 |
|---|---|---|---|
|  表面皿<br>(watch glass) | 玻璃质。规格以口径(mm)表示 | (1)盖在烧杯上，防止液体进溅。<br>(2)摆放 pH 试纸，用于 pH 值的测定 | 不能用火直接加热 |
| 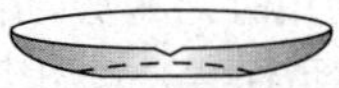 蒸发皿<br>(evaporating basin) | 瓷质，也有玻璃、石英或金属制成。规格以口径(mm)或容量(mL)表示 | 蒸发浓缩液体用。随液体性质不同可选用不同质地的蒸发皿 | (1)能耐高温但不宜骤冷<br>(2)蒸发溶液时一般放在石棉网上。也可直接用火加热 |
| 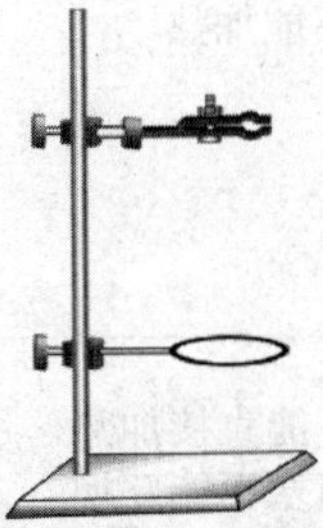 铁架(台)、铁圈和铁夹(烧瓶夹)<br>(ring stand、ring and flask clamp) | 铁制。烧瓶夹也有铝或铜制成的 | 用于固定或放置反应容器。铁环还可代替漏斗架使用 | (1)使用前检查各旋钮是否可旋动<br>(2)使用时仪器的重心应处于铁架台底盘中部 |
|  药勺<br>(spatula) | 由牛角、不锈钢或塑料制成，有长短各种规格 | 拿取固体样品用。视所取药量的多少选用药勺两端的大、小勺 | 不能用以取灼热的药品，用后应洗净擦干备用 |
| 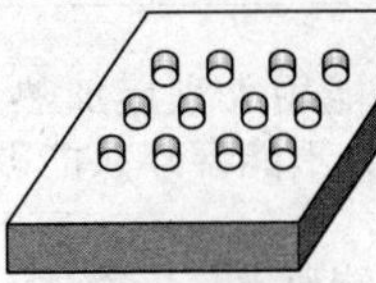 点滴板<br>(spot plate) | 透明玻璃质、瓷质。分黑釉和白釉两种。按凹穴的多少分有四穴、六穴、十二穴等 | 用作同时进行多个不需分离的少量沉淀反应的容器，根据生成的沉淀，以及反应溶液的颜色选用黑、白或透明点滴板 | (1)不能加热<br>(2)不能用于含氢氟酸溶液和浓碱液的反应 |

续表

| 仪 器 | 规 格 | 用 途 | 使用注意事项 |
|---|---|---|---|
| 滴管<br>(glass bottle dropper) | 由橡皮乳头和尖嘴玻璃管构成 | 吸取或加少量试剂，以及吸取上层清液，分离出沉淀 | (1) 滴管要置于垂直于容器正上方滴加，避免倾斜，切忌倒立，不可伸入容器内部，不可触碰到容器壁。不可一管二用<br>(2) 普通滴管用完需要清洗，而专用滴管不可清洗，需专管专用，用完就放回原试剂瓶<br>(3) 使用时，不要只用拇指和食指捏着，要用中指和无名指夹住 |
| 洗瓶<br>(wash bottle) | 常用的有吹出型和挤压型两种。吹出型由平底玻璃烧瓶和瓶口装置一短吹气管和长的出水管组成；挤压型由塑料细口瓶和瓶口装置出水管组成 | 洗瓶用于溶液的定量转移和沉淀的洗涤和转移 | (1) 使用前要检验气密性<br>(2) 不能装自来水<br>(3) 不能加热 |
| 滴瓶 细口瓶 广口瓶<br>(reagent bottle) | 玻璃质。带磨口塞或滴管，有无色和棕色者。规格以容量(mL)表示 | 滴瓶、细口瓶用于盛放液体药品。广口瓶用于盛放固体药品 | (1) 不能直接加热<br>(2) 瓶塞不能互换<br>(3) 盛放碱液时要用橡皮塞，防止瓶塞被腐蚀粘牢 |
| 石棉网<br>(asbestos center gauze) | 由铁丝编成，中间涂有石棉。规格以铁网边长(cm)表示，如16×16、23×23等 | 加热时垫在受热仪器与热源之间，能使受热物体均匀受热 | (1) 用前检查石棉是否完好，石棉脱落的不能使用<br>(2) 不能与水接触或卷折 |
| 研钵<br>(mortar) | 用瓷、玻璃、玛瑙或金属制成。规格以口径(mm)表示 | 用于研磨固体物质及固体物质的混合。按固体物质的性质和硬度选用 | (1) 不能用火直接加热。研磨时，不能舂碎只能碾压<br>(2) 不能研磨易爆物质 |

续表

| 仪 器 | 规 格 | 用 途 | 使用注意事项 |
|---|---|---|---|
|  坩埚<br>(crucible) | 有瓷、石英、铁、镍、铂及玛瑙质等。规格以容量（mL）表示 | 灼烧固体用。随固体性质之不同而选用 | (1) 可直接灼烧至高温<br>(2) 灼热的坩埚置于石棉网上 |
| 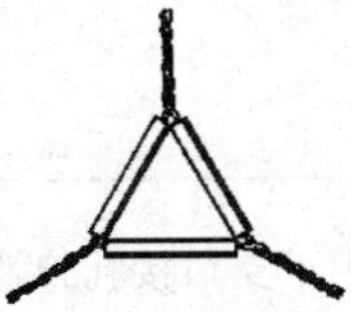 泥三角<br>(wire triangle) | 用铁丝弯成，套以瓷管。有大小之分 | 灼烧坩埚时放置坩埚用 | (1) 铁丝已断裂的不能使用<br>(2) 灼热的泥三角不能直接置于桌面上 |
|  坩埚钳<br>(crucible tongs) | 金属（铁、铜）制品。有长短不一的各种规格。习惯上以长度（寸、cm）表示 | 夹持坩埚加热，或往热源（煤气灯、电炉、马福炉）中取、放坩埚 | (1) 使用前钳尖应预热<br>(2) 用后钳尖应向上放在桌面或石棉网上 |
|  三脚架<br>(tripod) | 铁制品。有大小高低之分 | 放置较大或较重的加热容器，作仪器的支承物 | 三脚架的高度是固定的，一般是通过调整酒精灯的位置，使氧化焰刚好在加热容器的底部 |
|  圆底烧瓶<br>(round - bottomed flask) | 熟玻璃制品。有50mL、100mL、250mL等不同规格 | 盛装反应物，可直接加热。盛装液体量在1/3～2/3容积间 | 作为反应主要容器，瓶颈处应夹上万能夹、烧瓶夹等夹子，固定在铁架台上 |
| 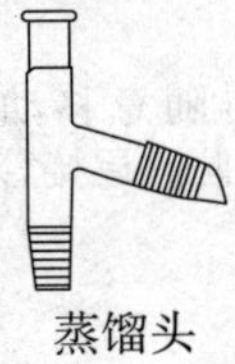 蒸馏头<br>(Distillation head) | | 连接圆底烧瓶、冷凝管及温度计。用于导出蒸馏产生的馏分到冷凝管中 | |

续表

| 仪器 | 规格 | 用途 | 使用注意事项 |
| --- | --- | --- | --- |
| 温度计<br>(thermometer) | 有100℃、200℃等量程。根据实情况选用 | 测量反应混合物体系或者蒸气的温度 | (1) 根据馏分或反应混合物体系温度选择适当的量程<br>(2) 避免骤冷或骤热<br>(3) 使用前检查温度计液柱是否断裂 |
| 球形冷凝管<br>(spherical condenser) | 有不同口径，应与所用烧瓶配套 | 有夹层，接水龙头通冷凝水，一般烧瓶上方竖立放置，回流反应用 | (1) 上下支口接乳胶管<br>(2) 下口连接水龙头进冷凝水，上口连接的乳胶管放入水槽中出冷凝水 |
| 直形冷凝管<br>(straight condenser) | 用于蒸馏过程冷凝和导出馏分 | 有夹层，接水龙头通冷凝水，倾斜放置，冷凝并导出热蒸气 | (1) 冷凝管较重，使用时应该用夹子夹在冷凝管重心位置，切实固定<br>(2) 上下支口接乳胶管<br>(3) 下口连接水龙头进冷凝水，上口连接的乳胶管放入水槽中出冷凝水 |
| 尾接管<br>(last takeover) | 有普通尾接管和真空尾接管之分 | 连接在直形冷凝管尾端，辅助接收蒸馏法得到的液体馏分 | (1) 尾接管容易脱落，注意使尾接管与冷凝管连接牢固<br>(2) 不得随意移动或晃动装置，防止尾接管脱落 |

续表

| 仪　器 | 规　格 | 用　途 | 使用注意事项 |
| --- | --- | --- | --- |
| 分液漏斗<br>(separatory funnel) | 有梨形、球形之分 | 用于萃取、洗涤、分液等 | (1) 用绳子或橡皮筋将活塞和上盖与漏斗相连接，以免丢失或打碎<br>(2) 用后要在活塞与磨砂口之间垫上纸片，以防长时间后粘连 |

# 第四章 基本操作

## 第一节　玻璃仪器的洗涤和干燥

### 一、仪器的洗涤

实验中所使用的玻璃仪器清洁与否，直接影响实验结果，往往由于器皿的不清洁或被污染而导致较大的实验误差，甚至会出现相反的实验结果。化学实验必须在干净的反应容器中进行，这样才能得到正确可靠的结果。因此，在开始实验之前，必须把仪器洗涤干净。洗涤仪器的方法很多，应根据实验的要求，污物的性质、沾污程度来选用，常用的洗涤方法如下：

**1. 用水刷洗**

选择大小合适并干净的毛刷用自来水刷洗，可洗去水溶性物质，使附着在仪器上的尘土和不溶性物质脱落下来，但往往洗不去油污和有机物质。而且洗刷仪器时，应首先将手用肥皂洗净，免得手上的油污黏附在仪器上，增加洗刷的困难。

**2. 用去污粉、肥皂或合成洗涤剂刷洗**

去污粉中含有碳酸钠，合成洗涤剂含有表面活性剂，它们都能除去仪器上的油污。首先将要洗的仪器用水湿润，然后在湿润的仪器上洒上少许去污粉或合成洗涤剂，再用毛刷刷洗，洗后用自来水冲去仪器内、外的去污粉或洗涤剂。因摩擦有损于玻璃，所以对于容量仪器，如容量瓶、移液管、吸量管、滴定管等不可用它来刷洗，以免磨损内壁，使仪器的体积发生改变。

**3. 用铬酸洗液洗**

洗涤液简称洗液，洗液多用于不便用于刷子洗刷的仪器，如滴定管、移液管、容量瓶等特殊形状的仪器，也用于洗涤长久不用的杯皿器具和刷子刷不下的结垢。用洗液洗涤仪器，是利用洗液本身与污物起化学反应的作用，将污物去除。因此需要浸泡一定的时间充分作用。铬酸洗液，由重铬酸钾（$K_2Cr_2O_7$）和浓硫酸（$H_2SO_4$）配制而成。$K_2Cr_2O_7$在酸性溶液中，有很强的氧化能力，对玻璃仪器的侵蚀作用又极小，所以这种洗液在实验室应用得比较广泛。现将铬酸洗液的配制及使用方法介绍如下。

铬酸洗液的配制方法：在台秤上称取研细的重铬酸钾（又称红矾钾）25g 置于500mL 烧杯内，加水 50mL，加热使其溶解，冷却后，再慢慢加入 450mL 浓硫酸。新配制的洗液为深红色，氧化能力很强。当洗液用久后变为墨绿色，即说明洗液无氧化洗涤力。洗液可反复使用，直至变为绿色溶液为止。

用铬酸洗液洗涤时，尽量去掉仪器内的水，加入少量洗液，使仪器倾斜并慢慢转动，使器壁全部为洗液润湿，稍等片刻，待洗液与污物充分作用后，再将洗液倒回原瓶内，然后用自来水将仪器上的残留洗液冲洗干净，最后用少量蒸馏水冲洗三次。如果用洗液把仪器浸泡一段时间，或用热的洗液洗，则效果更好。

使用洗液时必须注意：

(1) 尽量把待洗容器内的积水去掉后，再注入洗液，以免冲稀洗液。

(2) 使用后的洗液应倒回原来瓶内，可以反复使用至失效为止。失效的洗液呈绿色（重铬酸钾还原为硫酸铬的颜色）。

(3) 决不允许将毛刷放入洗液中刷洗。

(4) 洗液具有很强的腐蚀性，会灼伤皮肤和破坏衣物。若不慎把洗液洒在皮肤、衣物或实验桌上，应立即用水冲洗。

(5) Cr(Ⅵ) 有毒，清洗器壁的第一、二遍残液不要倒在水池里和下水道里，否则会腐蚀水池和下水道并污染环境，应倒在废液桶中。

**4. 特殊物质的去除**

根据沾在器壁上的污物的性质，可以采取“对症下药”的办法进行处理。如 $MnO_2$ 用 $NaHSO_3$ 或草酸溶液洗净。常见污物处理方法见表 4－1。

**表 4－1　常见污物处理方法**

| 污染物质 | 处理方法 |
| --- | --- |
| 碱土金属的碳酸盐等 | 盐酸处理 |
| 不溶于水、酸和碱的有机物和胶质等 | 用有机溶剂洗，常用酒精、丙酮、苯、四氯化碳等 |
| 氧化性污物（如 $MnO_2$、铁锈等） | 浓盐酸、草酸洗液 |
| 油污、有机物碱性洗液（$Na_2CO_3$、NaOH 等） | 有机溶剂，铬酸洗液，碱性高锰酸钾洗涤液 |
| 残留的 $Na_2SO_4$、$NaHSO_4$ 固体 | 用沸水使其溶解后趁热倒掉 |
| 高锰酸钾污垢 | 酸性草酸溶液 |
| 黏附的硫黄 | 用煮沸的石灰水处理 |
| 瓷研钵内的污迹 | 用少量食盐在研钵内研磨后倒掉，再用水洗 |
| 被有机物染色的比色皿 | 用体积比 1∶2 的盐酸－酒精液处理 |
| 银迹、铜迹、硝酸碘迹 | 用 KI 浸泡，温热的稀 NaOH 或用 $Na_2S_2O_3$ 溶液处理 |

用以上各种方法洗涤后的仪器，经自来水冲洗后，往往还残留有钙、镁、铁、氯等离子，如果实验中不允许有这些杂质存在，应该用蒸馏水或去离子水冲洗三次。每次用量不必太多，采用“少量多次”的洗涤方法效果更佳，既洗得干净又不至于浪费。

已洗净的玻璃仪器应该是清洁透明的，其内壁被水均匀地湿润，不挂水珠；凡已经洗净的仪器不能用手指、布或纸擦拭内壁，因为布和纸的纤维会留在器壁上弄脏仪器。

## 二、仪器的干燥

有些实验要求仪器必须是干燥的，根据不同情况，可采用下列方法将仪器干燥。

**1. 晾干**

不急用、要求一般干燥的洗净仪器可倒置放在实验柜内或仪器架上，控去水分，自然晾干。

**2. 加热烘干**

洗干净的仪器可以放在电烘箱（控制在105℃左右）内烘干（图4－1），仪器放入烘箱之前应尽量把水倒净，然后小心放入，应注意仪器口朝下倒置，不稳的仪器应平放，并在烘箱下层放一个搪瓷盘，来承接从仪器上滴下的水珠。玻璃塞应从仪器上取下来放在旁边烘干，以免烘干后卡住而取不下来。

一般常用的烧杯、蒸发皿等可置于石棉网上用小火烤干（外壁水珠应先擦）。试管可以直接用小火烤干，如图4－2。操作时，试管口要略微向下倾斜，以免水珠倒流炸裂试管。火焰不要集中于一部位，可从底部开始缓慢向下移至管口。如此烘烤到不见水珠时，再使管口朝上，以便把水气赶尽。

带有刻度的量器不能用加热法干燥，否则会影响仪器的精度。

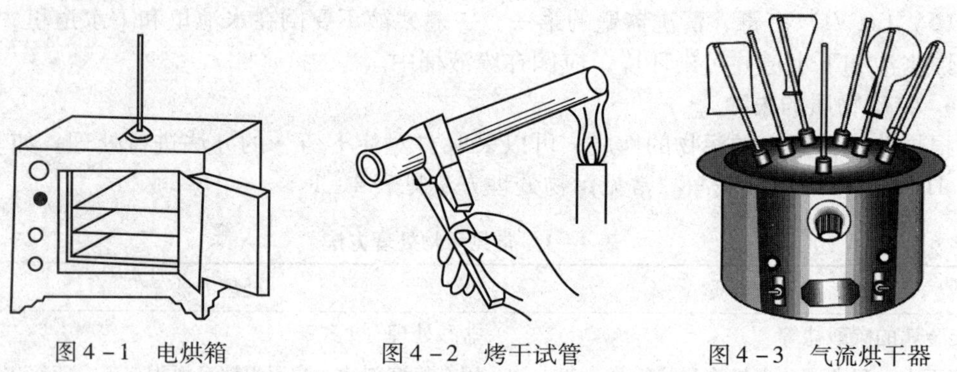

图4－1　电烘箱　　图4－2　烤干试管　　图4－3　气流烘干器

**3. 吹干**

对于急于干燥的仪器或不适于放入烘箱的较大的仪器可用吹干的办法，用吹风机或气流烘干器（图4－3）把仪器吹干。

**4. 用有机溶剂干燥**

带有刻度的计量仪器，不能用加热的方法进行干燥，此时可以加一些易挥发的有机溶剂（最常用的是酒精或酒精与丙酮按体积比1∶1的混合物）到洗净的仪器中，倾斜并转动仪器，使器壁上的水与这些有机溶剂混合，然后倾出它们，少量残留在仪器中的混合物，很快挥发而干燥。若用吹风机往仪器中吹风，那就干得更快。

必须指出，在理化实验中，许多情况下并不需要将仪器干燥，如量器、容器等，使用前先用少量待盛溶液刷洗2～3次，洗去残留水滴即可。

## 第二节　加热与冷却

### 一、加热

温度是影响反应速度的重要因素。经实验测定，温度每升高10℃，反应速度平均增加约2倍。有些反应的反应速度较慢，为了加快反应速度，常常采用加热的方法。此外。化学实验的许多基本操作都要用到加热，如蒸发浓缩等。实验室中常见的加热仪器是酒精灯和煤气灯。

## （一）酒精灯

### 1. 构造

酒精灯的构造见图4-4。

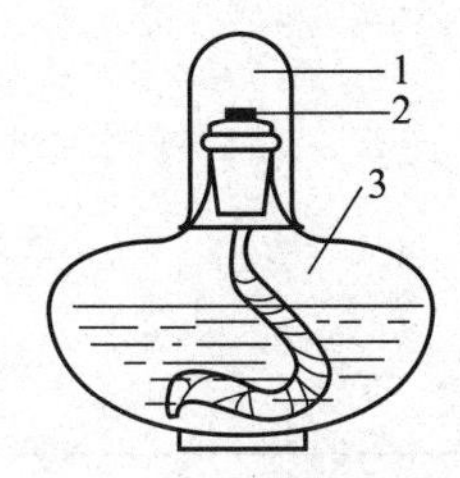

图4-4　酒精灯的构造

1. 灯罩　2. 灯芯　3. 灯壶

### 2. 使用方法

在没有煤气的实验中，常使用酒精灯进行加热。酒精灯的温度，通常可达400℃~500℃。酒精灯一般是玻璃制的，其灯罩带有磨口。不用时，必须将灯罩罩上，以免酒精挥发。酒精易燃，使用时必须注意安全。

使用前，先检查灯芯，如灯芯不齐或烧焦，要进行修整。

点燃时，应该用火柴点燃，切不可用燃着的酒精灯直接去点燃，防止灯内的酒精洒出，引起燃烧而发生火灾。

酒精灯内需要添加酒精时，先把火焰熄灭，然后利用漏斗把酒精加入灯内，一般不超过总容量的2/3。

熄灭酒精灯的火焰时，只要将灯罩盖上就可使火焰熄灭，不要用嘴去吹。

## （二）煤气灯

煤气灯是化学实验室中最常用的加热仪器，有多种式样，但基本构造相同。

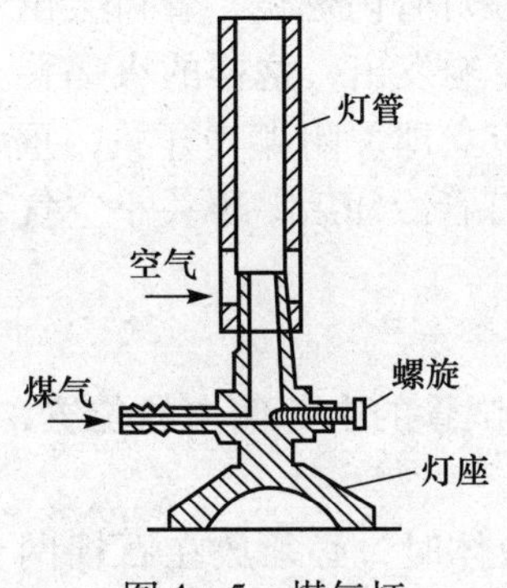

图4-5　煤气灯

### 1. 构造

煤气灯主要由灯管和灯座两部分组成，如图4-5所示。灯管和灯座通过灯管下部的螺旋相连，在灯管的下部还有几个小圆孔，为空气入口，旋转灯管，可开启和关闭圆孔，以调节空气的进入量。灯座侧面有一支管为煤气入口，接上橡皮管后与煤气开关相连，将煤气引入灯内。灯座侧面（或底部）还有一螺旋针，可用于调节煤气的进入量。

### 2. 煤气灯的点燃

使用时，应先关闭煤气灯的空气和煤气入口，擦燃火柴，将其移近灯口，再慢慢打开煤气开关，即可点燃。调节煤气灯座侧面的螺旋针，使火焰保持适当高度，然后，旋转灯管，调节空气进入量，使煤气完全燃烧，形成淡紫色分层的正常火焰。如图4-6a所示。使用完毕后，直接将煤气龙头关闭。

### 3. 火焰的调节

当煤气和空气调节的比例适当时，当煤气完全燃烧时，可以得到最大的热量，这时生成的火焰称为正常火焰。正常火焰可以分为三个锥形区域（图4-6a），见表4-2。

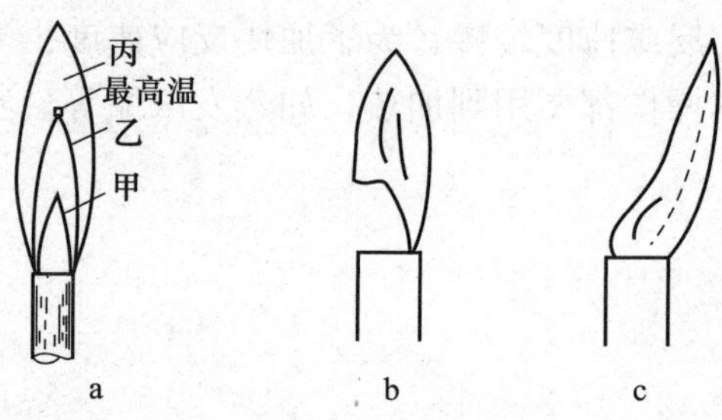


图 4-6　火焰

a. 正常火焰　b. 临空火焰　c. 侵入火焰

**表 4-2　煤气灯正常火焰的三个燃烧区域**

| 区　域 | 名　称 | 火焰颜色 | 温　度 | 燃烧反应 |
|---|---|---|---|---|
| 甲 | 焰心 | 黑色 | 最低，约 300℃ 左右 | 煤气和空气混合，未燃烧 |
| 乙 | 还原焰（内焰） | 淡蓝 | 较高，约 500℃ 左右 | 燃烧不完全。由于煤气分解为含碳的产物，这部分火焰具有还原性 |
| 丙 | 氧化焰（外焰） | 淡紫 | 最高，800℃ ~900℃ 左右 | 燃烧完全。由于有过剩的氧气，这部分火焰具有氧化性 |

实验中一般都用氧化焰加热。温度的高低可由调节火焰的大小来控制。

在煤气灯的使用中，若煤气和空气的进入量调节得不合适，则会出现不正常的火焰。如果煤气和空气的进入量都调节得很大，则点燃煤气后火焰在灯管的上空燃烧，移去点燃所用的火柴时，火焰也自行熄灭，这样的火焰称为“临空火焰”，如图 4-6b 所示。如果煤气的进入量很小，而空气的进入量很大时，煤气将在灯管内燃烧，管口会出现一缕细细的呈青色或绿色的火焰，同时有特色的“嘘嘘”声响发出，这样的火焰称为“侵入火焰”，如图 4-6c 所示。遇到这些不正常的火焰，应立即关闭煤气开关，重新调节和点燃煤气。产生侵入火焰时，关掉煤气，一定要等待灯管冷却后，再关小空气入口，重新点燃，以免烫伤。

**4. 使用煤气灯的注意事项**

（1）煤气灯直接加热试管中液体或固体时，用试管夹夹在试管的中部偏上的位置，试管略倾斜，管口不要对着人，小火缓慢加热，注意安全。

（2）用煤气灯加热烧杯、锥形瓶、烧瓶等玻璃器皿中的液体时，必须放在石棉网上，这样加热均匀，所盛液体不应超过烧杯的 1/2 或锥形瓶、烧瓶的 1/3。

（3）加热蒸发皿时，放在石棉网或泥三角上，所盛液体不要超过其容积的 2/3。

（4）煤气灯多用于加热水溶液和高沸点溶液，但不能用于易燃物的加热。

（5）煤气灯使用完毕，应先关闭煤气龙头，使火焰熄灭，再将针形阀和灯管旋紧。煤气中含有大量的 CO，应注意切勿让煤气逸散到室内，以免发生中毒和引起火灾。

**5. 煤气灯的简单维修**

由于煤气中夹带一些未除尽的煤焦油，长时间使用之后，它会把煤气开关和煤气灯内的孔道堵塞。一般可以把金属灯管和螺丝针取下，用细铁丝疏通孔道。堵塞严重时，可用苯洗去煤焦油。

### （三）水浴加热

水浴加热可以使被加热物质均匀受热，并保持恒温，但水浴加热的温度不能超过100℃。加热试管：在铁架台上安铁圈，将石棉网放在铁圈上，用250mL的烧杯盛自来水作为水浴放在石棉网上。调节煤气灯火焰高度，使还原焰顶部位于石棉网上。将水加热至所需温度，把试管放入其中加热。加热较大容器：采用铜制或钢制水浴锅，分直火加热和电加热两种。用直接火加热水浴锅时，在铁架台上安铁圈，向水浴锅中加入2/3的水，并直接放在铁圈上，调节煤气灯火焰高度，使还原焰顶部位于水浴锅底部中心，然后将预备加热的容器放入水中加热。

### （四）电加热套

是由玻璃纤维丝与电热丝织成半圆形的内套，外面包上金属壳，中间填上保温材料制成的一种加热器。电热套的容积一般与烧瓶的容积相匹配，分为50mL、100mL、150mL、200mL、250mL等规格，最大可到3000mL。电热套没有明火，因此不易引起着火，使用安全，热效率高，受热均匀。加热温度可用调压变压器控制，最高温度可达400℃左右，是有机实验中一种简便、安全的加热装置。

电热套主要作为回流加热的热源。用它进行蒸馏或减压蒸馏时，随着蒸馏的进行，瓶内物质逐渐减少，会使瓶壁过热，造成蒸馏物炭化的现象。可选用大一号的电热套，并在蒸馏过程中，不断降低垫电热帽的升降台的高度，就会减少炭化现象。不要将药品洒在电热帽中，以免加热时药品挥发造成污染，并导致电热丝被腐蚀而断开。用完后放于干燥处，防止内部吸潮而降低绝缘性能。

使用电热套的注意事项：

1. 仪器应有良好的接地。

2. 第一次使用时，套内有白烟和异味冒出，颜色由白色变为褐色再变成白色属于正常现象，因玻璃纤维在生产过程中含有油质及其他化合物，应放在通风处，数分钟白烟和异味消失后即可正常使用。

3. 3000mL以上电热套使用时有吱－吱响声，是与炉丝结构不同及与可控硅调压脉冲信号有关，可放心使用。

4. 液体溢入套内时，请迅速关闭电源，将电热套放在通风处，待干燥后方可使用，以免漏电或电器短路发生危险。

5. 长期不用时，请将电热套放在干燥无腐蚀气体处保存。

6. 不要空套取暖或干烧。

## 二、冷却

有些反应会产生大量热量，如不迅速消除，将使反应物分解或逸出反应容器，甚至引起爆炸。例如，硝化反应、重氮化反应等，这些反应必须在低温下进行。此外，蒸气的冷凝，结晶的析出也需要冷却。冷却的办法一般是将反应容器置于冷水、冰水及冰盐浴中冷却，通过热传递来达到冷却的目的，有时也可将致冷剂直接加入反应器中降温。

实验室常用的冷却方法如下：

**1. 流水冷却**

需冷却到室温的溶液，可用此方法，将需冷却的物品直接用流动的自来水冷却。

**2. 冰水冷却**

需冷却到冰点温度的溶液，可用此方法，将需冷却的物品直接放在冰水中。

**3. 冰盐冷却**

需冷却到冰点以下温度的溶液，可用此方法，冰盐浴由容器和冷却剂（冰盐或水盐混合物）组成，可致冷至273K以下。所能达到的温度由冰盐的比例和盐的品种决定。

## 第三节　试剂的取用

化学试剂是纯度较高的化学制品。按杂质含量的多少，通常分成四个等级。我国化学试剂的等级见下表。

**表4－3　试剂的规格和适用范围**

| 等级 | 一级试剂（保证试剂） | 二级试剂（分析试剂） | 三级试剂（化学纯试剂） | 四级试剂（实验试剂） |
|---|---|---|---|---|
| 表示的符号 | GR | AR | CP | LR |
| 标签的颜色 | 绿色 | 红色 | 蓝色 | 黄色或棕色 |
| 应用范围 | 精密分析及科学研究 | 一般的分析及科学研究 | 一般定性及化学制备 | 一般的化学制备 |

由于化学试剂级别之差，在价格上相差极大。因此，实验中应根据不同的实验要求选择不同级别的试剂，以免浪费。化学试剂在分装时，一般把固体试剂装在广口瓶中，把液体试剂或配制的溶液盛在细口瓶或带有滴管的滴瓶中，见光易分解的试剂（如 $KMnO_4$，$AgNO_3$等）装在棕色瓶中，易潮解的且又易氧化或还原的试剂（如 $Na_2S$）除装在密封瓶中，还要蜡封，碱性试剂（如 NaOH）装在塑料瓶中。每一试剂都贴有标签，标明试剂的名称、规格或浓度及生产日期。

除表中所列的之外，通常还有：①基准试剂，主要用于直接配制或标定标准溶液。②光谱纯试剂，主要用作光谱分析中的标准物质。③色谱纯试剂，主要用作色谱分析中的标准物质。

实验室使用的气体，除特殊的气体需要自行制备外，一般都可以用气体钢瓶提供。

### 一、液体试剂的取用

1. 从滴瓶中取液体试剂时，先把滴管拿出液面，再挤压胶头，排除胶头里面的空气，然后再深入到液面下，松开大拇指和食指，这样滴瓶内的液体在胶头的负压下吸入滴管内，要避免瓶底的杂质被吸入；取用液体时，滴管不能到转过来，以免试剂腐蚀胶头和沾污药品。滴管不能随意放在桌上，使用完毕后，要把滴管内的试剂排空，不要残留试剂在滴管中。然后插回滴瓶。每种试剂都应有专用的滴管，不得混用。

2. 从细口瓶中取出液体试剂时，用倾注法。先将瓶塞取下，反放在桌面上，手握住试剂瓶上贴标签的一面，逐渐倾斜瓶子，让试剂沿着洁净的管壁流入试管或沿着洁净的玻璃棒注入烧杯中。取出所需量后，将试剂瓶口在容器上靠一下，再逐渐竖起瓶子，以免遗留在瓶口的液体滴流到瓶的外壁。

3. 在试管里进行某些性质试验时，取试剂不需要准确用量，只要学会估计取用液体的量即可。例如用滴管取用液体，1mL 相当于 15～20 滴，3mL 液体约占一个小试管容量（10mL）的 1/3，5mL 液体约占一个小试管容量的 1/2，一个大试管容量的 1/4 等等。必须注意的是，倒入试管里溶液的量，一般不超过其容积的 1/3。

4. 定量取用液体时，用量筒或移液管取。量筒用于量度一定体积的液体，可根据需要选用不同量度的量筒，而取用准确的量时就必须使用移液管。

5. 取用挥发性强的试剂时要在通风橱中进行，做好安全防护措施。

## 二、固体试剂的取用

1. 固体试剂要用干净的药匙取用。

2. 取用试剂后立即盖紧瓶盖，防止药剂与空气中的氧气、水分等起反应。

3. 要求取一定质量的固体时，可把固体放在纸上或表面皿上，再在台秤上称量。具有腐蚀性或易潮解的固体不能放在纸上，而应放在玻璃容器内进行称量。如氢氧化钠有腐蚀性，又易潮解，最好放在烧杯中称取，否则容易腐蚀天平。要求准确称取一定质量的固体时，可在分析天平上用直接法或减量法称取。必须注意不要取多，取多的药品，不能倒回原瓶。因为取出的药品已经接触空气，有可能已经受到污染，再倒回去容易污染瓶里的其他药品。

4. 有毒的药品称取时要做好防护措施。如戴好口罩、手套等。

# 第四节　天平的使用方法及称量

天平是根据杠杆原理制成的，它用已知质量的砝码来衡量被称物体的质量。

## 一、托盘天平

托盘天平（又叫台秤）常用于一般称量。它能迅速地称量物体的质量，但精确度不高，常用于一般称量或粗称样品。最大载荷为 200g 的台秤能称准到 0.2g，最大载荷为 500g 的台秤能称准至 0.5g。

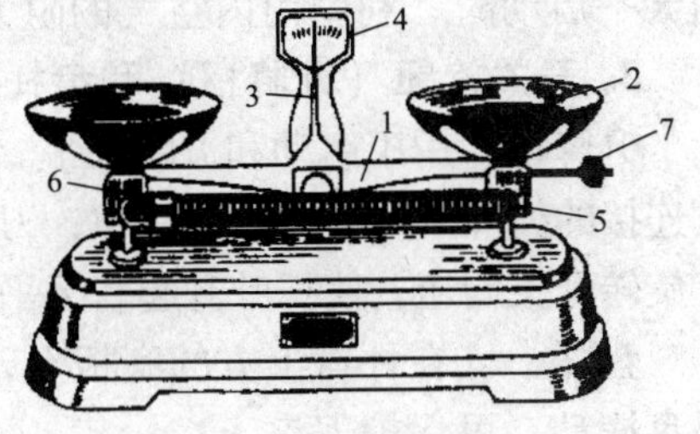


图 4－7　托盘天平

1. 横梁　2. 盘　3. 指针　4. 刻度盘　5. 游码标尺　6. 游码　7. 平衡调节螺丝

**1. 托盘天平的构造**

如图 4－7 所示。台秤的横梁架在台秤座上。横梁的左右有两个盘子。横梁的中部有指针与刻度盘相对，根据指针在刻度盘左右摆动情况，可以看出台秤是否处于平衡状态。

**2. 称量方法**

（1）检查：两托盘要洗净；游码放在最左端；指针在刻度盘中间。

（2）调零：如果指针不在刻度盘中间位置，可调节台秤托盘下侧的平衡调节螺丝。当指针在刻度盘的中间左右摆动大致相等时，则台秤即处于平衡状态，此时指针即能停在刻度盘的中间位置，将此中间位置称为台秤的零点。

（3）称量时，左盘放称量物，右盘放砝码，砝码用镊子夹取。10g 或 5g 以下的质量，可移动游码标尺上的游码。当添加砝码到台秤的指针停在刻度盘的中间位置时，台秤处于平衡状态。此时指针所停的位置称为停点。零点与停点相符时（零点与停点之间允许偏差 1 小格以内）砝码的质量就是称量物的质量。开始读数，$m_{质量}=m_{砝码}+m_{游码}$。

**3. 称量时应注意事项**

（1）不能称量热的物品。

（2）化学药品不能直接放在托盘上，应根据情况决定称量物放在已称量的、洁净的表面皿、烧杯或光洁的称量纸上。

（3）称量完毕，应将砝码放回砝码盒中，将游码拨到“0”位处，并将托盘放在一侧，或用橡皮圈架起，以免台秤摆动。

（4）保持台秤整洁。

## 二、半自动电光分析天平

### （一）基本构造

**1. 天平梁**

天平梁是天平的主要部件，在梁的中下方装有细长而垂直的指针，梁的中间和等距离的两端装有三个玛瑙三棱体，中间三棱体刀口向下，两端三棱体刀口向上，三个刀口的棱边完全平行且位于同一水平面上。梁的两边装有两个平衡螺丝，用来调整梁的平衡位置（也即调节零点）。

**2. 吊耳和秤盘**

两个承重刀上各挂一吊耳，吊耳的上钩挂着秤盘，在秤盘和吊耳之间装有空气阻尼器。空气阻尼器的内筒比外筒略小，两圆筒间有均匀的空隙，内筒能自由地上下移动。当天平启动时，利用筒内空气的阻力产生阻尼作用，使天平很快达到平衡。

**3. 开关旋钮（升降枢）和盘托**

升降枢：用于启动和关闭天平。启动时，顺时针旋转开关旋钮，带动升降枢，控制与其连接的托叶下降，天平梁放下，刀口与刀承相承接，天平处于工作状态。关闭时，逆时针旋转开关旋钮，使托叶升起，天平梁被托起，刀口与刀承脱离，天平处于关闭状态。

盘托：安在秤盘下方的底板上，受开关旋钮控制。关闭时，盘托支持着秤盘，防止秤盘摆动，可保护刀口。

**4. 机械加码装置**

通过转动指数盘加减环形码（亦称环码）。环码分别挂在码钩上。称量时，转动指数盘旋钮将砝码加到承受架上。环码的质量可以直接在砝码指数盘上读出。指数盘转动时可经天平梁上加10～990mg砝码，内层由10～90mg组合，外层由100～900mg组合。大于1g的砝码则要从与天平配套的砝码盒中取用（用镊子夹取）。

**5. 光学读数装置**

光学读数装置固定在支柱的前方。称量时，固定在天平指针上微分标尺的平衡位置，可以通过光学系统放大投影到光屏上。标尺上的读数直接表示10mg以下的质量，每一大格代表1mg，每一小格代表0.1mg。从投影屏上可直接读出0.1～10mg以内的数值。

**6. 天平箱**

能保证天平在稳定气流中称量，并能防尘、防潮。天平箱的前门一般在清理或修理天平时使用，左右两侧的门分别供取放样品和砝码用。箱座下装有三个支脚，后面的一个支脚固定不动，前面的两个支脚可以上下调节，通过观察天平内的水平仪，使天平调节到水平状态。

### （二）使用方法

天平室要保持干燥清洁。进入天平室后，对照天平号坐在自己需用的天平前，按下述方法进行操作：

1. 掀开防尘罩，叠放在天平箱上方。检查天平是否正常：天平是否水平；秤盘是否洁净，否则，用软毛刷小心清扫；指数盘是否在“000”位；环码有无脱落；吊耳是否错位等。

2. 调节零点。接通电源，轻轻顺时针旋转升降枢，启动天平，光屏上标尺停稳后，其中央的黑线若与标尺中的“0”线重合，即为零点（天平空载时平衡点）。如不在零点，差距小时，可调节微动调节杆，移动屏的位置，调至零点；如差距大时，关闭天平，调节横梁上的平衡螺丝，再开启天平，反复调节，直至零点。

3. 称量。零点调好后，关闭天平。把称量物放在左盘中央，关闭左门；打开右门，根据估计的称量物的质量，把相应质量的砝码放入右盘中央，然后将天平升降枢半打开，观察标尺移动方向（标尺迅速往哪边跑，哪边就重），以判断所加砝码是否合适并确定如何调整。当调整到两边相关的质量小于1g时，应关好右门，再依次调整100mg组和10mg组环码，按照“减半加减码”的顺序加减砝码，可迅速找到物体的质量范围。调节环码至10mg以后，完全启动天平，准备读数。

称量过程中必须注意以下事项：

（1）称量未知物的质量时，一般要在台秤上粗称。这样既可以加快称量速度，又可保护分析天平的刀口。

（2）加减砝码的顺序是：由大到小，折半加入。在取、放称量物或加减砝码时（包括环码），必须关闭天平。启动开关旋钮时，一定要缓慢均匀，避免天平剧烈摆动。以保护天平刀口不受损伤。

（3）称量物和砝码必须放在秤盘中央，避免秤盘左右摆动。不能称量过冷或过热的物体，以免引起空气对流，使称量的结果不准确。称取具腐蚀性、易挥发物体时，必须放在密闭容器内称量。

（4）同一实验中，所有的称量要使用同一架天平，以减少称量的系统误差。

（5）天平称量不能超过最大载重，以免损坏天平。

（6）加减砝码必须用镊子夹取，不可用手直接拿取，以免沾污砝码。砝码只能放在天平秤盘上或砝码盒内，不得随意乱放。在使用机械加码旋钮时，要轻轻逐格旋转，避免环码脱落。

4. 读数。砝码 + 环码的质量 + 标尺读数（均以克计）= 被称物质量。

天平平衡后，关闭天平门，待标尺在投影屏上停稳后再读数，并及时记录在记录本上。读数完毕，应立即关闭天平。

5. 复原。称量完毕，取出被称物放到指定位置，将砝码放回盒内，指数盘退回到“000”位，关闭两侧门，盖上防尘罩。登记，教师签字，凳子放回原处，再离开天平室。

## （三）称量方法

**1. 直接称量法**

直接称量法用于直接称量某一固体物体的质量，如小烧杯。

要求：所称物体洁净、干燥，不易潮解、升华，并无腐蚀性。

方法：天平零点调好以后，关闭天平，把被称物用一干净的纸条套住（也可采用戴专用手套），放在天平左盘中央。调整砝码使天平平衡，所得读数即为被称物的质量。

**2. 固定质量称量法**

固定质量称量法用于称量指定质量的试样。如称量基准物质，来配制一定浓度和体积的标准溶液。

要求：试样不吸水，在空气中性质稳定，颗粒细小（粉末）。

方法：先称出容器的质量，关闭天平。然后加入固定质量的砝码于右盘中，再用牛角勺将试样慢慢加入盛放试样的容器中，半开天平进行称重。当所加试样与指定质量相差不到 10mg 时，完全打开天平，极其小心地将盛有试样的牛角勺伸向左秤盘的容器上方约 2 ~ 3cm 处，勺的另一端顶在掌心上，用拇指、中指及掌心拿稳牛角勺，并用食指轻弹勺柄，将试样慢慢抖入容器中，直至天平平衡。此操作必须十分仔细。

**3. 递减称量法**

递减称量法用于称量一定质量范围的试样。适于称取多份易吸水、易氧化或易于和$CO_2$反应的物质。

方法：

（1）用小纸条夹住已干燥好的称量瓶，在台秤上粗称其质量。

（2）将稍多于需要量的试样用牛角匙加入称量瓶，在台秤上粗称。

（3）将称量瓶放到天平左盘的中央，在右盘上加适量的砝码或环码使之平衡，称出称量瓶及试样的准确质量（准确到 0.1mg），记下读数，设为 $m_1$ g。关闭天平，将右盘砝码或环码减去需称量的最小值。将称量瓶拿到接受器上方，右手用纸片夹住瓶盖柄，打开瓶盖。将瓶身慢慢向下倾斜，并用瓶盖轻轻敲击瓶口，使试样慢慢落入容器内（不要把试样撒在容器外）。当估计倾出的试样已接近所要求的质量时（可从体积上估计），慢慢将称量瓶竖起，并用盖轻轻敲瓶口，使黏附在瓶口上部的试样落入瓶内，盖好瓶盖，将称量瓶放回天平左盘上称量。若左边重，则需重新敲击，若左边轻，则不能再敲。准确称取其质量，设此时质量为 $m_2$ g。则倒入接受器中的质量为（$m_1-m_2$）g。重复以上操作，可称取多份试样。

## 三、电子天平

电子天平是最新一代的天平，是根据电磁力平衡原理，直接称量，全量程不需砝码。放上称量物后，在几秒钟内即达到平衡，显示读数，称量速度快，精度高。电子天平的支承点用弹性簧片，取代机械天平的玛瑙刀口，用差动变压器取代升降枢装置，用数字显示代替指针刻度。此外，电子天平还具有自动校正、自动去皮、超载指示、故障报警，以及质量电信号输出等功能，且可与打印机、计算机联用，进一步扩展其功能，如统计称量的最大值、最小值、平均值及标准偏差等。

电子天平按结构可分为上皿式和下皿式两种。秤盘在支架上面为上皿式，秤盘吊挂在支架下面为下皿式。目前，广泛使用的是上皿式电子天平。尽管电子天平种类繁多，但其使用方法大同小异，具体操作可参看各仪器的使用说明书。下面以上海天平仪器厂生产的 FA1604 型电子天平为例，简要介绍电子天平的使用方法。

**1. 水平调节**

观察水平仪，如水平仪水泡偏移，需调整水平调节脚，使水泡位于水平仪中心。

**2. 预热**

接通电源，预热至规定时间后，开启显示器进行操作。

**3. 开启显示器**

轻按 ON 键，显示器全亮，约 2 秒后，显示天平的型号，然后是称量模式 0.0000g。读数时应关上天平门。

**4. 天平基本模式的选定**

天平通常为“通常情况”模式，并具有断电记忆功能。使用时若改为其他模式，使用后一经按 OFF 键，天平即恢复通常情况模式。称量单位的设置等可按说明书进行操作。

**5. 校准**

天平安装后，第一次使用前，应对天平进行校准。因存放时间较长、位置移动、环境变化或未获得精确测量，天平在使用前一般都应进行校准操作。本天平采用外校准（有的电子天平具有内校准功能），由 TAR 键清零及 CAL 标准键、100g 校准砝码完成。

**6. 称量**

按 TAR 键，显示为零后，置称量物于秤盘上，待数字稳定即显示器左下角的“0”标志消失后，即可读出称量物的质量值。

**7. 去皮称量**

按 TAR 键清零，置容器于秤盘上，天平显示容器质量，再按 TAR 键，显示零，即去除皮重。再置称量物于容器中，或将称量物（粉末状物或液体）逐步加入容器中直至达到所需质量，待显示器左下角“0”消失，这时显示的是称量物的净质量。将秤盘上的所有物品拿开后，天平显示负值，按 TAR 键，天平显示 0.0000g。若称量过程中秤盘上的总质量超过最大载荷（FA1604 型电子天平为 160g）时，天平仪显示上部线段，此时应立即减小载荷。

**8. 称量结束**

若较短时间内还使用天平（或其他人还使用天平）一般不用按 OFF 键关闭显示器。实验全部结束后，关闭显示器，关闭电源，若短时间内（例如 2 小时内）还使用天平，可不必关闭电源，再用时可省去预热时间。

若当天不再使用天平，应拔下电源插头。

## 第五节　固液分离

固液分离一般有三种方法：倾析法、过滤法和离心分离法。

### 一、倾析法

当沉淀的结晶颗粒较大或密度较大，静置后容易沉降至容器的底部时，可用倾析法分离或洗涤。倾析的操作与转移溶液的操作是同时进行的。洗涤时，可往盛有沉淀的容器内加入少量洗涤剂（常用蒸馏水），充分搅拌后静置，沉降，再小心地倾析出洗涤液。如此重复操作两三遍，即可洗净沉淀。

### 二、过滤法

过滤法是最常用的分离方法之一。当溶液和沉淀的混合物通过过滤器时，沉淀就留在滤纸上，溶液则通过过滤器而滤入接收的容器中。过滤所得的溶液叫做滤液。溶液的温度、黏度，过滤时的压力和沉淀物的状态，都会影响过滤的速度。热的溶液比冷的溶液容易过滤。溶液的黏度越大，过滤越慢。减压过滤比常压过滤快。沉淀若呈现胶状时，必须先加热一段时间来破坏它，否则它要透过滤纸。总之，要考虑各方面的因素来选用不同的过滤方法。常用的三种过滤方法是常压过滤、减压过滤和热过滤，现分述如下。

**1. 常压过滤**

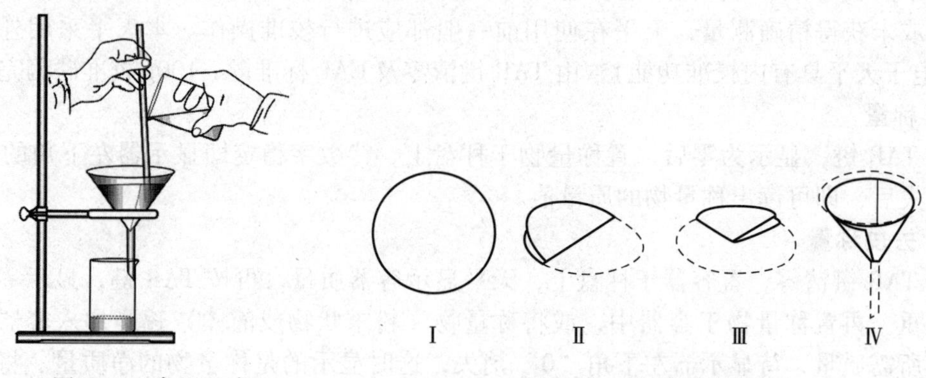


图 4－8　常压过滤　　图 4－9　滤纸的折叠法

此法最为简便和常用。操作时应根据沉淀性质选择滤纸，一般粗大晶形沉淀用中速滤纸，细晶或无定性沉淀选用慢速滤纸，沉淀为胶体状时应用快速滤纸。所谓快慢之分是按滤纸孔隙大小而定，快则孔隙大。

常压过滤的步骤：

（1）首先选择合适的滤纸，将滤纸沿圆心对折两次，但先不要折死。按三层一层比例将其撑开呈圆锥状放入漏斗中，如果上沿不十分密合，可改变滤纸的折叠角度，这时可将滤纸的折边折死。然后把三层厚一侧的紧贴漏斗的外层撕去一小角，将滤纸放入漏斗中，直到与漏斗密合为止，且要求滤纸边缘应低于漏斗边沿0.5～1.0cm。

（2）加少量蒸馏水润湿滤纸，轻压滤纸赶走气泡。过滤时应注意，漏斗要放在漏斗架上，漏斗颈要靠在接受容器的壁上；先转移溶液，后转移沉淀；转移溶液时，应把它滴在三层滤纸处并使用玻璃棒引流，每次转移量不能超过滤纸高度的2/3。

如果需要洗涤沉淀，则等溶液转移完毕后，往盛着沉淀的容器中加入少量洗涤剂，充分搅拌并放置，待沉淀下沉后，把洗涤液转移入漏斗，如此重复操作两三遍，再把沉淀转移到滤纸上。洗涤时应采取少量多次的原则，洗涤效率才高。检查滤液中的杂质含量，可以判断沉淀是否已经洗净。

**2. 减压过滤（抽滤）**

减压过滤可缩短过滤时间，并且抽滤所得沉淀比较干爽，但它不适用于过滤胶状沉淀和颗粒太细的沉淀。

减压过滤装置如图4－10所示，利用水泵（图4－11）中急速流动的水流造成负压（如果用真空泵代替水泵效果更好），从而使吸滤瓶内压力减小，在布氏漏斗内的液面与吸滤瓶之间造成一个压力差，提高了过滤速度。在连接水泵（或真空泵）和吸滤瓶之间的橡胶管上安装一个安全瓶，用以防止因关闭水泵（或真空泵）时，因泵内压力忽然增大而引起自来水（或泵油）倒吸，进入吸滤瓶将滤液污染。也正因为如此，在停止抽滤时，应首先从吸滤瓶上拔掉橡皮管，或在安全瓶上安装放空管，在停止抽滤时，先打开放空管，使安全瓶与大气相通，然后关泵。抽滤用的滤纸应比布氏漏斗的内径略小，但又能把瓷孔全部盖没。将滤纸放入布氏漏斗并湿润后，慢慢打开自来水龙头，先稍微抽气使滤纸紧贴，然后用玻璃棒往漏斗内转移溶液，注意加入的溶液不要超过漏斗容积的2/3。开大水龙头，等溶液流完后再转移沉淀，继续减压抽滤，直到沉淀抽干。滤毕，先拔掉橡皮管，再关水龙头。用玻璃棒轻轻揭起滤纸边，取出滤纸和沉

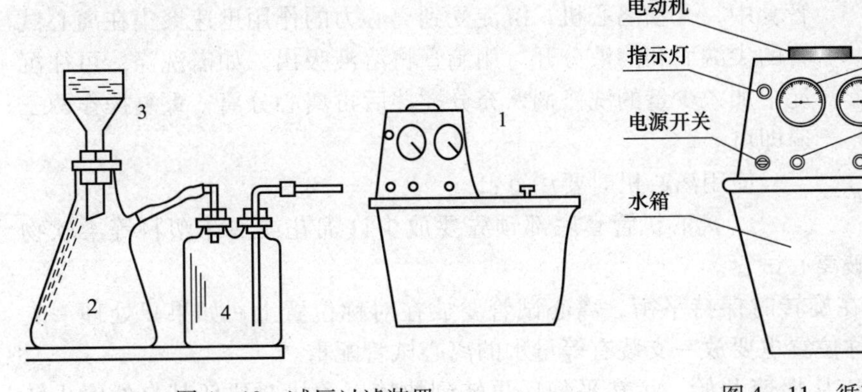


图4－10　减压过滤装置

1. 水泵　2. 吸滤瓶　3. 布氏漏斗　4. 安全瓶

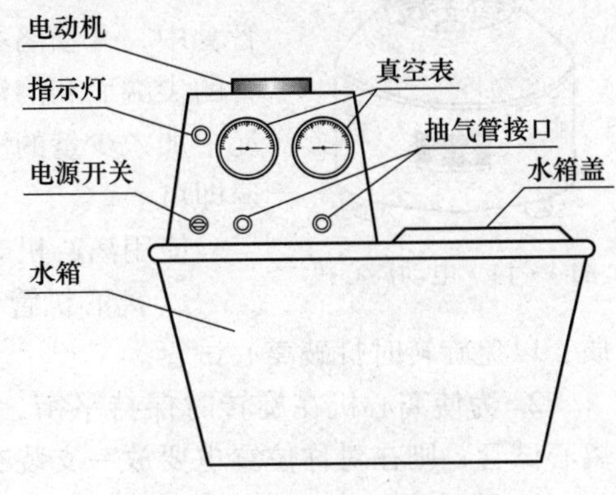


图4－11　循环水式真空泵

淀。滤液则由吸滤瓶的上口倾倒出。洗涤沉淀时，应暂停抽滤，加入洗涤剂使其与沉淀充分接触后，再开大水龙头将沉淀抽干。

有些浓的强酸、强碱或强氧化性的溶液，过滤时不能使用滤纸，因为它们会与滤纸发生化学反应而破坏滤纸。这时可用涤纶布或尼龙布来代替滤纸。另外浓的强酸溶液也可使用烧结漏斗（也叫砂芯漏斗或玻璃砂漏斗）过滤，这种漏斗在化学实验中常见的规格有四种，即 G－1、G－2、G－3、G－4。G－1 的孔径最大。可以根据沉淀颗粒不同来选用。但它不适用于强碱性溶液的过滤，因为强碱会腐蚀玻璃。

**3. 热过滤**

如果溶液中的溶质在温度下降时容易析出大量结晶，而我们又不希望它在过滤过程中留在滤纸上，这时就要趁热进行过滤（图 4－12）。过滤时可以把玻璃漏斗放在铜质的热漏斗内（图 4－13），热漏斗内装有热水，以维持溶液的温度。也可以在过滤前把普通漏斗放在水浴上用蒸汽加热，然后使用，此法较简单易行。另外，热过滤时选用的漏斗的颈部愈短愈好，以免过滤时溶液在漏斗颈内停留过久，因散热降温，析出晶体而发生堵塞。

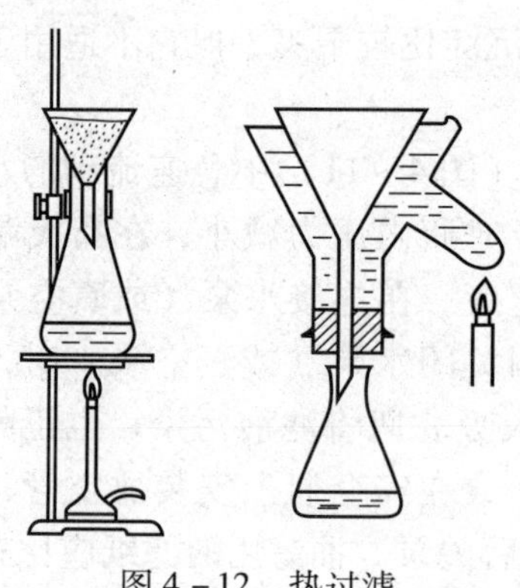

图 4－12　热过滤

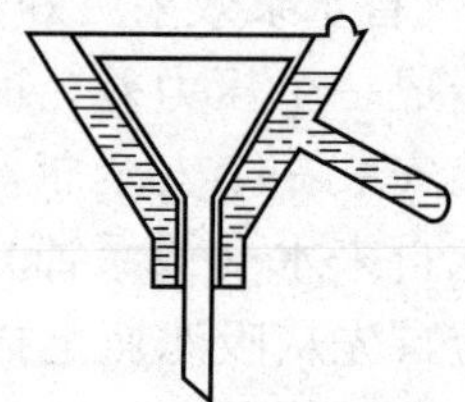

图 4－13　热过滤漏斗

## 三、离心分离法

当被分离的沉淀的量很少时，可以应用离心分离法。实验室常用的离心仪器是电动离心机（图 4－14）。将盛有沉淀和溶液的离心试管放在离心机管套中，开动离心机，沉淀受到离心力的作用迅速聚集在离心试管的尖端而和溶液分开。用滴管将溶液吸出。如需洗涤，可往沉淀中加入少量的洗涤剂，充分搅拌后再离心分离，重复操作两三遍即可。

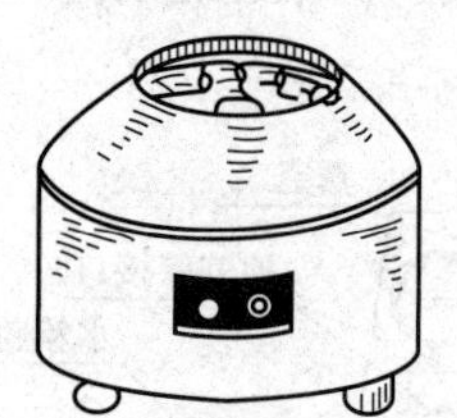

图 4－14　电动离心机

使用离心机时要注意：

1. 离心机管套底部预先要放少许棉花或泡沫塑料等柔软物质，以免旋转时打破离心试管。

2. 为使离心机在旋转时保持平衡，离心试管要放在对称位置上。如果只处理一支离心试管，则在对称位置也要放一支装有等量水的离心试管配重。

3. 开动离心机应从慢速开始，运转平稳后再转到快速。关机时要任其自然停止转动，决不能用手强制它停止转动。

4. 转速和旋转时间视沉淀性状而定。一般晶形沉淀以 1000r/min，离心 1 ~2 分钟即可；非晶形沉淀需 2000r/min，3 ~4 分钟。

5. 如发现离心试管破裂或震动太厉害需停止使用。

## 第六节　试纸的使用

实验室常用试纸来定性检验一些溶液的酸碱性，或判断某些物质是否存在。常用试纸有 pH 试纸、石蕊试纸、碘化钾 - 淀粉试纸、醋酸铅试纸等。

### 一、pH 试纸

用来检查溶液的 pH 值。pH 试纸有两类：一类是广泛 pH 试纸，变色范围在 pH = 1 ~14，可粗略测量溶液的 pH 值。另一类是精密 pH 试纸，如变色范围在 pH = 2.7 ~4.7，3.8 ~5.4，5.4 ~7.0，6.9 ~8.4，8.2 ~10.0，9.5 ~13.0 等。这类精密 pH 试纸可用来较精确地测定溶液的 pH 值。使用时先将试纸剪成小块，放在干燥的表面皿或白色点滴板上。用玻璃棒蘸取待测溶液点试纸中部。试纸变色后，再与标准色板比较，便可确定溶液的 pH 值。不能将试纸浸泡在待测溶液中，以免造成误差或污染溶液。

### 二、石蕊试纸

用来检验溶液的酸碱性。石蕊试纸有两类：蓝色石蕊试纸和红色石蕊试纸。使用石蕊试纸的方法和 pH 试纸相同。若检查挥发性物质及气体时，可先将石蕊试纸用蒸馏水润湿，然后悬空放在气体出口处，观察试纸颜色变化。

### 三、碘化钾 - 淀粉试纸

用来定性检验氧化性气体，如 $Cl_2$、$Br_2$等。试纸曾在 KI - 淀粉溶液中浸泡过。使用时用蒸馏水润湿，置于反应容器上方（勿与反应物接触）。若反应中产生氧化性气体，如 $Cl_2$、$Br_2$等，则与试纸上的 KI 反应，生成 $I_2$，而 $I_2$立即与试纸上的淀粉作用，使试纸变为蓝紫色。

### 四、醋酸铅试纸

用来定性检验 $H_2S$ 气体。试纸曾在醋酸铅溶液中浸泡过。使用时用蒸馏水润湿，置于反应容器上方（不与反应物接触）。若有 $H_2S$ 气体产生，则会与试纸上醋酸铅反应，生成黑色的 PbS 沉淀，而使试纸显黑褐色且有金属光泽。各种试纸都要密闭保存，并且用镊子取用试纸。

## 第七节　量筒的使用

量筒是化学实验室中最常用的度量液体的仪器。它有各种不同的容量，量筒属粗量器。量筒越大，管径越粗，其精确度越小，实验中应根据所取溶液的体积，尽量选用能一次量取的最小规格的量筒。例如，需要量取 8.0mL 液体时，为了提高测量的准确度，应选用 10mL 量筒（测量误差为 ±0.1mL），如果选用 100mL 量筒量取 8.0mL 液体体积，则至少有 ±1mL 的误差。读取量筒的刻度值，一定要使视线与量筒内液面（半月形弯曲面）的最低点处于同一水平线上（图 4－15），否则会增加体积的测量误差。仰视时，连线与器壁交点，比凹液面的水平线低，则示数偏小；俯视时，连线与器壁交点，比凹液面的水平线高，则示数偏大；量筒不能作反应器用，不能装热的液体。

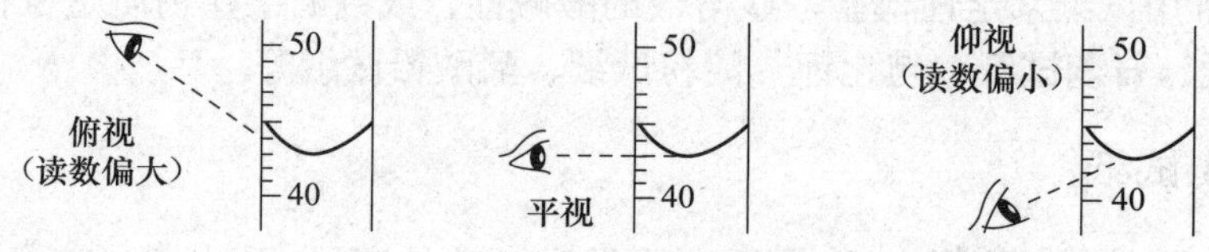


图 4－15　量筒刻度的读法

## 第八节　滴定管的使用

滴定管是滴定时可以准确测量滴定剂消耗体积的一种量出式玻璃仪器，它是一根具有精密刻度，内径均匀的细长玻璃管，可连续地根据需要放出不同体积的液体，并准确读出液体体积的量器。常量分析的滴定管容积有 50mL 和 25mL，最小刻度为 0.1mL，读数可估计到 0.01mL。另外还有容积为 10mL、5mL、2mL、1mL 的半微量和微量滴定管。

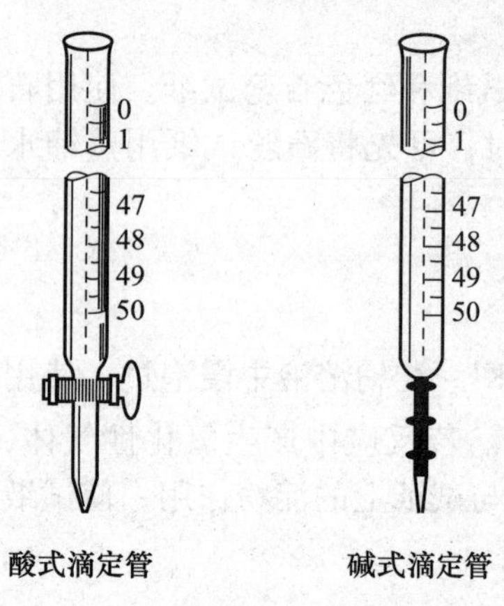


图 4－16　滴定管

滴定管一般分为酸式滴定管（图 4－16）和碱式滴定管（图 4－16）两种。酸式滴定管下端有玻璃活塞开关，它用来装酸性溶液和氧化性溶液，不宜盛碱性溶液。碱式滴定管的下端连接一乳胶管，管内有玻璃珠以控制溶液的流出，乳胶管的下端再连一尖嘴玻璃管（图 4－16）。凡是能与乳胶管起反应的氧化性溶液，如 $KMnO_4$、$I_2$ 等，都不能装在碱式滴定管中。

### 一、滴定管使用前的准备

1. 滴定管的洗涤（参见玻璃仪器的洗涤）。

2. 检查试漏。滴定管洗净后，先检查旋塞转动是否灵活，是否漏水。酸式滴定管磨口旋塞是否密合是滴定管的质量指标之一。其检查的方法是将旋塞用水润湿后插入活塞内，管中充水至最高标线，用滴定管夹将其固定。密合性良好的滴定管，15 分钟后漏水不应超过 1 个分度（50mL 滴定管为 0.1mL）。

3. 为了使玻璃活塞转动灵活并防止漏水现象，需对酸式管活塞涂上凡士林。做法是：将滴定管平放在台面上，抽出旋塞，用滤纸将旋塞及塞槽内的水擦干，分别在旋塞粗的一端和塞槽细的一端内壁涂一薄层凡士林（图4－17）。涂好凡士林的旋塞插入旋塞槽内，沿同一方向旋转旋塞，直到旋塞部位的油膜均匀透明。如发现转动不灵活或旋塞上出现纹路，表示油涂得不够；若有凡士林从旋塞缝挤出，或旋塞孔被堵，表示凡士林涂得太多。遇到这些情况，都必须把旋塞和塞槽擦干净后重新处理。应注意：在涂油过程中，滴定管始终要平放、平拿，不要直立，以免擦干的塞槽又沾湿。涂好凡士林后，用乳胶圈套在旋塞的末端，以防治塞脱落破损。涂好油的滴定管要试漏。试漏的方法是将旋塞关闭，管中充水至最高刻度，然后将滴定管垂直夹在滴定管架上，放置2分钟，观察尖嘴口及旋塞两端是否有水渗出；将旋塞转动180°，再放置2分钟，若前后两次均无水渗出，旋塞转动也灵活，即可洗净使用。碱式滴定管应选择合适的尖嘴、玻璃珠和乳胶管（长约6cm），组装后应检查滴定管是否漏水，液滴是否能灵活控制。如不合要求，则需重新装配。

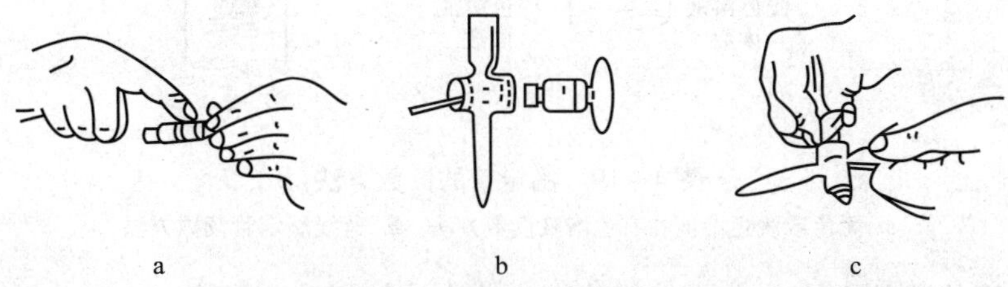


图4－17　酸式滴定管活塞涂油

a. 活塞涂油　b. 安装活塞　c. 转动活塞

碱式滴定管使用前应先检查橡皮管是否老化，玻璃珠是否大小适当，若胶管已老化，玻璃珠过大（不易操作）或过小（漏水），应及时更换。

4. 装入操作溶液。在装入操作溶液时，应由贮液瓶直接灌入，不得借用任何别的器皿，例如漏斗或烧杯，以免操作溶液的浓度改变或造成污染。装入前应先将贮液瓶中的操作溶液摇匀，使凝结在瓶内壁的水珠混入溶液。为除去滴定管内残留的水膜，确保操作溶液的浓度不变，应用该溶液润洗滴定管2～3次，每次用量约10mL。润洗的操作要求是：先关好旋塞，倒入溶液，两手平端滴定管，即右手拿住滴定管上端无刻度部位，左手拿住旋塞无刻度部位，边转边向管口倾斜，使溶液流遍全管，然后打开滴定管的旋塞，使润洗液由下端流出。润洗之后，随即装入溶液。用左手拇指、中指和食指自然垂直地拿住滴定管无刻度部位，右手拿贮液瓶，将溶液直接加入滴定管至最高标线以上。装满溶液的滴定管，应检查滴定管尖嘴内有无气泡，如有气泡，必须排出。对于酸式滴定管，可用右手拿住滴定管，左手迅速打开旋塞，使溶液快速冲出，将气泡带走；对于碱式滴定管，可把乳胶管向上弯曲，出口上斜，挤捏玻璃珠右上方，使溶液从尖嘴快速冲出，即可排除气泡（图4－18）。

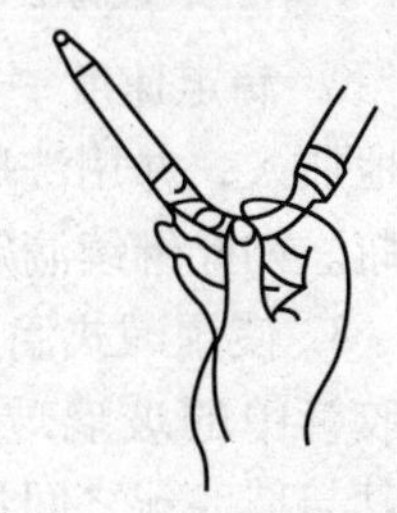

图4－18　碱式滴定管排出气泡

5. 滴定管的读数。装满或放出溶液后，必须等1～2分钟，使附着在内壁的溶液流下来，再进行读数。滴定管读数前，应注意管尖上有无挂着水珠。若在滴定后挂有水珠，则不能准确读数。正确读取体积刻度是减少容量分析实验误差的重要措施，一般读数应遵守下列原则：

（1）读数时滴定管应垂直放置。

（2）由于水的附着力和内聚力的作用，滴定管内的液面呈弯月形，无色和浅色溶液的弯月面比较清晰，读数时，应读弯月下缘实线的最低，即视线应与弯月面下缘实线的最低点在同一水平面上（图 4－19a）。对于有色溶液，其弯月面不够清晰，读数时视线应与液面两侧的最高点相切，这样才较易读准（图 4－19a）。若为蓝线滴定管，称为蓝带滴定管。读数时，多以液面折射成的两个弯月角相交于蓝色带中线上的一点为准（图 4－19b）。

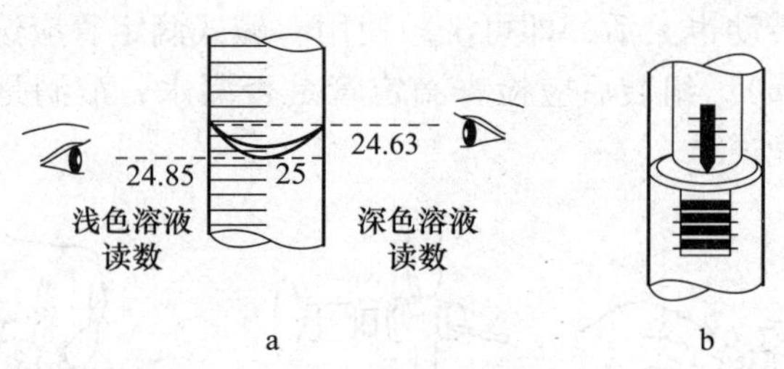


图 4－19　滴定管的读数方法

a. 无色或浅色溶液和有色溶液读数方法　b. 蓝线滴定管读数方法

（3）为了使读数准确，在滴定管装满或放出溶液后，必须等 1～2 分钟，使附着在内壁的溶液流下来，再读数。

（4）读取的数值必须读至小数点后第二位，即要求估计到 0.01mL。

## 二、滴定操作

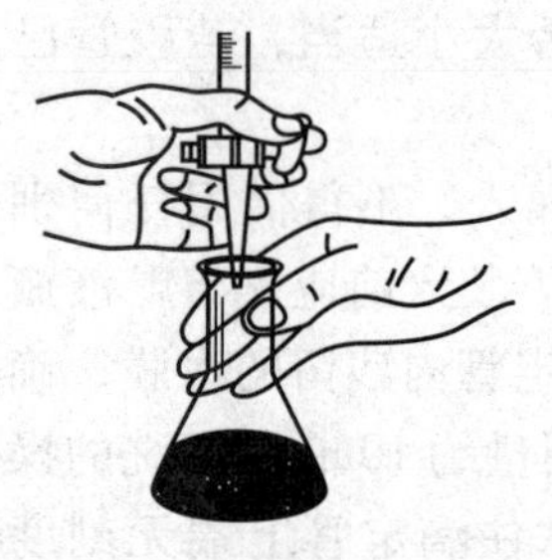

图 4－20　酸式滴定管的操作

1. 使用酸式滴定管时，应用左手控制滴定管旋塞，大拇指在前，食指、中指在后，手指略微弯曲，轻轻向内扣住旋塞，手心空握，以免碰旋塞使其松动，甚至可能顶出旋塞。右手握持锥形瓶，边滴边摇动，向同一方向作圆周旋转，而不能前后振动，否则会溅出溶液，如图 4－20 所示。

2. 滴定速度一般为 $10mL \cdot min^{-1}$，即每秒 3～4 滴。临近滴定终点时，应一滴或半滴地加入，并用洗瓶吹入少量水冲洗锥形瓶内壁，使附着的溶液全部流下，然后摇动锥形瓶。如此继续滴定至准确到达终点为止。

3. 使用碱式滴定管时左手拇指在前，食指在后，捏住乳胶管中的玻璃球所在部位稍上处，向手心捏挤乳胶管，使其与玻璃球之间形成一条缝隙，溶液即可流出。应注意，不能捏挤玻璃球下方的乳胶管，否则易进入空气形成气泡。为防止乳胶管来回摆动，可用中指和无名指夹住尖嘴的上部，如图 4－21 所示。

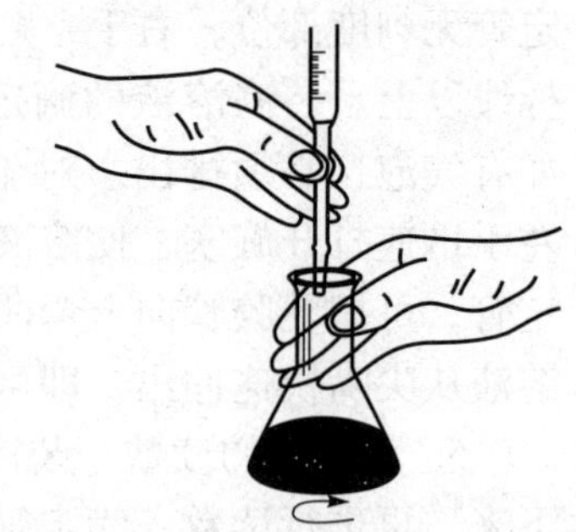

图 4－21　碱式滴定管的操作

4. 滴定通常在锥形瓶中进行，必要时也可以在烧杯中进行。对于滴定碘法、溴酸钾法等，则需在碘量瓶中进行反应和滴定。碘量瓶是带有磨口玻璃塞与喇叭形瓶口之间形成一圈水槽的锥形瓶。槽中加入纯水可形成水封，防止瓶中反应生成的气体（$I_2$、$Br_2$等）逸失。反应完成后，打开瓶塞，水即流下并可冲洗瓶塞和瓶壁。

5. 平行实验平行滴定时，应该每次都将初刻度调整到“0”刻度或其附近，这样可减少滴定管刻度的系统误差。

### 三、滴定结束后滴定管的处理

滴定结束后，把滴定管中剩余的溶液倒掉（不能倒回原贮液瓶），依次用自来水和纯水洗净，然后用纯水充满滴定管并垂直夹在滴定管架上，下尖嘴口距台底座1～2cm，为防止漏液，可用一小烧杯承接。

## 第九节　移液管与吸量管的使用

移液管是用来准确移取一定体积溶液的量器，准确度与滴定管相当，如图4－22所示。移液管有两种，一种中部具有“胖肚”结构，无分刻度，两端细长，只有环行标线，“胖肚”上标有指定温度下的容积。常见的规格为5、10、25、50、100mL等；另一种是有分刻度的直型玻璃管，又称吸量管或刻度吸量管，管的上端标有指定温度下的总体积。吸量管的容积有1、2、5、10mL等，可用来吸取不同容积的溶液，一般只量取小体积的溶液，其准确度比“胖肚”移液管稍差。吸量管有单标线和双标线之分，单标线为溶液全流出式，双标线吸量管的分刻度不刻到管尖，属于溶液不完全流出式。

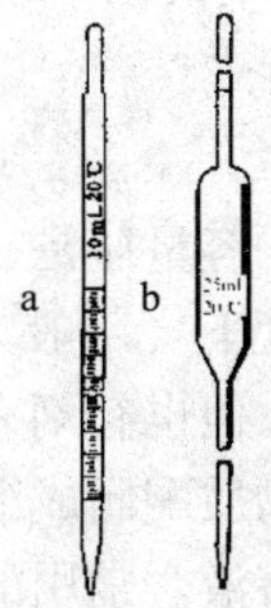

图4－22　移液管

a. 吸量管　b. 移液管

移液管及其使用：

移液管的使用，主要包括如下几个方面：

1. 洗涤移液管使用前也要进行洗涤，洗涤时，先用适当规格的移液管刷，用自来水清洗，若有油污可用洗液洗涤。方法是吸入1/3容积铬酸洗液，平放并转动移液管，使洗液润洗内壁，洗毕将洗液放回原瓶，稍后用自来水冲洗，再用去离子水清洗2～3次备用。

2. 润洗洗净后的移液管，在移液前必须用吸水纸吸净尖端内、外的残留水，然后用待取液润洗2～3次，以防改变溶液的浓度。洗涤时，当溶液吸至“胖肚”1/4处，即可封口取出。应注意勿使溶液回流，以免稀释溶液。润洗后将溶液从下端放出。

3. 移液

（1）将润洗好的移液管插入待取溶液的液面下约1～2cm处（不能太浅以免吸空，也不能插至容器低部以免吸起沉渣）。

（2）右手的拇指与中指拿住移液管标线以上部分，左手拿起洗耳球，排出洗耳球内的空气，将洗耳球尖端插入移液管上端，并封紧移液管口，逐步松开洗耳球，以吸取溶液（见图4－23a）。

（3）当液面上升至标线以上时，拿掉洗耳球，立即用食指堵上管口，将移液管提

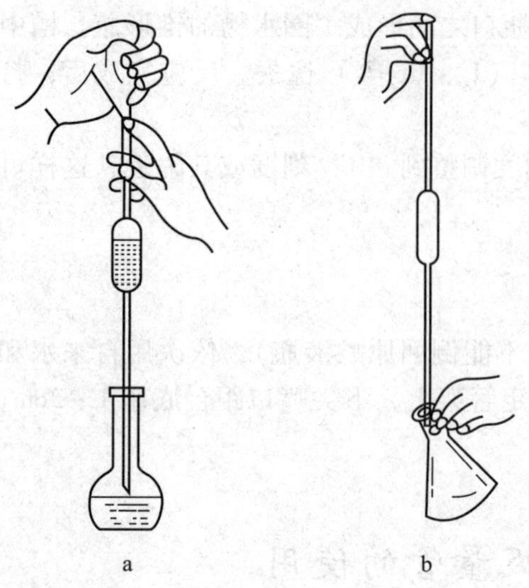

图 4－23 移液管移取溶液方法

出液面，用滤纸将沾在移液管外壁的液体擦掉，以除去管外壁的溶液，然后微微松动食指，并用拇指和中指慢慢转动移液管，使液面缓慢下降，直到溶液的弯月面与标线相切。此时，应用食指按紧管口，使液体不再流出。

（4）小心把移液管移入接受溶液的容器，使移液管的下端与容器内壁上端接触（见图 4－23b）。松开食指，让溶液自由流下，当溶液流尽后，再停 15 秒，并将移液管向左右转动一下，取出移液管。注意，除标有“吹”字样移液管外，不要把残留在管尖的液体吹出，因为在校准移液管容积时，没有算上这部分液体。具有双标线的移液管，放溶液时应注意下标线。

## 第十节 容量瓶的使用

容量瓶是一种细颈梨形的平底瓶，带有磨口塞。瓶颈上刻有环形标线，表示在所指温度下（一般为 20℃）液体充满至标线时的容积，这种容量瓶一般是“量入”的容量瓶。但也有刻有两条标线的，上面一条表示量出的容积。容量瓶主要是用来把精密称量的物质配制成准确浓度的溶液或是将准确容积及浓度的浓溶液稀释成准确浓度及容积的稀溶液。常用的容量瓶有 25、50、100、250、500、1000mL 等各种规格。此外还有 1、2、5mL 的小容量瓶，但用得较少。一种规格的容量瓶只能量取一个量。

### 一、容量瓶的使用步骤

1. 容量瓶使用前应检查是否漏水。注入自来水至标线附近，盖好瓶塞，右手托住瓶底，将其倒立 2 分钟，观察瓶塞周围是否有水渗出（图 4－24）。如果不漏，再把塞子旋转 180°，塞紧、倒置，如仍不漏水，则可使用。使用前必须把容量瓶按容量器皿洗涤要求洗涤干净。容量瓶与塞要配套使用。瓶塞须用尼龙绳或橡皮套把它系在瓶颈上，以防掉下摔碎。系绳不要很长，约 2～3cm，以可启开塞子为限。

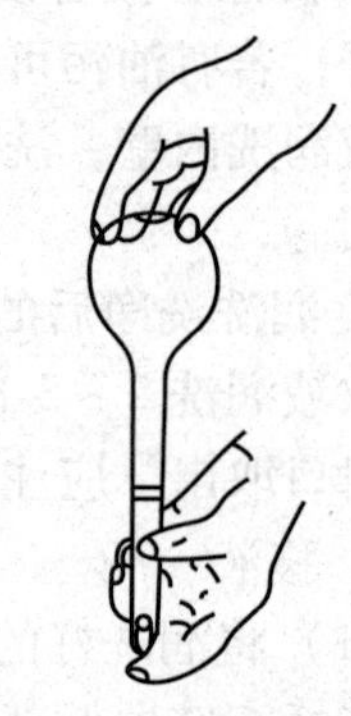
图 4－24 容量瓶的检查

2. 洗涤可先用自来水冲洗，洗后，如内壁有油污，则应倒尽残水，加入适量的铬酸洗液（250mL 规格的容量瓶可倒入 10～20mL），倾斜转动，使洗液充分润洗内壁，再倒回原洗液瓶中，用自来水冲洗干净后，再用去离子水润洗 2～3 次备用。

3. 配制溶液的操作方法

（1）将准确称量的试剂放在小烧杯中，加入适量水，搅拌使其溶解（若难溶，可盖上表面皿，稍加热，但须放冷后才能转移）。

（2）沿玻璃棒把溶液转移至容量瓶中，见图 4－25，烧杯中的溶液倒尽后烧杯不要直接离开玻璃棒，而应在烧杯扶正的同时使杯嘴沿玻璃棒上提 1～2cm，随后烧杯再离开玻璃棒，这样可避免杯嘴与玻棒之间的一滴溶液流到烧杯外面。

（3）然后再用少量水冲洗杯壁 3～4 次，每次的冲洗液按同样操作转移至容量瓶中。

（4）当溶液达到容量瓶的 2/3 容量时，应将容量瓶沿水平方向摇晃使溶液初步混匀（注意：不能倒转容量瓶），再加水至接近标线，最后用滴管从刻线以上 1cm 处沿颈壁缓缓滴加纯水至溶液弯月面最低点恰好与标线相切。

（5）盖紧瓶塞，用食指压住瓶塞，另一只手托住容量瓶底部，倒转容量瓶，使瓶内气泡上升到顶部，边倒转边摇动如此反复倒转摇动多次，使瓶内溶液充分混合均匀（图 4－26）。

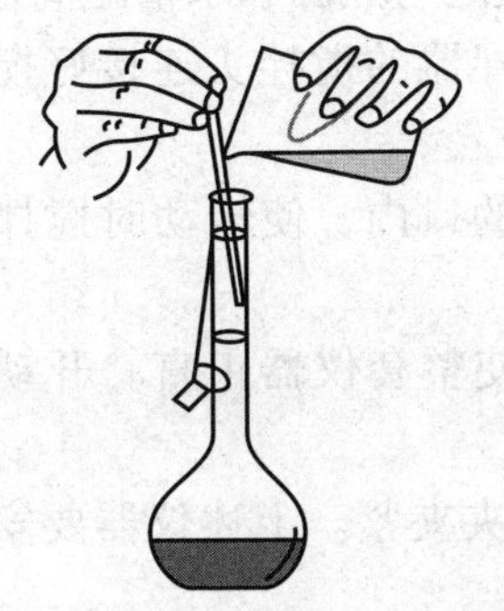

图 4－25　转移溶液入容量瓶

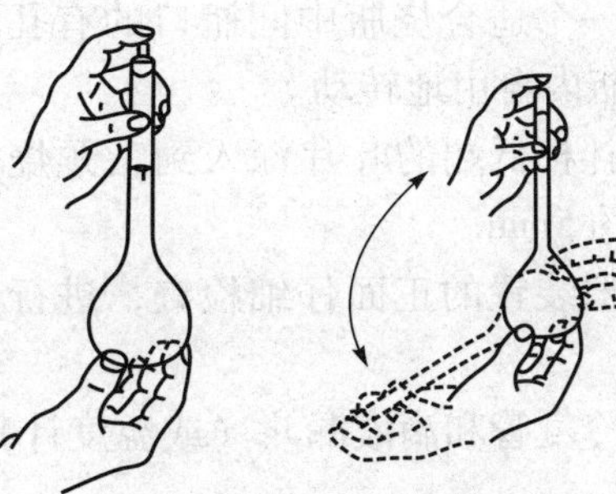

图 4－26　混均溶液操作

## 二、注意事项

容量瓶是量器而不是容器，不宜长期储存试剂，配好的溶液需要长期保存时，应转入试剂瓶中。转移前要用该溶液润洗试剂瓶三遍。用过的容量瓶，应立即用水洗净备用。如长期不用容量瓶时，要把磨口和瓶塞擦干，用纸片将其隔开。此外容量瓶不能在电炉、烘箱中烘烤，如必须干燥，可先用 $C_2H_5OH$ 等有机物润洗后，再用电吹风或烘干机的冷风吹干。

# 第十一节　搅拌装置的安装

使用搅拌装置不但可以较好地控制反应温度，同时也能缩短反应时间和提高产率。实验室常用的电动搅拌装置如图 4－27 所示。

在那些需要用较长的时间进行搅拌的实验中，最好使用电动搅拌器。若在搅拌的同时还需要进行回流，则最好用三颈烧瓶，三颈烧瓶中间瓶口装配搅拌棒，一个侧口安装回流冷凝器，另一个侧口安装温度计或滴液漏斗，其装置见实验装置图 4－27。

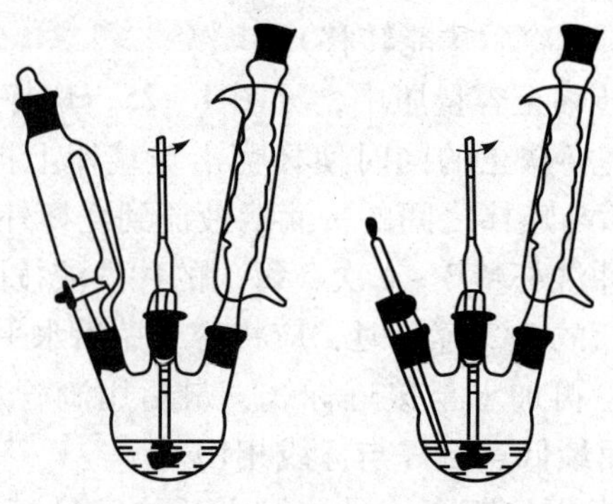

图4－27　搅拌装置图

搅拌装置的装配方法如下：

（1）首先选定三颈烧瓶和电动搅拌器的位置，使之与热源和水槽距离适中。

（2）选择一个适合烧瓶中间瓶口的有孔塞，搅拌器的搅拌头连接好搅拌棒，使搅拌棒可以在烧瓶内自由地转动。

（3）将搅拌杆低端的叶片深入到三颈烧瓶中间的口内，使转动时搅拌棒下端散开的叶片距瓶底约5mm。

（4）从仪器装置的正面仔细检查，进行调整，使整套仪器正直。开动搅拌器，试验运转情况。

（5）装上冷凝管和滴液漏斗（或温度计），用铁夹夹紧。上述仪器要安装在同一铁架台上。

（6）然后开动搅拌器，如果运转情况正常，才能装入物料进行实验。

磁力搅拌器是另一类重要的常用搅拌装置。磁力搅拌是以电动机带动磁铁旋转，磁铁再控制磁转子旋转。磁转子是一根包着玻璃或聚四氟乙烯外壳的小铁棒。一般使用的恒温磁力搅拌器，可以调温、调速，可用于液体恒温搅拌，使用方便，噪声小，温度采用电子自动恒温控制，搅拌力也较强，调速平稳，且易于密封。磁力搅拌器型号很多，使用时应参阅说明书。

## 第十二节　回流装置的安装

化学实验常用的回流反应装置主要由烧瓶与回流冷凝管构成，回流冷凝管一般用球形或蛇形冷凝管。回流装置如图4－28所示。

安装简单回流装置（又称反应装置）的一般操作步骤如下。

（1）首先明确热源和水龙头的位置，根据热源的位置和高度，用铁夹把圆底烧瓶固定在铁架台上，用水浴或油浴时，烧瓶底部应距离水浴或油浴底部1～2cm。

（2）向相应规格的圆底烧瓶中加入反应物，反应物总体积控制在烧瓶容积的1/3与2/3之间。固体试剂一般用天平量取，以纸槽或纸漏斗装入烧瓶中，液体试剂可以用量筒或移液管等量取加入烧瓶中，另外需要加入3～5粒沸石防止暴沸。

（3）根据烧瓶内液体的大致沸点，选择水浴、油浴，或隔石棉网直接加热等适当的加热方式。注意在条件允许时，一般不采用隔石棉网直接用明火加热的方式进行加热。

(4) 将圆底烧瓶瓶颈处用十字夹（即自由夹）和万能夹（或烧瓶夹）固定在铁架台上。十字夹使用要求开口向上，万能夹调节旋钮朝向操作者，方便操作和调整。

(5) 将球形回流冷凝管，垂直连接在圆底烧瓶上方。方法是，将球形冷凝管的下端正对烧瓶口，并用铁夹大致固定。再稍稍放松铁夹，将冷凝管放下，使磨口塞恰好塞紧后，再将铁夹稍旋紧，固定好冷凝管。固定的铁夹位于冷凝管中部偏上即可。

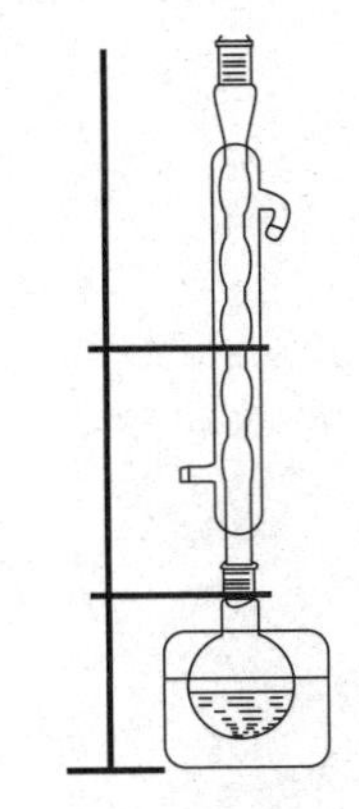
图 4－28　回流装置

(6) 冷凝管进出水口处分别连接乳胶管，使下口连接的乳胶管连接自来水龙头缓慢进水，上口连接的乳胶管放入水槽中出水。通冷凝水的速度不必很快，一般持续缓慢通水，能保持蒸气充分冷凝即可。

(7) 打开热源小心加热回流，回流要保证充足的时间，回流速度应控制在液体蒸气浸润不超过球形冷凝管下方两个球的高度为宜。

(8) 反应完毕后，先关闭热源。

(9) 各部位稍冷却后再关闭冷凝水。

(10) 拆除装置，顺序是从右到左，从上到下，与安装顺序相反。

回流加热前应先加入沸石。根据瓶内液体沸腾的程度，可选用电热套、水浴、油浴、石棉网等加热方式；回流的速度一般应控制在液体蒸气浸润不超过两个球为宜；如果回流过程要求无水操作，则应在球形冷凝管上端安装一干燥管防潮；如果实验要求边回流边滴加反应物，可以改用三颈瓶，并配以滴液漏斗；如果回流过程中会产生有毒或刺激性气味的气体，则应添加气体吸收装置。

## 第十三节　蒸馏装置的安装

蒸馏是指利用液体混合物中各组分挥发性的差异，经蒸发冷凝而将各组分分离的一种传质过程。蒸馏是沸点测定、分离两种以上沸点差较大的液体，或回收有机溶剂的常用方法。常用简单蒸馏装置使用直形冷凝管冷凝，如果蒸馏沸点在 140℃以上的液体应使用空气冷凝管，防止因温差过大仪器受热不均匀而造成冷凝管炸裂。

安装蒸馏装置（又称回收装置）的一般操作步骤如下。

(1) 根据热源和冷凝水龙头的位置，选择合适的安装位置，根据烧瓶内液体的大致沸点，选择水浴、油浴，或隔石棉网直接加热等加热方式。

(2) 选择冷凝管时，蒸馏用直形冷凝管，但是当蒸馏液体沸点温度超过 140℃时，则应当改用无需通水的空气冷凝管。

(3) 按照热源、烧瓶、蒸馏头、温度计及套管、冷凝管、乳胶管、尾接管和接收器的顺序进行安装。安装顺序从上到下，从左到右，要求横平竖直，牢固美观，平整共面。

(4) 将圆底烧瓶瓶颈处用十字夹（即自由夹）和万能夹（或烧瓶夹）固定在铁架

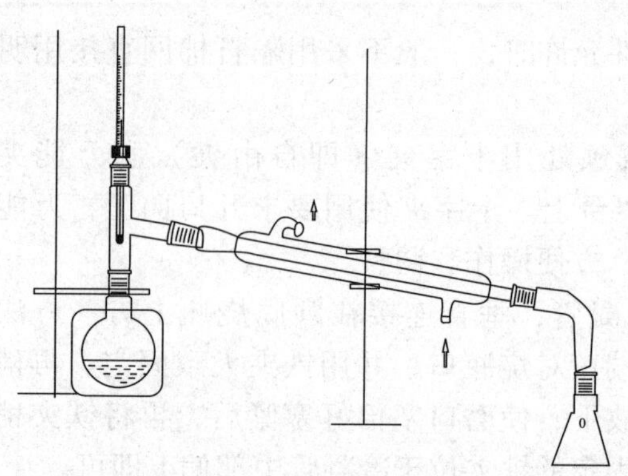

图 4－29　蒸馏装置

台上。用铁夹夹玻璃仪器时，先用手指将双钳大致夹紧，再拧紧铁夹螺丝，做到夹物松紧适度。

（5）圆底烧瓶上方安装蒸馏头和温度计及温度计套管。

（6）调整温度计高度，使水银球上端与蒸馏头侧支口下端平齐，使刻度线朝向观察者方向。

（7）将直形冷凝管固定在另一个铁架台的万能夹上，夹子位置应选择在能够充分固定冷凝管，控制装置牢固平整的部位。调整直形冷凝管的高度和角度，使其中轴线与蒸馏头侧支的中轴线在同一直线上，能够恰好连接紧密，直形冷凝管进出水口处分别连接乳胶管。

（8）安装尾接管。注意尾接管容易掉落打碎。

（9）放置接收器如锥形瓶或烧瓶等。

（10）打开热源开始蒸馏，注意保证充足的时间，蒸馏速度一般应控制在尾接管流出液体速度每秒钟一滴。注意烧瓶内液体不要蒸干。

（11）停止加热，各部位冷却后再关闭冷凝水。

（12）拆除装置，顺序是从右到左，从上到下，与安装顺序相反。

## 第十四节　萃取和分液操作

萃取是有机化学实验中用来提取和纯化化合物的手段之一。利用化合物在两种互不相溶的溶剂中溶解度或分配系数的不同，可使化合物从一种溶剂中转移到另一种溶剂中。通过萃取，能从液体混合物中提取所需要的化合物。

使用分液漏斗萃取分液的一般操作步骤如下。

（1）试漏：将盖子和活塞用橡皮筋扎在漏斗上。萃取前将活塞用少量凡士林处理，以水检查盖子和活塞是否漏液。

（2）加药：用量筒量取 10mL 冰醋酸与水的混合液（体积比 1∶9），从上口倒入分液漏斗中，用 10mL 乙醚萃取。盖好盖子，错开盖子上的凹槽与漏斗上口颈部小孔的位置。

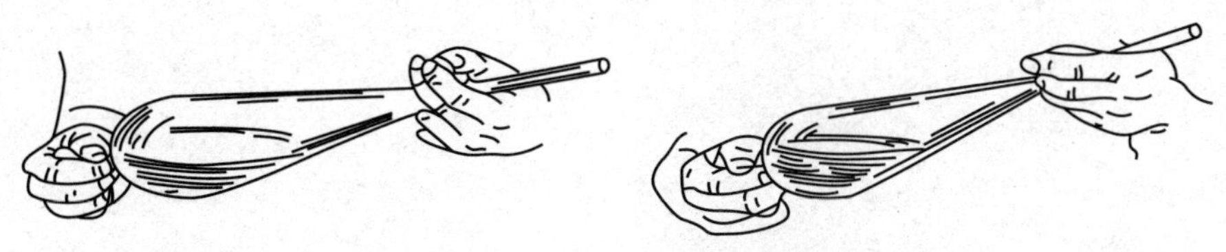

图 4－30　分液漏斗的振摇和放气

（3）振摇：把分液漏斗倾斜，使漏斗的上口略朝下，右手捏住上口颈部，并用食指根部压紧盖子，以免盖子松开。左手握住活塞，既要防止振摇时活塞转动或脱落，又要便于灵活地旋开活塞。

（4）放气：振摇后漏斗仍需保持倾斜状态，旋开活塞，放出蒸气或产生的气体，使内外压力平衡。

（5）分层：振摇数次后，将分液漏斗放置在铁架台的铁圈上，静置 5 分钟等待分层。

（6）分液：打开上盖，使气流通畅，或者使分液漏斗盖子上的凹槽与漏斗上口颈部小孔对齐，使内外空气相通气压相同。下层液体先快后慢经下口的活塞放出，上层液体从上口倒出。

（7）重复以上萃取操作 3 ~5 次。

（8）清洗分液漏斗，并在磨口连接处夹纸，防止长时间放置后玻璃磨口粘连。

# 下篇　实验内容与方法

## 第一章　无机化学实验

### 实验1-1　酸碱溶液的配制与标定

#### 一、实验目的

1. 初步掌握滴定分析仪器的使用方法，练习滴定操作。
2. 学会 NaOH、HCl 标准溶液的配制与标定方法。

#### 二、实验原理

标定盐酸常以分析纯无水碳酸钠为基准物质。$Na_2CO_3$与 HCl 的反应方程式如下：

$$2HCl + Na_2CO_3 = 2NaCl + H_2O + CO_2\uparrow$$

根据等物质的量反应规则可写出下式：

$$1/2c(HCl)V(HCl) = c(NaCO_3)V(NaCO_3)$$

$Na_2CO_3$浓度已知，所以，盐酸的准确浓度为：

$$c(HCl) = \frac{2c(Na_2CO_3)V(Na_2CO_3)}{V(HCl)}$$

酸碱滴定的终点可以借助指示剂的颜色变化来确定，用 HCl 滴定 $Na_2CO_3$溶液时可用甲基橙作指示剂。

用 NaOH 溶液滴定已标定的 HCl 标准溶液，以酚酞作指示剂，可测得 NaOH 标准溶液的浓度。按下式计算：

$$c(NaOH) = \frac{c(HCl)V(HCl)}{V(NaOH)}$$

## 三、实验仪器与试剂

**1. 仪器**

酸式滴定管（50mL），碱式滴定管（50mL），移液管（25mL），洗耳球，量筒（10mL），烧杯，搅拌棒，洗瓶，锥形瓶（250mL）。

**2. 试剂**

酸：浓盐酸（$12mol \cdot L^{-1}$）。

碱：NaOH（s）。

盐：$Na_2CO_3$（约为 $0.05mol \cdot L^{-1}$，准确浓度见贮液瓶标签）。

**3. 其他**

甲基橙指示液（0.05%），酚酞指示剂（0.1%）。

## 四、实验内容

**1. 配制 $0.1mol \cdot L^{-1}$ HCl 溶液 500mL**

计算所需浓盐酸的体积。用小量筒取所需浓盐酸，倒入 500mL 容量瓶中，然后加水稀释至刻度，摇匀。

**2. 配制 $0.1mol \cdot L^{-1}$ NaOH 溶液 250mL**

计算所需固体 NaOH 的质量。用托盘天平称取所需固体 NaOH 于烧杯中，加入新煮沸并冷却的蒸馏水，使之溶解后，转移至 250mL 容量瓶中，加水稀释至刻度，摇匀。

**3. HCl 溶液的标定**

用已润洗过的烧杯盛取一定量的 $Na_2CO_3$ 溶液，先将移液管润洗，准确量取 25.00mL $Na_2CO_3$ 溶液，置于一干净锥形瓶中，再加入 1~2 滴甲基橙指示剂，之后将锥形瓶放在铁架台上。将清洗干净的酸式滴定管用 HCl 润洗后，添加 HCl 溶液并调至刻度 0.00 处，开始滴定，注意应逐滴加入 HCl，滴定过程中不断摇动锥形瓶，接近终点时，应加入 1 滴或半滴 HCl 溶液（半滴溶液的加入可在滴定管放出半滴溶液后，用锥形瓶内壁接触一下滴定管尖端，使溶液附在锥形瓶内壁，然后用洗瓶冲洗，将其送入锥形瓶中），冲洗锥形瓶内壁，振摇，观察溶液由黄色变为橙色即为滴定终点，记录所消耗 HCl 的体积，再重复测定 2 次。计算 HCl 溶液的准确浓度。3 次测定结果，相对偏差不应大于 0.2%（差值小于 0.05mL）。注意，记录 HCl 体积时，读数读到小数点后二位。

**表 1-1　HCl 溶液的标定**

| 滴定序号 | 1 | 2 | 3 |
|---|---|---|---|
| $V(Na_2CO_3)/mL$ | | | |
| $c(Na_2CO_3)/mol \cdot L^{-1}$ | | | |
| $V(HCl)/mL$ | | | |
| $c(HCl)/mol \cdot L^{-1}$ 测定值 | | | |
| $c(HCl)/mol \cdot L^{-1}$ 平均值 | | | |

**4. NaOH 溶液浓度的测定**

用移液管准确移取 25.00mL HCl 溶液于锥形瓶中，加入 2 滴酚酞指示剂，用 NaOH

溶液滴定（操作方法如 HCl 溶液的标定）至溶液由无色变为微粉红色（放置半分钟不褪色）即为滴定终点。记录消耗的 NaOH 溶液的体积，再重复测定 2 次。计算 NaOH 溶液的准确浓度。3 次测定结果，相对偏差不应大于 0.2%（差值小于 0.05mL）。

**表 1－2 NaOH 溶液浓度的测定**

| 滴定序号 | 1 | 2 | 3 |
|---|---|---|---|
| $V(HCl)/mL$ | | | |
| $c(HCl)/mol \cdot L^{-1}$ | | | |
| $V(NaOH)/mL$ | | | |
| $c(NaOH)/mol \cdot L^{-1}$测定值 | | | |
| $c(NaOH)/mol \cdot L^{-1}$平均值 | | | |

## 五、注意事项

1. 用 $Na_2CO_3$标定盐酸时，由于反应产生 $H_2CO_3$造成滴定突跃不明显，使指示剂颜色变化不够敏锐。因此，在接近终点前，最好将溶液加热至沸并摇动，以赶走 $CO_2$，冷却后再滴定。

2. 指示剂不能加太多，否则会使误差增大。

## 六、思考题

1. 为什么 HCl 和 NaOH 标准溶液不用直接法配制而需要进行标定？

2. 在滴定分析中，滴定管、移液管为什么需用操作溶液润洗数次？滴定过程中使用的锥形瓶是否也需用操作溶液润洗，为什么？

3. 在滴定操作中，用蒸馏水冲洗锥形瓶内壁，是否影响滴定结果？为什么？

# 实验 1－2 醋酸电离平衡常数的测定

## 一、实验目的

1. 测定醋酸的电离度和电离平衡常数。
2. 学习使用 pH 计。

## 二、实验原理

醋酸是弱电解质，在水溶液中存在以下电离平衡：

$$CH_3COOH \rightleftharpoons H^+ + CH_3COO^-$$

$$K_a^\ominus = \frac{[H^+][CH_3COO^-]}{[CH_3COOH]} = \frac{[H^+]^2}{c-[H^+]}$$

$$\alpha = \frac{[H^+]}{c}$$

式中 $[H^+]$、$[CH_3COO^-]$、$[CH_3COOH]$ 分别是 $H^+$、$CH_3COO^-$、$CH_3COOH$ 的

平衡浓度，$c$ 为醋酸的起始浓度，$K_a^{\ominus}$ 为醋酸的电离常数。通过对已知浓度的醋酸的 pH 值的测定，根据上式可求得电离平衡常数 $K_a^{\ominus}$ 和电离度 $\alpha$。

## 三、实验仪器与试剂

**1. 仪器**

碱式滴定管（50mL），移液管（25mL），吸量管（5mL），容量瓶（50mL），烧杯（50mL），锥形瓶（250mL），pH 计。

**2. 试剂**

酸：$CH_3COOH$（约 0.2mol·$L^{-1}$）。

碱：标准 NaOH 溶液（约 0.2mol·$L^{-1}$，准确浓度见贮液瓶标签）。

**3. 其他**

标准缓冲溶液（pH=4.0 和 pH=6.9），酚酞指示剂。

## 四、实验内容

**1. 醋酸溶液浓度的测定**

用移液管吸取 25.00mL 浓度大约为 0.20mol·$L^{-1}$的 $CH_3COOH$ 溶液三份，分别置于三个 250mL 的锥形瓶中，各加入 2~3 滴酚酞指示剂。分别用标准氢氧化钠溶液滴定至呈现微红色，至半分钟不褪色为止，记下所用氢氧化钠溶液的体积数。

**表 1-3　醋酸溶液浓度的测定**

| 滴定序号 | 1 | 2 | 3 |
|---|---|---|---|
| $c(NaOH)$/mol·$L^{-1}$ | | | |
| $V(NaOH)$/mL | | | |
| $V(CH_3COOH)$/mL | | | |
| $c(CH_3COOH)$/mol·$L^{-1}$测定值 | | | |
| $c(CH_3COOH)$/mol·$L^{-1}$平均值 | | | |

**2. 配制不同浓度的醋酸溶液**

用移液管和吸量管分别取 2.5.00mL、5.00mL、25.00mL 已经标定过浓度的醋酸溶液，放入三个 50mL 容量瓶中，用蒸馏水稀释到刻度，摇匀，制得浓度为 $c/20$、$c/10$ 和 $c/2$ 的醋酸溶液。

**表 1-4　配制不同浓度的醋酸溶液**

| 编　号 | 1 | 2 | 3 | 4 |
|---|---|---|---|---|
| 0.2mol·$L^{-1}$ $CH_3COOH$ 体积 $V_1$/mL | 2.50 | 5.00 | 25.00 | 50.00 |
| 稀释后的体积 $V_2$/mL | 50.00 | 50.00 | 50.00 | 50.00 |
| 稀释后的浓度/mol·$L^{-1}$ | | | | |

**3. 测定醋酸溶液的 pH 值**

（1）用四个干燥的或用待测溶液润洗过的 50mL 烧杯分别盛放上述四种浓度的醋酸溶液 30~40mL，由稀到浓分别用 pH 计测定它们的 pH 值，并记录下室温。

（2）根据四种情况下醋酸的浓度和 pH 值计算电离度和电离平衡常数。

**表 1-5　醋酸溶液的 pH 值测定及 $K_a^{\ominus}$、$\alpha$ 的计算**

| 编号 | $c(CH_3COOH)/mol \cdot L^{-1}$ | pH | $[H^+]/mol \cdot L^{-1}$ | $K_a^{\ominus}$ | $\alpha$ |
|---|---|---|---|---|---|
| 1 | | | | | |
| 2 | | | | | |
| 3 | | | | | |
| 4 | | | | | |

## 五、注意事项

1. 使用 pH 计时注意不要碰到电极，以免损坏。
2. 测定醋酸溶液的 pH 值前，盛放醋酸的烧杯用蒸馏水清洗后应该再用所配溶液润洗。

## 六、思考题

1. 标定醋酸浓度时，可否用甲基橙作指示剂？为什么？
2. 当醋酸溶液浓度变小时，$[H^+]$ 和 $\alpha$ 如何变化？$K_a^{\ominus}$ 值是否随醋酸溶液浓度变化而变化？
3. 如果改变所测溶液的温度，电离度和电离平衡常数有无变化？

# 实验 1-3　电离平衡和沉淀平衡

## 一、实验目的

1. 了解强弱电解质的差别及电离平衡的移动。
2. 掌握缓冲溶液的性质及配制方法。
3. 了解盐类的水解反应及水解平衡的移动。
4. 了解难溶电解质的沉淀平衡及溶度积原理的应用。
5. 掌握离心分离和 pH 试纸的使用等基本操作。

## 二、实验原理

**1. 弱电解质的电离平衡及平衡的移动**

若 AB 为弱酸或弱碱，则在水溶液中存在下列平衡：

$$AB \rightleftharpoons A^+ + B^-$$

达到平衡时，各物质浓度关系满足 $K^{\ominus} = [A^+][B^-]/[AB]$，$K^{\ominus}$为电离平衡常数。

在此平衡体系中，如加入含有相同离子的强电解质，即增加 $A^+$ 或 $B^-$ 离子的浓度，则平衡向生成 AB 分子的方向移动，使弱电解质的电离度降低，这种效应叫做同离子效应。

**2. 缓冲溶液**

弱酸及其盐（例如 $CH_3COOH$ 和 $CH_3COONa$）或弱碱及其盐（例如 $NH_3 \cdot H_2O$ 和 $NH_4Cl$）的混合液，能在一定程度上对少量外来的强酸或强碱起缓冲作用，即当外加少量酸、碱或少量稀释时，此混合溶液的 pH 值变化不大，这种溶液叫做缓冲溶液。

**3. 盐类的水解反应**

盐类的水解反应是由组成盐的离子和水电离出来的 $H^+$ 或 $OH^-$ 离子作用，生成弱酸或弱碱的反应过程。水解反应往往使溶液显酸性或碱性。例如：

（1）弱酸强碱所生成的盐（如 $CH_3COONa$）水解使溶液显碱性。

（2）强酸弱碱所生成的盐（如 $NH_4Cl$）水解使溶液显酸性。

（3）对于弱酸弱碱所产生的盐的水解，则视生成的弱酸与弱碱的相对强弱而定。例如 $CH_3COONH_4$ 溶液几乎为中性。而 $(NH_4)_2S$ 溶液呈碱性。通常水解后生成的酸或碱越弱，则盐的水解度越大。水解是吸热反应，加热能促进水解作用。通常浓度及溶液 pH 值的变化也会影响水解。

**4. 沉淀平衡、溶度积规则**

（1）溶度积：在难溶电解质的饱和溶液中，未溶解的固体及溶解的离子间存在着多相平衡，即沉淀平衡。如

$$PbI_2(s) \rightleftharpoons Pb^{2+} + 2I^-$$

$$K^{\ominus}_{sp,PbI_2} = [Pb^{2+}][I^-]^2$$

$K^{\ominus}_{sp}$表示在难溶电解质的饱和溶液中难溶电解质的离子浓度（以其系数为指数）的乘积，叫做溶度积常数，简称溶度积。

根据溶度积规则，可以判断沉淀的生成和溶解，例如：

$[Pb^{2+}][I^-]^2 > K^{\ominus}_{sp,PbI_2}$，有沉淀析出或溶液过饱和；

$[Pb^{2+}][I^-]^2 = K^{\ominus}_{sp,PbI_2}$，溶液恰好饱和或称达到沉淀平衡；

$[Pb^{2+}][I^-]^2 < K^{\ominus}_{sp,PbI_2}$，无沉淀析出或沉淀溶解。

（2）分步沉淀：有两种或两种以上的离子都能与加入的某种试剂（沉淀剂）反应生成难溶电解质时，沉淀的先后顺序决定于所需沉淀剂离子浓度的大小。需要沉淀剂离子浓度较小的先沉淀，需要沉淀剂离子浓度较大的后沉淀。这种先后沉淀的现象叫做分步沉淀。例如，往含有 $Cu^{2+}$ 和 $Cd^{2+}$ 的混合液中（若 $Cu^{2+}$、$Cd^{2+}$ 离子浓度相差不太大）加入少量沉淀剂 $Na_2S$，由于 $K^{\ominus}_{sp,CuS} < K^{\ominus}_{sp,CdS}$，$Cu^{2+}$ 与 $S^{2-}$ 的离子浓度乘积将先达到 CuS 的溶度积 $K_{sp,CuS}$，黑色 CuS 先沉淀析出，继续加入 $Na_2S$，达到$[Cd^{2+}]\cdot[S^{2-}] > K_{sp,CdS}$时，黄色 CdS 才沉淀析出。

（3）沉淀的转化：使一种难溶电解质转化为另一种难溶电解质，即把一种沉淀转化为另一种沉淀的过程，叫做沉淀的转化。一般来说，溶度积较大的难溶电解质容易转化为溶度积较小的难溶电解质。

## 三、实验仪器与试剂

**1. 仪器**

试管，试管夹，试管架，离心试管，酸式滴定管（25mL），碱式滴定管（25mL），小烧杯（100mL 的 4 只，500mL 的 1 只），点滴板，表面皿，离心机，玻璃棒，药匙，量筒（10mL），洗瓶，煤气灯（或酒精灯）。

**2. 试剂**

酸：$HCl(0.1mol\cdot L^{-1}$、$2mol\cdot L^{-1}$、$6mol\cdot L^{-1})$，$CH_3COOH(0.1mol\cdot L^{-1}$、$2mol\cdot$

$L^{-1}$)。

碱：NaOH(0.1mol · $L^{-1}$、2mol · $L^{-1}$)，$NH_3$ · $H_2O$(0.1mol$L^{-1}$、2mol · $L^{-1}$)。

盐：$CH_3COONa$(s、0.1mol · $L^{-1}$)，$NH_4Cl$(s)，$Na_2CO_3$(0.1mol · $L^{-1}$)，$Al_2(SO_4)_3$(0.1mol · $L^{-1}$)，$NaHCO_3$(0.1mol · $L^{-1}$)，$Na_2HPO_4$(0.1mol · $L^{-1}$)，$NaH_2PO_4$(0.1mol · $L^{-1}$)，$SbCl_3$(s)，$Pb(NO_3)_2$(0.1mol · $L^{-1}$、0.001mol · $L^{-1}$)，KI(0.1mol · $L^{-1}$、0.001mol · $L^{-1}$)，$MgCl_2$(0.1mol · $L^{-1}$)，$Na_2S$(0.1mol · $L^{-1}$)，$K_2CrO_4$(0.1mol · $L^{-1}$)，NaCl(1mol · $L^{-1}$)。

**3. 其他**

广泛 pH 试纸，精密 pH 试纸，甲基橙指示剂，酚酞指示剂。

## 四、实验内容

**1. 比较强弱电解质的酸碱性**

用广泛 pH 试纸测定 0.1mol · $L^{-1}$ HCl、0.1mol · $L^{-1}$ $CH_3COOH$、0.1mol · $L^{-1}$ NaOH 和 0.1mol · $L^{-1}$ $NH_3$ · $H_2O$ 溶液的 pH 值，并与计算值比较。

**2. 同离子效应**

（1）取 1mL 0.1mol · $L^{-1}$ $CH_3COOH$ 溶液加入试管中，滴入 1 滴甲基橙试剂，观察溶液的颜色。然后再加入少量的 $CH_3COONa$ 固体，观察溶液的颜色变化，并解释上述现象（如果溶液颜色变化不明显，可以多加一点 $CH_3COONa$ 固体）。

（2）取 1mL 0.1mol · $L^{-1}$ $NH_3$ · $H_2O$ 溶液加入试管中，滴入 1 滴酚酞指示剂，观察溶液的颜色。然后再加入少量的 $NH_4Cl$ 固体，观察溶液颜色的变化，并解释上述现象。

**3. 缓冲溶液的配制和性质**

（1）缓冲溶液的配制：计算配制 pH = 4.6 缓冲溶液 40mL 所需 0.1mol · $L^{-1}$ $CH_3COOH$ 和 0.1mol · $L^{-1}$ $CH_3COONa$ 溶液的体积（$K_a^{\ominus}$ = 4.75）。用酸式滴定管取 $CH_3COOH$，用碱式滴定管取 $CH_3COONa$，置于小烧杯中混匀，用精密 pH 试纸测量其 pH 值，并用 2mol · $L^{-1}$ NaOH 或 2mol · $L^{-1}$ $CH_3COOH$ 溶液调节 pH 为 4.6，保留备用。

（2）缓冲溶液的性质：在三个小烧杯中各加入 10mL 前面配制的缓冲溶液，分别加入 2 滴 2mol · $L^{-1}$ HCl、2 滴蒸馏水、2 滴 2mol · $L^{-1}$ NaOH，用精密 pH 试纸测量其 pH 值，根据 pH 值的变化，说明缓冲溶液的性质。

作为对比，在 2 个小烧杯中各加入 10mL 蒸馏水，用 pH 试纸测量其 pH 值，再分别加入 2 滴 2mol · $L^{-1}$ HCl、2 滴 2mol · $L^{-1}$ NaOH，用 pH 试纸测量其 pH 值，根据 pH 值的变化，与缓冲溶液比较。

**4. 盐类的水解**

（1）用广泛 pH 试纸测定 0.1mol · $L^{-1}$ $Na_2CO_3$、0.1mol · $L^{-1}$ $Al_2(SO_4)_3$ 溶液 pH 值，写出水解的离子方程式。

（2）用广泛 pH 试纸测定下列酸式盐溶液 pH 值：0.1mol · $L^{-1}$ $NaHCO_3$、0.1mol · $L^{-1}$ $Na_2HPO_4$、0.1mol · $L^{-1}$ $NaH_2PO_4$ 溶液，酸式盐是否都呈酸性？计算溶液的 pH 值。

（3）温度对水解平衡的影响：试管中加入 1mL $CH_3COONa$ 溶液，再加 1 滴酚酞指示剂，观察颜色。用水浴加热，观察颜色变化。解释颜色变化的原理。

(4) 酸度对水解平衡的影响：试管中加少量 $SbCl_3$ 固体（取火柴头大小即可），加 1mL 蒸馏水，观察现象，用 pH 试纸测量其 pH 值，加 $6mol \cdot L^{-1}$ HCl，观察沉淀是否溶解，加水将溶液稀释，又有什么现象？写出有关反应方程式。

**5. 沉淀的生成和溶解**

(1) 沉淀的生成：在试管中加入 5 滴 $0.1mol \cdot L^{-1}$ $Pb(NO_3)_2$ 溶液，再加入 5 滴 $0.1mol \cdot L^{-1}$ KI 溶液，观察有无沉淀生成。

在试管中加入 5 滴 $0.001mol \cdot L^{-1}$ $Pb(NO_3)_2$ 溶液，再加入 5 滴 $0.001mol \cdot L^{-1}$ KI 溶液，观察有无沉淀生成？用溶度积规则解释上述现象。

(2) 沉淀的溶解：在 2 支试管中分别加入 $0.1mol \cdot L^{-1}$ $MgCl_2$ 溶液，并逐滴加入 $2mol \cdot L^{-1}$ $NH_3 \cdot H_2O$ 溶液至有白色沉淀生成。然后向第一支试管中滴加 $2mol \cdot L^{-1}$ HCl 溶液，向第二支试管中加入少量 $NH_4Cl$ 固体，观察沉淀是否溶解？从平衡移动的角度解释上述现象。

**6. 分步沉淀**

在离心试管中加入 2 滴 $0.1mol \cdot L^{-1}$ $Na_2S$ 溶液和 5 滴 $0.1mol \cdot L^{-1}$ $K_2CrO_4$ 溶液，用蒸馏水稀释至 2mL，然后加入 2～3 滴 $0.1mol \cdot L^{-1}$ $Pb(NO_3)_2$ 溶液（边滴边摇）。观察沉淀的颜色。离心分离，将上清液倒入另一支试管中，继续加入 $0.1mol \cdot L^{-1}$ $Pb(NO_3)_2$ 溶液，观察沉淀的颜色，根据溶度积常数解释之。

**7. 沉淀的转化**

在离心试管中加入 5 滴 $0.1mol \cdot L^{-1}$ $Pb(NO_3)_2$ 溶液和 5 滴 $1mol \cdot L^{-1}$ NaCl 溶液，振荡，离心分离，观察沉淀的颜色，弃去清液，沉淀中加入 3 滴 $0.1mol \cdot L^{-1}$ KI 溶液，搅拌，观察沉淀的颜色，写出反应方程式。

## 五、注意事项

1. 对试管盛放的液体加热时，液量不能过多，一般以不超过试管容积的 1/3 为宜。加热时应注意管口不能朝向自己或别人。
2. 正确使用离心机，注意保持平衡，调整转速时速度变化不要过快。
3. 操作时注意试剂的用量，否则有可能观察不到变化现象。

## 六、思考题

1. 酸式盐 $NaHCO_3$、$Na_2HPO_4$、$NaH_2PO_4$ 是否都呈酸性？计算 pH 值，并在实验中验证。
2. 沉淀的溶解和转化条件是什么？

# 实验 1-4　氯化铅溶度积常数的测定

## 一、实验目的

1. 了解离子交换树脂的使用方法。
2. 掌握离子交换法测定难溶电解质溶度积常数的原理和方法。

3. 进一步练习酸碱滴定操作。

## 二、实验原理

离子交换树脂是一种高分子化合物。这类化合物具有可供离子交换的活性基团。具有酸性交换基团（如磺酸基—$SO_3H$、羧基—COOH），能和阳离子进行交换的叫阳离子交换树脂。具有碱性交换基团（如—$NH_3Cl$），能和阴离子交换的叫阴离子交换树脂。本实验采用强酸型阳离子交换树脂。这种树脂出厂时一般是（$Na^+$）型，即活性基团为—$SO_3Na$，用 $H^+$ 把 $Na^+$ 交换下来，既得氢（$H^+$）型树脂（活性基团为—$SO_3H$），这个过程称为转型。钠型树脂用 $1mol \cdot L^{-1}$ HCl 浸泡或淋洗可使之转型（由实验室统一准备）。

一定量的饱和 $PbCl_2$ 溶液与阳离子型树脂充分接触后，下列交换反应能进行得很完全：

$$2R—SO_3H + PbCl_2 = (R—SO_3)_2Pb + 2HCl$$

交换出的 HCl 可用已知浓度的 NaOH 标准溶液来滴定。根据反应方程式即可算出二氯化铅饱和溶液的浓度，从而求得 $PbCl_2$ 的溶解度和溶度积。计算公式如下：

$$c(NaOH)V(NaOH) = c(HCl)V(HCl) = 2c(PbCl_2)V(PbCl_2)$$

$$c(PbCl_2) = c(NaOH)V(NaOH)/2V(PbCl_2)$$

$$[Pb^{2+}] = c(PbCl_2)$$

$$[Cl^-] = 2c(PbCl_2)$$

$$K^{\ominus}_{sp,PbCl_2} = [Pb^{2+}][Cl^-]^2 = c(PbCl_2)\{2c(PbCl_2)\}^2 = 4c^3(PbCl_2)$$

已含有 $Pb^{2+}$ 的树脂可用不含 $Cl^-$ 的 $0.1mol \cdot L^{-1}$ $HNO_3$ 溶液进行淋洗或浸泡，使树脂重新转化为氢型，这个过程称为再生。树脂在使用前需用蒸馏水浸泡 24 ~ 48 小时，使用后也需要浸泡在水中以保持活性。

## 三、实验仪器与试剂

**1. 仪器**

滴定管（100mL、10mL），碱式滴定管（25mL，2 支），移液管（10mL），小烧杯（100mL，4 只），温度计，漏斗，漏斗架，滴定台，滴定管夹，搅拌棒，表面皿，螺旋夹，洗耳球。

**2. 试剂**

$PbCl_2$（固体，分析纯试剂），溴百里酚蓝（0.1%），标准 NaOH 溶液（约 $0.05mol \cdot L^{-1}$，准确浓度见贮液瓶标签），$HNO_3$ 溶液（约 $0.1mol \cdot L^{-1}$）。

**3. 其他**

阳离子交换树脂，滤纸，玻璃纤维或泡沫塑料，广泛 pH 试纸。

## 四、实验内容

### 1. $PbCl_2$ 饱和溶液的配制

将 0.5g 分析纯的 $PbCl_2$ 固体溶于约 50mL 蒸馏水（经煮沸除去 $CO_2$，并冷却至室温。由实验室统一准备）中，经充分搅拌和放置，使溶液达到平衡。记录室温。过滤，所用漏斗和承接容器（100mL 烧杯）都必须是干燥的（为什么）。

**2. 装柱**

用碱式滴定管作为离子交换柱，在底部填入少量玻璃纤维或泡沫塑料，以防止树脂漏出。将碱式滴定管下端乳胶管中玻璃取出，用螺旋夹夹住胶管（已有实验统一准备），碱式滴定管清洗后安置在滴定管夹上。用小烧杯量取约 10mL 阳离子交换树脂（已经过转型或再生，并用清水调成“糊状”），用蒸馏水洗至中性（用 pH 试纸检验），注入交换柱内。如水太多，可打开螺旋夹，让水流出，直到液面略高于离子交换树脂，夹紧螺旋夹。以上操作中，一定要使树脂始终浸在溶液中，勿使溶液流干，否则气泡进入树脂床中，将影响离子交换的进行。若出现气泡，可加入少量蒸馏水，使液面高出树脂，并用玻璃棒搅动树脂，以便赶走气泡。

**3. 交换和洗涤**

用移液管吸取 10.00mL $PbCl_2$ 饱和溶液，放入离子交换柱中。控制交换柱流出液的速度，每分钟 20～25 滴，不宜太快。用洁净的锥形瓶承接流出液。待 $PbCl_2$ 饱和溶液面接近树脂层表面时，用洗瓶将蒸馏水少量多次注入交换柱，洗涤交换树脂，直至流出液呈中性（用 pH 试纸检验），流出液仍用同一只锥形瓶承接。在整个交换和洗涤过程中，应注意勿使流出液损失。

**4. 滴定。**

在流出液中加入 2～3 滴溴百里酚蓝指示剂，用 NaOH 溶液滴定到终点（溶液黄色转为蓝色，pH＝6.2～7.6）。精确记录下 NaOH 溶液的用量（准确到小数点后两位）。

**5. 再生**

交换过的树脂柱放松螺旋夹，倒转树脂柱，将树脂倒入小烧杯中。必要时可取下乳胶管，用洗瓶注入少量的蒸馏水，以利于树脂从交换柱中流出。用小量筒量取 10mL $0.1mol \cdot L^{-1}$ $HNO_3$ 浸泡树脂使之再生。

**6. 数据记录和结果处理**

**表 1－6　数据记录与结果处理**

| $V(PbCl_2)$/mL | $c(NaOH)$/$mol \cdot L^{-1}$ | $V(NaOH)$/mL | $c(PbCl_2)$/$mol \cdot L^{-1}$ | $K^{\ominus}_{sp,PbCl_2}$（测定值） | $K^{\ominus}_{sp,PbCl_2}$（参考值） |
| --- | --- | --- | --- | --- | --- |
|  |  |  |  |  |  |

## 五、注意事项

1. 制备 $PbCl_2$ 饱和溶液时，要用除去 $CO_2$ 的水溶解 $PbCl_2$ 固体。
2. $PbCl_2$ 饱和溶液通过交换柱后，要用蒸馏水洗至中性，并且不容许流出液有所损失。
3. 交换及洗涤过程中，树脂必须始终浸泡在溶液中，树脂层不得高于液面。

## 六、思考题

1. 离子交换过程中，为什么要控制液体的流速不宜太快？

2. 转型时所用酸太稀或太少，以至树脂未能完全转变成氢型，会对实验结果产生什么影响？

3. 流出液未接近中性便停止淋洗，进行滴定，会对实验结果产生什么影响？

# 实验 1-5 药用氯化钠的制备

## 一、实验目的

1. 掌握药用氯化钠的制备方法。

2. 练习和巩固称量、溶解、沉淀、过滤、蒸发、浓缩等基本操作。

## 二、实验原理

粗盐中含有泥砂等不溶性杂质及可溶于水的 $K^+$、$Ca^{2+}$、$Mg^{2+}$、$Fe^{3+}$ 和 $SO_4^{2-}$、$Br^-$ 等相应盐类可溶性杂质。不溶性杂质可以过滤的方法除去。一些可溶性杂质可以根据其性质用化学方法除去。如加入 $BaCl_2$ 溶液可是 $SO_4^{2-}$ 转化为难溶的 $BaSO_4$ 而除去：

$$Ba^{2+} + SO_4^{2+} = BaSO_4\downarrow$$

在除去 $BaSO_4$ 的滤液中加入饱和 $H_2S$ 溶液，若溶液中有 $Pb^{2+}$、$Bi^{3+}$、$Zn^{2+}$ 等重金属离子，可生成相应的硫化物沉淀：

$$Pb^{2+} + S^{2-} = PbS\downarrow$$

再加入 $Na_2CO_3$ 和 NaOH 溶液，$Ca^{2+}$、$Mg^{2+}$、$Fe^{3+}$ 及过量的 $Ba^{2+}$ 离子都生成沉淀：

$$Ca^{2+} + CO_3^{2-} = CaCO_3\downarrow$$

$$Ba^{2+} + CO_3^{2+} = BaCO_3\downarrow$$

$$Mg^{2+} + 2OH^- = Mg(OH)_2\downarrow$$

$$Fe^{3+} + 3OH^- = Fe(OH)_3\downarrow$$

过滤后，原溶液中的 $Ca^{2+}$、$Mg^{2+}$、$Fe^{3+}$ 和 $Ba^{2+}$ 离子都已除去，但又引进了过量的 $S^{2-}$ 和 $CO_3^{2-}$ 离子，最后加入 HCl 将溶液调至酸性，除去 $S^{2-}$ 和 $CO_3^{2-}$ 离子：

$$CO_3^{2-} + 2H^+ = H_2O + CO_2\uparrow$$

$$S^{2-} + 2H^+ = H_2S\uparrow$$

对于少量的可溶性杂质如 $Br^-$、$I^-$、$K^+$ 等离子，由于它们的含量少，而溶解度又很大，在最后的浓缩结晶时仍保留在母液中，从而与氯化钠分离。

## 三、实验仪器与试剂

**1. 仪器**

托盘天平，烧杯（100mL，2 只），量筒（100mL），漏斗，布氏漏斗，吸滤瓶，蒸发皿，玻璃棒等。

**2. 试剂**

酸：饱和 $H_2S$ 溶液，HCl（2.0mol·$L^{-1}$）。

碱：NaOH（$0.1mol \cdot L^{-1}$）。

盐：粗食盐，$BaCl_2$（25%），$Na_2CO_3$（饱和溶液）。

## 四、实验内容

称取粗食盐10g，置蒸发皿中，在电炉或煤气灯上炒至无爆裂声（或由实验室炒好粗盐备用），转移到烧杯中，加蒸馏水20mL，搅拌，观察食盐是否完全溶解。继续加水10mL，加热并搅拌至粗盐完全溶解，趁热过滤，滤渣弃去。

滤液加热至近沸，滴加25% $BaCl_2$ 溶液，边加边搅拌，直到不再有沉淀生成为止。加热至沸。为了检验 $SO_4^{2-}$ 是否沉淀完全，将烧杯从石棉网上取下，停止搅拌，待沉淀沉降后沿烧杯壁滴加 $BaCl_2$ 溶液，应无沉淀生成。加热至沸，过滤，弃去沉淀。

滤液可直接用蒸发皿承接，滴加 $2mol \cdot L^{-1}$ HCl，调溶液的pH值至4左右，加热蒸发浓缩，不时加以搅拌，至滤液浓缩至原来的体积的1/3时，有大量NaCl结晶析出，抽滤。

将所得到NaCl晶体转移到蒸发皿中烘干。冷却后称量，计算产率并记录。

## 五、注意事项

1. 检验 $SO_4^{2-}$ 是否沉淀完全，为节省时间也可先过滤，用干净试管承接滤液，向试管中滴加 $BaCl_2$ 溶液，若无沉淀生成，表明已沉淀完全。

2. 蒸发浓缩时，须不时加以搅拌，以免结晶块状黏附在蒸发皿上。

## 六、思考题

1. 为提高产率，最后的氯化钠溶液是否可以蒸干？

2. 除去 $S^{2-}$、$Ca^{2+}$、$Mg^{2+}$ 等离子的先后顺序是否可以颠倒过来？

附：简易流程图

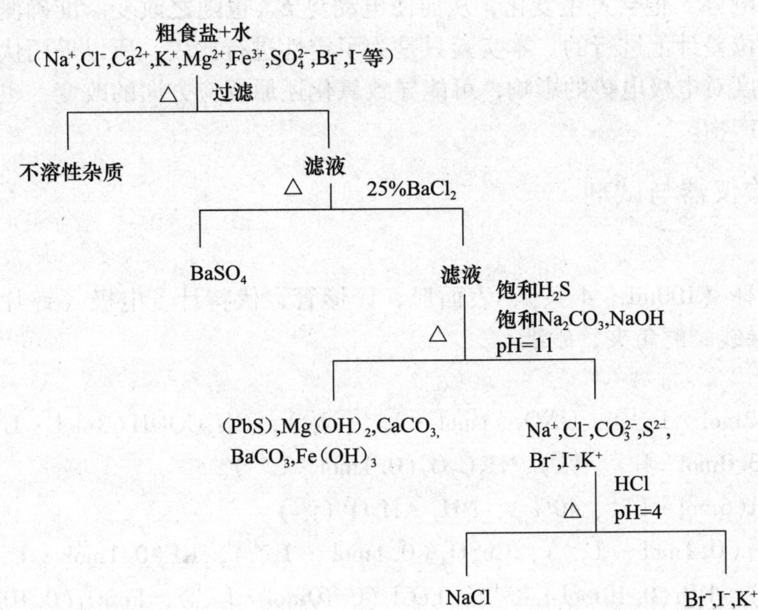

# 实验1－6 氧化还原反应

## 一、实验目的

1. 掌握电极电势对氧化还原反应的影响。
2. 定性观察浓度、酸度对电极电势的影响。
3. 定性观察浓度、酸度、温度、催化剂对氧化还原反应的方向、产物、速度的影响。
4. 通过实验了解原电池的装置。

## 二、实验原理

氧化剂和还原剂的氧化、还原能力强弱，可根据它们的电极电势的相对大小来衡量，电极电势的值越大，则氧化型的氧化能力越强，其氧化型物质是较强氧化剂。电极电势的值越小，则还原型的还原能力越强，其还原型物质为较强还原剂。只有较强的氧化剂才能和较强的还原剂反应，即 $E_{氧化剂}-E_{还原剂}>0$，氧化还原反应可以正向进行，反之，则逆向进行。故根据电极电势可以判断氧化还原反应的方向。

利用氧化还原反应而产生电流的装置，称原电池。原电池的电动势等于两个电极电势之差：$E=E_{(+)}-E_{(-)}$

根据能斯特方程：

$$E = E^{\ominus} + \frac{RT}{nF}\ln\frac{[氧化型]}{[还原型]}$$

其中［氧化型］/［还原型］表示电极反应方程式中氧化型一侧各物质浓度幂次方的乘积与还原型一侧各物质浓度幂次方乘积之比。所以当氧化型或还原型的浓度、酸度改变时，则电极电势 $E$ 值会发生变化，从而使电动势 $E_{MF}$ 也随之改变。准确测定电动势是用对消法在电位差计上进行的。本实验只是为了定性进行比较，所以采用伏特计。

浓度及酸度对电极电势的影响，可能导致氧化还原反应方向的改变，也可能影响氧化还原反应的产物。

## 三、实验仪器与试剂

**1. 仪器**

试管，烧杯（100mL，4只），表面皿，U形管，伏特计，电极（锌片，铜片，铁片，碳棒），导线，鳄鱼夹，砂纸。

**2. 试剂**

酸：$HCl$(2mol·L$^{-1}$)，$HNO_3$(1mol·L$^{-1}$、浓)，$CH_3COOH$(3mol·L$^{-1}$)，$H_2SO_4$(1mol·L$^{-1}$、3.0mol·L$^{-1}$、浓)，$H_2C_2O_4$(0.1mol·L$^{-1}$)。

碱：$NaOH$(6mol·L$^{-1}$、40%)，$NH_3·H_2O$（浓）。

盐：$ZnSO_4$(0.1mol·L$^{-1}$)，$CuSO_4$(0.1mol·L$^{-1}$)，$KI$(0.1mol·L$^{-1}$)，$AgNO_3$(0.1mol·L$^{-1}$)，$KBr$(0.10mol·L$^{-1}$)，$FeCl_3$(0.10mol·L$^{-1}$)，$FeSO_4$(0.10mol·L$^{-1}$)，

$K_2Cr_2O_7$（0.10mol·$L^{-1}$），$KMnO_4$（0.010mol·$L^{-1}$），$Na_2SO_3$（0.10mol·$L^{-1}$），$MnSO_4$（0.1mol·$L^{-1}$），$(NH_4)S_2O_8$(s)。

**3. 其他**

锌粒，$I_2$ 水，$Br_2$ 水，$CCl_4$，红色石蕊试纸，品红试纸。

## 四、实验内容

**1. 电极电势和氧化还原反应**

（1）在试管中加入0.5mL 0.1mol·$L^{-1}$的KI溶液和2滴0.1mol·$L^{-1}$的$FeCl_3$溶液，混匀后加入10滴$CCl_4$，充分震荡，观察$CCl_4$层颜色有何变化？（$I_2$单质易溶于$CCl_4$中，呈紫红色）

（2）用0.1mol·$L^{-1}$的KBr溶液代替KI进行同样实验，观察$CCl_4$层是否有$Br_2$的橙红色出现？

（3）分别用10滴$Br_2$水和10滴$I_2$水同10滴0.1mol·$L^{-1}$的$FeSO_4$溶液作用，再加入10滴$CCl_4$，充分震荡，又有何现象？

讨论：根据以上实验事实，定性比较$Br_2/Br^-$、$I_2/I^-$、$Fe^{3+}/Fe^{2+}$三个电对的电极电势相对高低，指出哪个物质是最强的氧化剂，哪个物质是最强的还原剂，并说明电极电势和氧化还原反应的关系。

**2. 浓度和酸度对电极电势的影响**

（1）浓度的影响

① 在两个50mL的烧杯中，分别加入适量0.1mol·$L^{-1}$$ZnSO_4$和0.1mol·$L^{-1}$$CuSO_4$溶液（溶液能接触到盐桥即可）。在$ZnSO_4$溶液中插入锌片，在$CuSO_4$溶液中插入铜片，用导线将锌片和铜片分别与伏特计的负极和正极相连，用盐桥连通两个烧杯溶液，测量两电极间电压，记录读数。

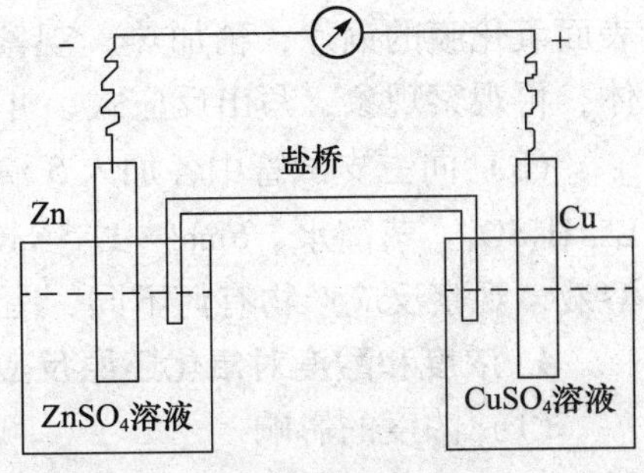

图1-1　原电池实验装置图

② 取出盐桥，在$CuSO_4$溶液中滴加浓$NH_3·H_2O$并不断搅拌，至生成的蓝色沉淀完全溶解而成深蓝色溶液，再放入盐桥，观察伏特计读数有何变化，记录读数。并利用能斯特方程解释实验现象。化学方程式如下：

$$2CuSO_4 + 2NH_3·H_2O = Cu_2(OH)_2SO_4\downarrow + (NH_4)_2SO_4$$

$$Cu_2(OH)_2SO_4 + 8NH_3 = 2[Cu(NH_3)_4]^{2+} + SO_4^{2-} + 2OH^-$$

③ 再取出盐桥，在$ZnSO_4$溶液中加入浓$NH_3·H_2O$并不断搅拌，直至生成的沉淀溶解完全，变为无色透明溶液后放入盐桥，观察伏特计读数有何变化，记录读数并用能斯特方程解释实验现象。反应方程式如下：

$$ZnSO_4 + 2NH_3·H_2O = Zn(OH)_2\downarrow + (NH_4)_2SO_4$$

$$Zn(OH)_2 + 4NH_3 = Zn(NH_3)_4{}^{2+} + 2OH^-$$

（2）酸度影响

① 取两个50mL烧杯，在一个烧杯中加入适量0.1mol·$L^{-1}$$FeSO_4$溶液，插入Fe

片，另一只烧杯中注入 20mL 0.10mol · $L^{-1}$的 $K_2Cr_2O_7$ 溶液，插入碳棒（溶液与盐桥接触即可）。将铁片和碳棒通过导线分别与伏特计负极、正极相连，两烧杯溶液用盐桥连通，测定两电极间的电压，记录读数。

② 拿出盐桥，向盛有 $K_2Cr_2O_7$ 溶液的烧杯中，加入 1mL 3mol · $L^{-1}$ $H_2SO_4$ 溶液，用玻璃杯搅匀，放回盐桥，观察电动势有何变化，记录读数。再拿出盐桥，向 $K_2Cr_2O_7$ 溶液中加入 1mL 6mol · $L^{-1}$NaOH 溶液，用玻璃棒搅匀，放回盐桥，观察电动势又有何变化，记录读数。电极反应式如下：

$$(+)\ 14H^+ + Cr_2O_7^{2-} + 6e \longrightarrow 2Cr^{3+} + 7H_2O$$

$$(-)\ Fe^{3-} + e \longrightarrow Fe^{2-}$$

**3. 浓度和酸度对氧化还原产物的影响**

（1）取两支试管，各盛一粒锌粒，分别加入 1mL 浓 $HNO_3$ 和 2mL 1mol · $L^{-1}$$HNO_3$，观察现象有何不同，写出相关反应式。浓 $HNO_3$ 被还原后的主要产物可通过观察生成气体的颜色来判断。稀 $HNO_3$ 的还原产物可用检验溶液中是否有 $NH_4^+$ 离子生成的方法来确定（稀 $HNO_3$ 反应后的溶液勿弃）。

气室法检验 $NH^{4+}$ 离子：在一个洁净的表面皿中滴入 5 滴被检溶液，再加 5 滴 40% NaOH 溶液混匀。在另一个较小的表面皿中贴一小块湿润的红色石蕊试纸，然后把它盖在较大的表面皿上做成气室。将此气室放在水浴上微热两分钟，若石蕊试纸变成蓝色，则表示有 $NH_4^+$ 存在，写出相应反应式。

（2）取两支试管，分别加入 1mL 1mol · $L^{-1}$$H_2SO_4$ 和浓 $H_2SO_4$，再各加入一片擦去表面氧化膜的铜片，稍加热，观察现象。在试管口部各放一条湿润的品红试纸检验气体，再观察现象，写出反应式，并加以解释。（品红试纸遇 $SO_2$ 气体褪色）

（3）向三支试管中各加入 5 滴 0.01mol · $L^{-1}$$KMnO_4$ 溶液，再分别加入 10 滴 1mol · $L^{-1}$$H_2SO_4$、蒸馏水、6mol · $L^{-1}$NaOH 溶液，摇匀后，各加入 10 滴 0.1mol · $L^{-1}$$Na_2SO_3$ 溶液，观察反应产物有何不同，写出相应反应式。

**4. 浓度和酸度对氧化还原反应方向的影响**

（1）浓度的影响

① 在一支试管中加入 1mL $H_2O$、1mL $CCl_4$ 和 1mL 0.1mol · $L^{-1}$$FeCl_3$ 溶液，摇匀后，再加入 1mL 0.1mol · $L^{-1}$KI 溶液，震荡后观察 $CCl_4$ 层的颜色。

② 另取一支试管加入 10 滴 $CCl_4$、1mL 0.1mol · $L^{-1}$ $FeSO_4$、0.1mol · $L^{-1}$ $FeCl_3$ 溶液，摇匀后，再加入 1mL 0.1mol · $L^{-1}$ KI 溶液，震荡后观察 $CCl_4$ 层的颜色，与①比较有何区别？

（2）酸度影响：在试管中加入 0.1mol · $L^{-1}$$Na_3AsO_3$ 溶液 5 滴，再加入 $I_2$ 水 5 滴，观察溶液颜色。然后用 2mol · $L^{-1}$的 HCl 酸化，又有何变化？再加入 40% NaOH 又有何变化？写出反应式，并解释之。

**5. 酸度、温度和催化剂对氧化还原反应速度的影响**

（1）酸度影响：在两支盛有 1mL 0.1mol · $L^{-1}$KBr 溶液的试管中，分别加入 3mol · $L^{-1}$ $H_2SO_4$ 和 3mol · $L^{-1}$$CH_3COOH$ 溶液各 10 滴（$CH_3COOH$ 是一元弱酸，在水中微弱电离，生成少量 $H^+$），然后向两支试管中各加入 2 滴 0.010mol · $L^{-1}$$KMnO_4$ 溶液。观察并比较

两支试管中紫红色褪色的快慢。写出反应式并解释之。

（2）温度影响：在两支试管中分别加入 1mL 0.10mol·$L^{-1}$ $H_2C_2O_4$，5 滴 1mol·$L^{-1}$ $H_2SO_4$ 和 1 滴 0.010mol·$L^{-1}$ $KMnO_4$ 溶液，摇匀，将其中一支试管水浴加热，另一支不加热，观察两支试管褪色快慢。写出反应式，并解释之。（$H_2C_2O_4$ 被氧化成 $CO_2$）

（3）催化剂的影响：在两支试管中分别加入 1 滴 0.10mol·$L^{-1}$ $MnSO_4$ 溶液，2mL 3mol·$L^{-1}$ $H_2SO_4$ 溶液和少许过二硫酸铵［$(NH_4)_2S_2O_8$］固体，振荡使其溶解。然后向一支试管中加入 2～3 滴 0.1mol·$L^{-1}$ $AgNO_3$ 溶液，另一支不加 $AgNO_3$ 溶液。然后将两支试管均放入沸水浴中加热，比较二者现象有何不同，说明原因，写出反应式。（过二硫酸根具有强氧化性，可被还原为 $SO_4^{2-}$）

## 五、注意事项

1. 电极铜片、锌片、铁片及鳄鱼夹用砂纸打磨干净，盐桥要接触到溶液，否则接触不良，影响伏特计的读数。盐桥用后及时用水冲洗，然后放入装有清水的烧杯中，以免风干失效。

2. $FeSO_4$ 和 $Na_2SO_3$ 溶液需新配制。

3. 试管中加入锌粒时，将试管倾斜，锌粒回收。

4. 原电池可用原电池符号表示，在预习报告中不必画图。

## 六、思考题

1. 如何利用电极电势 $E$ 值的比较来判断氧化还原反应是否能够发生？实验 1 中的（1）、（2）、（3）如何解释其现象。

2. 试解释浓度对 $E_{MF}$ 值的影响，当［氧化态］降低时如何影响？［还原态］降低时如何影响？以实验 2 中的（1）为例说明。

3. 讨论改变酸度对 $E_{MF}$ 值是否会有影响，如何影响，以实验 2 中的（2）为例说明。

4. 试讨论 $KMnO_4$ 作为氧化剂在酸性、中性和碱性条件下的产物分别是什么，利用 $E$ 值讨论其氧化能力的大小如何随 $E$ 值变化。

## 附：盐桥的制法

称取 1g 琼脂，放在 100mL 饱和 KCl 溶液中浸泡一会儿，加热煮成糊状，趁热倒入 U 形玻璃管（里面不能留有气泡）中，冷却后即可使用，需在水中保存。

# 实验 1－7　配位化合物的性质

## 一、实验目的

1. 了解几种不同类型的配合物的生成，比较配合物与简单化合物和复盐的区别。

2. 了解影响配位平衡的因素。

3. 了解螯合物的形成条件。

4. 熟悉过滤和试管的使用等基本操作。

## 二、实验原理

由中心离子（或原子）和一定数目的中性分子或阴离子通过形成配位共价键相结合而形成的复杂结构单元称配合单元，凡是由配合单元组成的化合物称配位化合物。中心离子可提供空的 d 轨道，例如大多数金属离子（或原子）和少数非金属元素（P，S）等。配位原子可提供孤对电子，例如 S、O、N、F、Cl 等。可作为配体的有 $NH_3$、$F^-$、$Cl^-$、$I^-$、$S_2O_3^{2-}$、$H_2O$、$SCN^-$、$CN^-$、$C_2O_4^{2-}$ 等分子或离子。

在配合物中，中心离子已体现不出其游离存在时的性质。而在简单化合物或复盐的水溶液中，各种离子都能体现出游离离子的性质。由此，可区分出有无配合物存在。

例如：

$$Hg^{2+} + 2I^- \rightleftharpoons HgI_2\downarrow$$

$$HgI_2 + 2I^- \rightleftharpoons [HgI_4]^{2-}$$

$$[HgI_4]^{2-} + NaOH \not\rightarrow$$

$$Hg^{2+} + 2OH^- \rightleftharpoons Hg(OH)_2\downarrow$$

$$Hg(OH)_2 = HgO + H_2O$$

配合物在水溶液中存在有配合平衡：

$$M^{n+} + aL^- \underset{离解}{\overset{形式}{\rightleftharpoons}} ML_a^{n-a}$$

配合物的稳定性可用平衡常数 $K_{稳}^{\ominus}$ 来衡量。根据化学平衡的知识可知：增加配体或金属离子浓度有利于配合物的形成，而降低配体或金属离子的浓度有利于配合物的解离。因此，弱酸或弱碱作为配体时，溶液酸碱性的改变会导致配合物的解离。若有沉淀剂能与中心离子形成沉淀，则会减少中心离子的浓度，使配合平衡向离解的方向移动，最终导致配合物的解离。若另加入一种配体，能与中心离子形成稳定性更好的配合物，则又可能使沉淀溶解。总之，配合平衡与沉淀平衡的关系是朝着生成更难离解或更难溶解的物质的方向移动。

例如：

$$Ag^+ + Br^- \rightleftharpoons AgBr\downarrow$$

$$Ag^+ + 2S_2O_3^{2-} \rightleftharpoons [Ag(S_2O_3)_2]^{3-}$$

二者是竞争反应，利用沉淀平衡与配合平衡计算公式算出分别需要的 $[Ag^+]$，从而判断沉淀是否会溶解。

中心离子与配子形成配合物后，由于中心离子的浓度发生了改变，因此，电极电势值也改变，从而改变了中心离子的氧化还原能力。

中心离子与多基配体反应可生成具有环状结构的稳定性很好的螯合物。很多金属螯合物具有特征颜色，且难溶于水而易溶于有机溶剂。有些特征反应常用来作为金属离子的鉴定反应。

## 三、实验仪器与试剂

**1. 仪器**

试管，试管架，离心试管，漏斗，漏斗架，滤纸，白瓷点滴板，离心机（公用）。

**2. 试剂**

酸：$H_2SO_4$（$2mol \cdot L^{-1}$）。

碱：$NH_3 \cdot H_2O$（$6mol \cdot L^{-1}$、$2mol \cdot L^{-1}$），NaOH（$0.1mol \cdot L^{-1}$、$2mol \cdot L^{-1}$）。

盐：$AgNO_3$（$0.1mol \cdot L^{-1}$），$BaCl_2$（$0.1mol \cdot L^{-1}$），$CuSO_4$（$0.1mol \cdot L^{-1}$），$HgCl_2$（$0.1mol \cdot L^{-1}$），$NiSO_4$（$0.1mol \cdot L^{-1}$），$FeSO_4$（$0.1mol \cdot L^{-1}$），$NH_4Fe(SO_4)_2$（$0.1mol \cdot L^{-1}$），$FeCl_3$（$0.1mol \cdot L^{-1}$），$K_3[Fe(CN)_6]$（$0.1mol \cdot L^{-1}$），KSCN（$0.1mol \cdot L^{-1}$），$NH_4F$（$2mol \cdot L^{-1}$），NaCl（$0.1mol \cdot L^{-1}$），KBr（$0.1mol \cdot L^{-1}$），KI（$0.1mol \cdot L^{-1}$），$Na_2S_3O_3$（$0.1mol \cdot L^{-1}$），饱和 $Na_2S_3O_3$，$Na_2S$（$0.1mol \cdot L^{-1}$），饱和 $(NH_4)_2C_2O_4$，EDTA（$0.1mol \cdot L^{-1}$）。

**3. 其他**

乙醇（95%），$CCl_4$，邻菲罗琳（0.25%），二乙酰二肟（1%），乙醚，pH 试纸。

## 四、实验内容

**1. 配合物的制备和组成**

（1）含正配离子的配合物：向试管中加入 2mL $0.1mol \cdot L^{-1}$ $CuSO_4$ 溶液，逐滴加入 $2moL \cdot L^{-1}$ 氨水溶液，至产生沉淀后仍继续滴加氨水，直至变为深蓝色溶液为止。写出离子方程式。然后加入约 4mL 乙醇，震荡试管，观察现象。过滤，所得晶体为何物（该配合物不溶于酒精，以晶体形式析出）？在漏斗颈下端放一支试管，直接在滤纸上逐滴加入 $2mol \cdot L^{-1}$ 氨水溶液（约 2mL）使晶体溶解。保留此溶液供实验 2.（1）用。

（2）含负配离子的配合物：向试管中加入 3 滴 $0.1mol \cdot L^{-1}$ $HgCl_2$ 溶液，逐滴加入 $0.1mol \cdot L^{-1}$ KI 溶液，注意最初有沉淀生成，后来变为配合物而溶解。保留此溶液供实验 2.（2）用。写出离子方程式。

**2. 配位化合物与简单化合物、复盐的区别**

（1）把实验 1.（1）中所得的溶液分成两份，向第一支试管中滴入 3 滴 $0.1mol \cdot L^{-1}$ NaOH 溶液，第二支试管中滴入 3 滴 $0.1mol \cdot L^{-1}$ $BaCl_2$ 溶液。观察现象，写出离子方程式。

另取两支试管，各加 5 滴 $0.1mol \cdot L^{-1}$ $CuSO_4$，然后在一支试管中加 2 ~ 4 滴 $0.1mol \cdot L^{-1}$ NaOH 溶液，另一支试管中加 2 ~ 4 滴 $0.1mol \cdot L^{-1}$ $BaCl_2$ 溶液。比较两次实验的结果，并简单解释。

（2）向实验 1.（2）所得的溶液中滴入 2 滴 $0.1mol \cdot L^{-1}$ NaOH 溶液，观察现象。另取一支空试管，加 2 滴 $0.1mol \cdot L^{-1}$ $HgCl_2$，再加 2 滴 $0.1mol \cdot L^{-1}$ NaOH 溶液，写出离子方程式。比较两次实验的结果，并简单解释。

（3）取三支试管分别加入 10 滴 $FeCl_3$、$0.1mol \cdot L^{-1}$ $(NH_4)Fe(SO_4)_2$（硫酸铁铵）溶液和 $0.1mol \cdot L^{-1}$ $K_3[Fe(CN)_6]$ 溶液，然后各滴加 2 滴 $0.1mol \cdot L^{-1}$ KSCN 溶液，观

察现象，写出反应方程式，并解释之。

**3. 配合平衡的移动**

（1）配合物的取代：取 1mL 0.1mol · $L^{-1}$ $FeCl_3$ 溶液于试管中，滴加 2 滴 0.1mol · $L^{-1}$KSCN 溶液，溶液呈何颜色？然后滴加 2mol · $L^{-1}$ $NH_4F$ 溶液至溶液变为无色，再滴加饱和 $(NH_4)_2C_2O_4$ 溶液至溶液变为黄绿色。写出离子反应方程式并解释之。

（2）配合平衡与沉淀溶解平衡：在一支离心试管中加 3 滴 0.1mol · $L^{-1}$ $AgNO_3$ 溶液，然后按下列次序进行实验，并写出每一步骤的反应方程式。

① 滴加 0.1mol · $L^{-1}$NaCl 溶液至刚生成沉淀；

② 加入 6mol · $L^{-1}$氨水溶液至沉淀刚溶解；

③ 加入 0.1mol · $L^{-1}$KBr 溶液至刚生成沉淀；

④ 加入 0.1mol · $L^{-1}$ $Na_2S_2O_3$ 溶液，边滴边剧烈震荡至沉淀刚溶解；

⑤ 加入 0.1mol · $L^{-1}$KI 溶液至刚生成沉淀；

⑥ 加入饱和 $Na_2S_2O_3$ 溶液至沉淀刚溶解；

⑦ 加入 0.1mol · $L^{-1}$ $Na_2S$ 溶液至生成沉淀。

试从几种沉淀的溶度积和配离子稳定常数的大小加以解释。

（3）配合平衡与氧化还原的关系：取两支试管，各加入 5 滴 0.1mol · $L^{-1}$ $FeCl_3$ 溶液及 10 滴 $CCl_4$。然后在一支试管中加入 5 滴 0.1mol · $L^{-1}$KI 溶液，另一支试管中滴加 2mol · $L^{-1}$ $NH_4F$ 溶液至溶液变为无色，再加入 5 滴 0.1mol · $L^{-1}$KI 溶液。比较两试管中 $CCl_4$ 层的颜色，解释现象并写出有关的反应方程式。

（4）配合平衡和酸碱反应

① 在试管中加入 10 滴 0.1mol · $L^{-1}$ $CuSO_4$ 溶液，逐滴加入 2mol · $L^{-1}$氨水直至变为深蓝色硫酸四氨铜溶液为止。向该溶液中逐滴加入 2mol · $L^{-1}$ $H_2SO_4$ 溶液，不断振荡，观察现象，直至变为淡蓝色为止，用 pH 试纸检测溶液的 pH 值，写出反应式，试解释之。

② 在试管中加入 10 滴 0.1mol · $L^{-1}$ $FeCl_3$ 溶液，滴加 5 滴 0.1mol · $L^{-1}$KSCN 溶液，制成 $K_3[Fe(CN)_6]$ 配合物溶液，向其中逐滴加入 2mol · $L^{-1}$NaOH 溶液，观察现象，写出反应式，试解释之。

**4. 螯合物的形成**

（1）取两支试管，分别加入 10 滴自制的 $[Fe(CN)_6]^{3-}$ 和自制的 $[Cu(NH_3)_4]^{2+}$，然后分别滴加 0.1mol · $L^{-1}$EDTA 溶液，观察现象并解释之。配合物的制备参照实验 3.（4）①、②。

（2）$Fe^{2+}$离子与邻菲罗啉在微酸性溶液中反应，生成橘红色的配离子。

$Fe^{2+}$ + 3 （N N） ⟶ $[Fe(\ N\ N\ )_3]^{2+}$

在白瓷点滴板上滴 1 滴 0.1mol · $L^{-1}$ $FeSO_4$ 溶液和 3 滴 0.25% 邻菲罗啉溶液，观察现象。此反应可作为 $Fe^{2+}$ 离子的鉴定反应。

（3） $Ni^{3+}$ 离子与二乙酰二肟反应生成鲜红色的内络盐沉淀。

$$Ni^{2+} + 2\begin{array}{l} H_3C-C{=}NOH \\ \qquad\ \ | \\ H_3C-C{=}NOH \end{array} \longrightarrow \begin{array}{c} O\!\cdots H\cdots O \\ \uparrow \qquad\qquad | \\ H_3C-C{=}N \quad\ \ N{=}C-CH_3 \\ | \quad\searrow\ \swarrow \quad | \\ \qquad\quad Ni \\ | \quad\nearrow\ \nwarrow \quad | \\ H_3C-C{=}N \quad\ \ N{=}C-CH_3 \\ | \qquad\qquad \downarrow \\ O\cdots H\cdots O \end{array} \downarrow + 2H^{+}$$

此反应 $H^{+}$ 离子浓度过大不利于内络盐的生成，但 $OH^{-}$ 离子浓度太高，又会生成 $Ni(OH)_2$ 沉淀。合适的酸碱度是 pH = 5 ~ 10。

在试管中加入 2 滴 0.1mol · $L^{-1}$ $NiSO_4$ 溶液及 1mL 蒸馏水，再加入 1 滴 2mol · $L^{-1}$ 氨水溶液和 2 滴 1% 二乙酰二肟溶液，观察现象。然后再加入 1mL 乙醚，震荡，观察现象（该螯合物沉淀易溶于乙醚）。此反应可作为 $Ni^{2+}$ 离子的鉴定反应。

## 五、注意事项

1. $HgCl_2$ 毒性很大，使用时要注意安全。切勿使其入口或与伤口接触，用完试剂后必须洗手，剩余的废液不能随便倒入下水道，应倒入指定的容器中。

2. 在实验 3.（2） 的操作中，凡是生成沉淀的步骤，沉淀量要少，即到刚生成沉淀为宜；凡是使沉淀溶解的步骤，加入溶液量越少越好，即使沉淀刚溶解为宜。因此，溶液必须逐滴加入，且边滴边摇，若试管中溶液量太多，可在生成沉淀后，先离心弃去清液，再继续进行实验。

## 六、思考题

1. 总结本实验中所观察到的现象以及影响配合平衡的因素。

2. 配合物与复盐的主要区别是什么？

3. 为什么硫化钠溶液不能使亚铁氰化钾溶液产生硫化亚铁沉淀，而饱和的硫化氢溶液能使铜氨配合物的溶液产生硫化铜沉淀？

4. 实验中所用的 EDTA 是什么物质？它与单基配体有何区别？

5. 在实验 3.（2） 中，试解释④中加入 0.1mol · $L^{-1}$ $Na_2S_2O_3$ 溶液后生成的配合物中，加入 1 滴 0.1mol · $L^{-1}$ KI 后为什么会生成新的沉淀？在沉淀中加入饱和 $Na_2S_2O_3$ 后沉淀为何又再次溶解？试说明原因。

# 实验 1 - 8　硫酸亚铁铵的制备

## 一、实验目的

1. 了解硫酸亚铁铵的制备方法。

2. 进一步掌握水浴加热、溶解、减压过滤、蒸发、结晶等的基本操作。

## 二、实验原理

硫酸亚铁铵又称摩尔盐，是浅蓝绿色单斜晶体，它溶于水，但难溶于乙醇。硫酸亚铁铵在空气中不易被氧化，硫酸亚铁稳定，所以在化学分析中可作为基准物质。铁溶于稀硫酸后生成硫酸亚铁。

$$Fe + H_2SO_4 = FeSO_4 + H_2 \uparrow$$

如果在硫酸亚铁溶液中加入等物质的量的硫酸铵，能生成硫酸亚铁铵，其溶解度较硫酸亚铁小，蒸发浓缩所得溶液，可制得浅绿色硫酸亚铁铵晶体。

$$FeSO_4 + (NH_4)_2SO_4 + 6H_2O = (NH_4)_2SO_4 \cdot FeSO_4 \cdot 6H_2O$$

亚铁盐在空气中易被氧化，但硫酸亚铁铵却比较稳定，在定量分析中常用来配制亚铁离子的标准溶液，测定样品中某些氧化剂的含量。

## 三、实验仪器与试剂

**1. 仪器**

锥形瓶（250mL），烧杯（500mL、1000mL 各一只），石棉网，量筒（10mL），漏斗，漏斗架，玻璃棒，布氏漏斗，吸滤瓶，蒸发皿，托盘天平，滤纸，电水浴锅。

**2. 试剂**

酸：$H_2SO_4$（$3mol \cdot L^{-1}$）。

盐：$(NH_4)_2SO_4$（s）。

**3. 其他**

铁粉，乙醇。

## 四、实验内容

**1. 硫酸亚铁的制备**

称 2g 铁粉，放入锥形瓶中，再加入 10mL $3mol \cdot L^{-1}$ $H_2SO_4$ 溶液，水浴加热（温度低于 80℃）至没有气泡冒出为止。反应过程中适当补充些水，以保持原体积。趁热过滤，滤液承接在清洁的蒸发皿中，用 2～3mL 热水洗涤锥形瓶及漏斗上的残渣。

**2. 硫酸亚铁铵的制备**

根据加入的硫酸量，计算所需的硫酸铵的量，称取硫酸铵，并参照下表中不同温度下硫酸铵的溶解度数据将其配成饱和溶液。将此溶液倒入上面制得的硫酸亚铁溶液中，并保持混合溶液呈微酸性（观察溶液颜色，应保持淡蓝绿色，若出现黄色，应加入适量 $3mol \cdot L^{-1}$ 硫酸调节）。在水浴上蒸发、浓缩至溶液表面有晶膜出现，放置，让其慢慢冷却，即有硫酸亚铁铵晶体析出。观察晶体颜色。用布氏漏斗抽气过滤，尽可能使母液与晶体分离完全，停止抽滤。再用少量酒精洗去晶体表面的水分，继续进行抽气过滤。将晶体取出，摊在两张干净的滤纸之间，并轻压吸干母液。用托盘天平称重，计算理论产量和产率并记录。

表1-7　不同温度时硫酸铵的溶解度

| 温度（℃） | 溶解度［g·（100g 水）$^{-1}$］ | 温度（℃） | 溶解度［g·（100g 水）$^{-1}$］ |
|---|---|---|---|
| 0 | 70.6 | 40 | 81.0 |
| 10 | 73.0 | 60 | 88.0 |
| 20 | 75.4 | 80 | 95.3 |
| 30 | 78.0 | 100 | 103.3 |

## 五、注意事项

1. 铁粉与稀硫酸在水浴反应时，将产生大量气泡，注意水浴的温度不要高于80℃，否则大量的气泡会从瓶口冲出影响产率，此时注意，一旦产生泡沫，要补充少量水。

2. 铁与稀硫酸反应生成的气体中，有大量的是氢气，还有少量的硫化氢和磷化氢等气体，应注意打开排气扇或通风。

## 六、思考题

1. 在反应过程中，铁和稀硫酸哪一种应过量，为什么？实验中为什么要注意通风？

2. 混合溶液为什么必须要呈酸性？

3. 浓硫酸的浓度是多少？用浓硫酸配制 3mol·L$^{-1}$的硫酸溶液 40mL，如何配制？在配制过程中应注意些什么？

# 实验1-9　矿物药的鉴别

## 一、实验目的

1. 掌握朴硝、硝石、滑石、雄黄、铅丹、赭石、自然铜、炉甘石、轻粉、朱砂等10种矿物药的主要成分及化学鉴定方法。

2. 进一步培养学生灵活运用已掌握的理论知识和实验技能，学会查阅相关资料，自行设计实验，提高学生分析问题和解决问题的能力。

## 二、实验原理

1. 在含有 $Na^+$ 的溶液中加入醋酸铀酰锌试剂，可得到黄色晶形沉淀，此沉淀在乙醇中溶解度小。

$$Na^+ + Zn^{2+} + 3UO_2^{2+} + 8Ac^- + HAc + 9H_2O$$
$$=\!=\!= NaAc \cdot Zn(Ac)_2 \cdot 3UO_2(Ac)_2 \cdot 9H_2O \downarrow + H^+ \text{（黄色）}$$

2. 在含有 $K^+$ 溶液中加入四苯硼钠，可得到白色沉淀。

$$K^+ + [B(C_6H_5)_4]^- =\!=\!= K[B(C_6H_5)_4] \downarrow \quad \text{（白色）}$$

3. 棕色环试验。在含有 $NO_3^-$ 溶液中，加入饱和 $FeSO_4$ 溶液，试管倾斜后，沿管壁小心滴加浓 $H_2SO_4$，在浓 $H_2SO_4$ 和混合液交界处可见一个棕色环。

$$NO_3^- + 3Fe^{2+} + 4H^+ \xlongequal{} 3Fe^{3+} + NO + 2H_2O$$

$$NO + Fe^{2+} + SO_4^{2-} \xlongequal{} [Fe(NO)]SO_4$$

4. $Mg^{2+}$与$NH_4Cl$、$Na_2HPO_4$溶液反应可生成$MgNH_4PO_4$白色沉淀，实验中加入少量$NH_3 \cdot H_2O$可防止$Na_2HPO_4$的水解，而维持溶液中$PO_4{}^{3-}$浓度。

5. 在$SiO_3^{2-}$试管中加入（$NH_4$）$_2MoO_4$，可生成黄色的硅钼酸铵溶液，若再加入联苯胺并加入NaAc使之转为HAc酸性，则硅钼酸铵氧化联苯胺，产生联苯胺蓝和钼蓝，使溶液变成蓝色。

6. 雄黄$As_4S_4$煅烧后可得到$As_2O_3$，$As_2O_3$与盐酸作用后可形成$As^{3+}$离子，在含有$As^{3+}$的溶液中加入饱和$H_2S$溶液可得到$As_2S_3$黄色沉淀，再加入（$NH_4$）$_2CO_3$沉淀可溶解。

$$As_4S_4 + 7O_2 \xlongequal[\triangle]{} 2As_2O_3 + 4SO_2\uparrow$$

$$As_2O_3 + 3H_2O \xlongequal{} 2H_3AsO_3$$

$$As^{3+} + 3OH^- \rightleftharpoons As(OH)_3 \xlongequal{} H_3AsO_3 \rightleftharpoons 3H^+ + AsO_3^{3-}$$

$$2As^{3+} + 3H_2S \xlongequal{H^+} \underset{\text{黄色}}{As_2O_3}\downarrow + 6H^+$$

$$As_2S_3 + 3(NH_4)_2CO_3 \xlongequal{} 2(NH_4)_3AsO_3 + 3CO_2\uparrow$$

7. $Pb_3O_4$可以和$HNO_3$反应，歧化生成$Pb^{2+}$和$PbO_2$沉淀。

8. 在$Zn^{2+}$试液中，加入$K_4$〔Fe(CN)$_6$〕，有微蓝色沉淀产生。

$$2Zn^{2+} + [Fe(CN)_6]^{4-} \xlongequal{} Zn_2[Fe(CN)_6]\downarrow(\text{微蓝色})$$

9. 将轻粉$Hg_2Cl_2$和无水$Na_2CO_3$一起放在试管中加热后，在干燥试管壁上有金属Hg析出。

$$Hg_2Cl_2 + Na_2CO_3(s) \xlongequal[\triangle]{} Hg\downarrow + HgO + 2NaCl + CO_2\uparrow$$

## 三、实验仪器与试剂

**1. 仪器**

滴管，三脚架，酒精灯，试管，试管夹。

**2. 试剂**

酸：浓$H_2SO_4$，HCl，$H_2S$（饱和溶液）。

碱：$NH_3 \cdot H_2O$。

盐：$Na_2SO_4$，$NaNO_3$，$KNO_3$，$K_2SO_4$，$FeSO_4$（饱和溶液），$MgSO_4$，$NH_4Cl$，$Na_2HPO_4$，$NaSiO_3$，（$NH_4$）$_2MoO_4$，NaAc，（$NH_4$）$_2CO_3$，$K_4$〔Fe(CN)$_6$〕，无水$Na_2CO_3$。

**3. 其他**

$Pb_3O_4$（s），$Hg_2Cl_2$（s），醋酸铀酰锌，乙醇，联苯胺，$As_4S_4$（s），$NH_3 \cdot H_2O$－$NH_4Cl$（pH＝10）。

## 四、实验内容

自行查阅文献资料，设计方案，写明实验步骤，进行实验操作，并记录分析实验结果。

## 五、注意事项

1. 在试管中加入液体时，滴管口不得接触试管口。
2. 滴管使用时禁忌倒置、倾斜，必须竖直。
3. 观察完现象后，立即将有沉淀的试管中废液倒掉。
4. 将废液收集一齐处理，禁止倒入下水口。

# 第二章 有机化学实验

## 实验2-1 仪器装置和基本操作

### 一、实验目的

1. 了解有机化学实验室常用的玻璃仪器、金属用具及电器仪器和设备的性能、用途及保养方法。

2. 熟悉有机化学实验常用的仪器、设备、装置，以及回流、蒸馏、萃取、干燥等仪器组装和基本操作。

### 二、实验原理

玻璃仪器一般是由软质或硬质玻璃制作而成的。软质玻璃耐温、耐腐蚀性较差，但价格较便宜，因此，一般用它制作的仪器均不耐温，如普通漏斗、量筒、吸滤瓶、干燥器等。硬质玻璃具有较好的耐温和耐腐蚀性，制成的仪器可在温度变化较大的情况下使用，如烧瓶、烧杯、冷凝管等。使用玻璃仪器进行适当组合，可以组装成各种装置，完成回流反应、蒸馏回收、萃取分离、搅拌、干燥等基本操作。

### 三、实验仪器与试剂

**1. 玻璃仪器**

圆底烧瓶，三颈瓶，蒸馏头，温度计套管，球形冷凝管，直形冷凝管，空气冷凝管，接收（液）管，分液漏斗，滴液漏斗，玻璃漏斗，布氏漏斗，热滤漏斗，抽滤瓶，烧杯，锥形瓶等。

**2. 金属用具**

铁架台，铁夹，铁圈，三脚架，水浴锅等。

**3. 常用电器与设备**

电热套，水浴锅，气流烘干器，电动搅拌器，减压真空泵，旋蒸仪，真空烘箱等。

### 四、实验内容

**1. 回流装置的安装**

若反应需要在反应体系的溶剂或液体反应物的沸点附近进行，这时就要使用回流装置；某些反应在室温下反应速率很小或难于进行，为了使反应尽快地进行，常常需要使反应物质较长时间保持沸腾，也需要使用回流装置，使蒸气不断地在冷凝管内冷凝而返回反应器中，以防止反应瓶中的物质逃逸损失。在有效成分提取和药物合成工作中，经常用到回流反应装置。回流装置如图 2－1 所示。

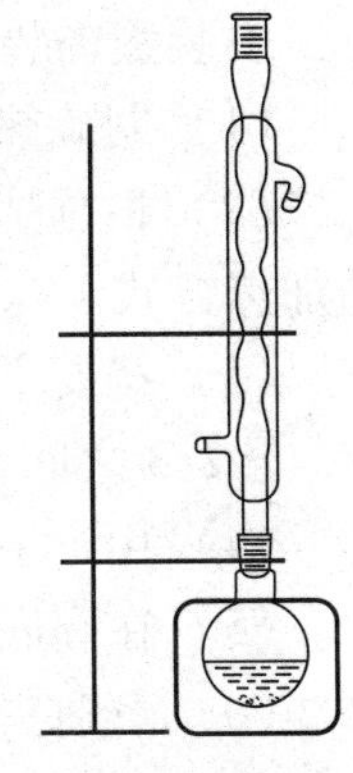

图 2－1　回流装置

安装简单回流装置（又称反应装置）的一般操作步骤如下：

（1）明确热源和冷凝水的位置，选择合适的安装位置，根据烧瓶内液体的大致沸点，选择水浴、油浴，或隔石棉网直接加热等适当的加热方式进行加热。注意在条件允许时，一般不采用隔石棉网直接用明火加热的方式加热。

（2）按要求选择一定规格如 250mL 的圆底烧瓶，向中加入反应物如乙醇，反应物总体积控制在烧瓶容积的 1/3 与 2/3 之间。加热前需向烧瓶中加入 3～5 粒沸石防止暴沸。

（3）准备好铁架台，从热源开始，根据热源高度，自下而上安装烧瓶及回流冷凝管。

（4）用十字夹（即自由夹）和万能夹（或烧瓶夹）将圆底烧瓶固定在铁架台上。

（5）将球形回流冷凝管，竖直连接在圆底烧瓶上方并用夹子夹紧。十字夹要求开口向上，整套装置夹子尽量平行一致，保持横平竖直，平整共面。

（6）冷凝管进出水口处分别连接乳胶管，使下口连接的乳胶管连接自来水龙头缓慢进水，上口连接的乳胶管放入水槽中出水。通冷凝水的速度不必很快，一般缓慢通水，能保持蒸气充分冷凝即可。

（7）打开热源小心加热回流，回流要保证充足的时间，回流速度应控制在液体蒸气浸润不超过球形冷凝管下方两个球的高度为宜。

（8）反应完毕后，先关闭热源。

（9）各部位冷却后再关闭冷凝水。

（10）拆除装置，顺序是从右到左，从上到下，与安装顺序相反。

**2. 蒸馏装置的安装**

蒸馏是沸点测定、分离两种以上沸点差较大的液体，或回收有机溶剂的常用方法。常用简单蒸馏装置使用直形冷凝管冷凝，如果蒸馏沸点在 140℃以上的液体应使用空气冷凝管，防止因温差过大仪器受热不均匀而造成冷凝管炸裂。

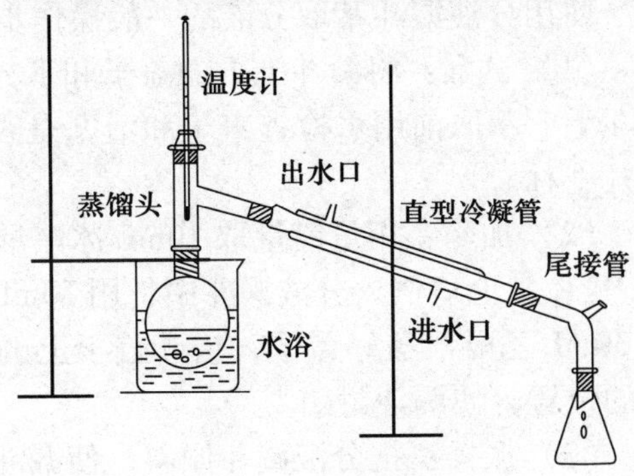


图 2－2　蒸馏装置

安装蒸馏装置（又称回收装置）的一般操作步骤如下：

（1）明确热源和冷凝水的位置，选择恰当位置，安装顺序从上到下，从左到右。

（2）根据烧瓶内液体的大致沸点，选择水浴、油浴，或隔石棉网直接加热等适当的加热方式。

（3）按要求选择圆底烧瓶，向其中加入反应物，反应物总体积控制在烧瓶容积的1/3与2/3之间，并加入3～5粒沸石防止暴沸。

（4）用十字夹（即自由夹）和万能夹（或烧瓶夹）将圆底烧瓶固定在铁架台上。

（5）在圆底烧瓶上方安装蒸馏头。

（6）蒸馏头上方安装温度计及温度计套管。调整温度计高度，使温度计水银球上端与蒸馏头侧支口下端平齐，刻度线朝向观察者方向。

（7）用万能夹将直形冷凝管固定在另一个铁架台上，注意冷凝管下口竖直朝下，上口竖直朝上安装。调整直形冷凝管的高度和角度，使之与蒸馏头侧支口能够紧密连接。夹子应当松紧适度，既要充分固定冷凝管，控制装置牢固平整，又要防止力度过大造成玻璃仪器损坏。

（8）在冷凝管末端安装尾接管。

（9）尾接管下方放置接收器如锥形瓶等，注意蒸馏装置应该是敞开体系，不能密闭。

（10）连接乳胶管，冷凝管下口为进水口，连接自来水龙头，上口为出水口，连接的乳胶管放入水槽中出水。

（11）缓慢通入冷凝水，通冷凝水的速度不必很快，一般缓慢通水，能保持蒸气充分冷凝即可。

（12）打开热源开始加热蒸馏，注意保证充足的时间，蒸馏速度一般应控制在尾接管流出液体速度每秒钟一滴。

（13）反应完毕，待各部位冷却接近室温后，再关闭冷凝水。

（14）拆除装置，顺序是从右到左，从上到下。

**3. 萃取和分液漏斗的使用**

萃取（extraction）是有机化学实验中用来提取和纯化化合物的手段之一。利用化合物在两种互不相溶的溶剂中溶解度或分配系数的不同，可使化合物从一种溶剂中转移到另一种溶剂中。通过萃取，能从固体或液体混合物中提取所需要的化合物。

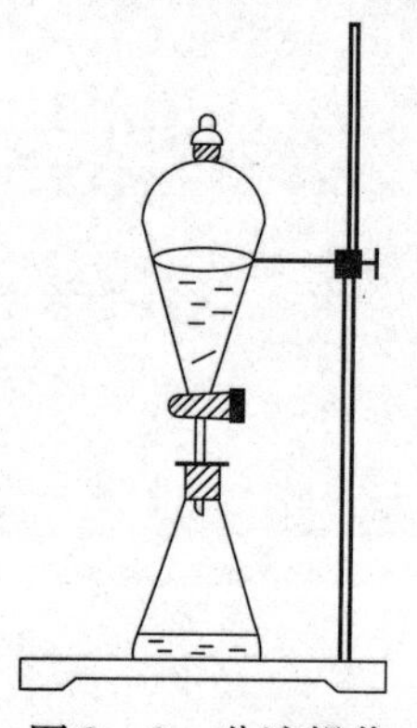

图2－3　分液操作

使用分液漏斗萃取分液的一般操作步骤如下。

（1）试漏：将漏斗上方的盖子和下方的活塞用橡皮筋固定在漏斗上。萃取前用水检查盖子和活塞是否漏液，如漏液可涂抹少量凡士林。

（2）加药：用量筒量取10mL冰醋酸与水的混合液（体积比1∶9），从上口倒入分液漏斗中，用10mL乙醚萃取，共三次，总耗30mL乙醚。盖好盖子，错开盖子上的凹槽与漏斗上口颈部小孔的位置，使漏斗封闭。

（3）振摇：把分液漏斗倾斜，使漏斗的上口略朝下，右手捏住上口颈部，并用食指根部压紧盖子，以免盖子松开。左手握住活塞，既要防止振摇时活塞转动或脱落，又要便于灵活地旋开活塞。

（4）放气：振摇后漏斗仍需保持倾斜状态，旋开活塞，放出蒸气及产生的气体，使漏斗内外压力平衡。

（5）分层：振摇数次后，将分液漏斗放置在铁架台的铁圈上，静置 3 ~5 分钟等待分层。

（6）分液：打开上盖，或者使分液漏斗盖子上的凹槽与漏斗上口颈部小孔对齐，使漏斗内外空气相通。

（7）下层液体先快后慢经下口活塞放出，上层液体从上口倒出。

（8）重复操作 3 ~5 次。

（9）清洗分液漏斗，并在磨口连接处夹纸，防止长时间放置后磨口粘连。

**4. 搅拌装置**

在均相反应中一般不需要搅拌，因为加热时溶液存在一定程度的对流，保证了液体各部分均匀地受热。但在非均相反应中，为了使反应混合物能充分接触，缩短反应时间，应该进行搅拌或振荡。在逐渐滴加反应物料的反应中，使用搅拌可使反应物快速均匀地混合。此外，搅拌还可使反应体系的热量更易传导和散发，以避免因局部浓度过大或过热而导致其他副反应发生或有机物的分解；有时反应产物是固体，如不搅拌将影响反应顺利进行。所以，搅拌在合成反应中有广泛的应用，使用搅拌不但可以较好地控制反应温度，同时也能缩短反应时间和提高产率。

## 五、注意事项

基本操作仪器装置使用过程中，仪器装置正确与否，对实验的成败及安全有很大关系。对于不同的实验，其实验装置的装配有所不同，将在有关内容中详细叙述。在这里指出装配各类仪器时应当遵循的一般原则。

（1）选择烧瓶时，应根据液体的体积而定，一般液体的体积占容器体积的 1/3 ~1/2。进行水蒸气蒸馏和减压蒸馏时，液体体积不应超过烧瓶容积的 1/3。选择冷凝管时，一般情况下回流用球形冷凝管，蒸馏用直形冷凝管，但是当蒸馏温度超过 140℃ 时应改用空气冷凝管。所用的玻璃仪器和配件都要干净，否则，会影响产物的产量和质量。

（2）用铁夹夹玻璃仪器时，先用左手手指将双钳夹紧，再拧紧铁夹螺丝，做到夹物松紧适度。

（3）安装仪器时，应选好主要仪器的位置。顺序一般是从热源开始，从下到上，从左到右（或从右到左），逐个装配其他仪器。

以安装回流装置为例，首先根据热源高低位置用铁夹把圆底烧瓶垂直固定在铁架上，烧瓶底部距石棉网 1 ~2mm 为宜，不要触及石棉网；用水浴或油浴时，底部应距离水浴或油浴底部 1 ~2cm。铁架应正对实验台外面（即重心向里），不要歪斜。若铁架歪斜，重心不一致，装置就不稳。然后将球形冷凝管的下端正对烧瓶口并用铁夹垂直固定于烧瓶上方，再放松铁夹，将冷凝管放下，使磨口塞塞紧后，再将铁夹稍旋紧，固定好冷凝管，使铁夹位于冷凝管中部偏上一些。用合适的橡皮管连接冷凝水，进水口在下方，出水口在上方。

拆卸装置的顺序则与安装顺序相反。拆卸前，应先停止加热，移走加热源，待稍微冷却后，先取下产物，然后再逐个拆卸。拆冷凝管时注意不要将水洒到热源上。

总之，仪器装置要求做到正确、严密、整齐和稳妥。全套仪器装置横平竖直，横看一平面，纵看一直线，无论从正面或侧面观察，其中心轴线应在同一平面内且与实验台边沿平行，平整端正，牢固美观。

# 实验 2-2　无水乙醇的制备

## 一、实验目的

1. 掌握实验室制备无水乙醇的方法。
2. 熟练掌握回流、蒸馏操作。

## 二、实验原理

$$CaO + H_2O \longrightarrow Ca(OH)_2$$

## 三、实验仪器与试剂

**1. 仪器**

250mL 电热套，250mL 圆底烧瓶，球形冷凝管，干燥管，蒸馏头，温度计及套管，直形冷凝管，温度计，铁架台，真空尾接管和锥形瓶等。

**2. 试剂**

乙醇（95%）、生石灰（CaO）、粒状 $CaCl_2$。

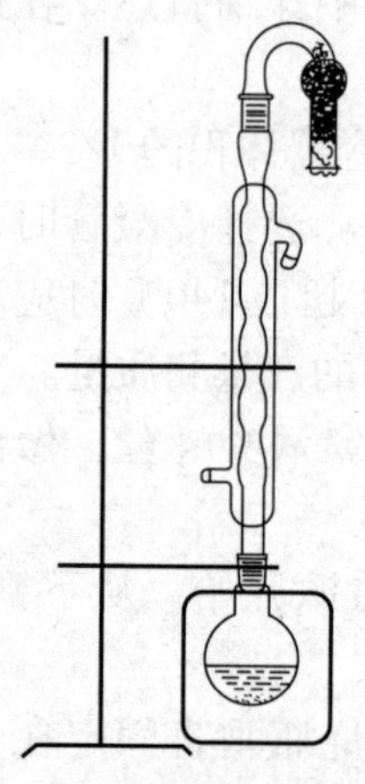

图 2-4　带有干燥管的回流装置

## 四、实验内容

**1. 加药品**

将 100mL 95% 乙醇、15g 生石灰装入 250mL 圆底烧瓶，摇匀后加少许沸石，以十字夹和万能夹或烧瓶夹固定在铁架台上。

**2. 回流**

在圆底烧瓶加上球形冷凝管，装配好回流装置，在冷凝管上端接一氯化钙干燥管防止空气中的水分进入反应装置。

**3. 蒸馏**

打开热源水浴锅，缓慢加热至开始回流。2 小时回流结束后，待反应体系稍冷，将其改装成蒸馏装置。用电热套小火加热蒸馏出无水乙醇。用量筒计量得到的无水乙醇，计算乙醇的收率。

结果记录：

## 五、注意事项

1. 蒸馏时加入沸石，防止暴沸。

2. 蒸馏开始时，应缓慢加热，使烧瓶内的物料缓慢升温。当温度计的温度达到乙醇的沸点时（78℃），再收集馏出液。

## 六、思考题

1. 蒸馏操作和回流操作都应注意哪些问题？
2. 蒸馏与回流时，加入沸石的目的是什么？
3. 如果想制备绝对乙醇应该怎么办？

# 实验 2－3 乙酸乙酯的合成

## 一、实验目的

1. 了解并掌握乙酸乙酯的制备方法。
2. 掌握蒸馏及分液漏斗的使用方法。

## 二、实验原理

本实验采用乙酸与乙醇为原料，在浓硫酸催化下，加热而制得乙酸乙酯。

$$CH_3COOH + C_2H_5OH \longrightarrow CH_3COOC_2H_5 + H_2O$$

增高温度或使用催化剂可加快酯化反应速率，使反应在较短的时间内达到平衡。酯化反应是一可逆反应，当反应达到平衡后，酯的生成量就不再增加，为了提高酯的产量，可采用加过量的乙醇，并利用乙酸乙酯易挥发的特性，使它生成后立即从反应混合物中蒸出，用脱水剂把生成物之一的水不断吸收除去，破坏可逆平衡，使产量增高。

## 三、实验仪器与试剂

**1. 仪器**

100mL 电热套，100mL 圆底烧瓶，蒸馏头，回流冷凝管，直形冷凝管，温度计及套管，尾接管，接收器锥形瓶，铁架台（两个），十字夹，万能夹，分液漏斗。

**2. 试剂**

冰乙酸，95% 乙醇，浓硫酸，沸石，饱和碳酸钠，饱和食盐水，饱和氯化钙，无水硫酸镁。

## 四、实验内容

在 100mL 圆底烧瓶中，加入 15mL 冰醋酸和 23mL 95% 乙醇，在振摇下滴入 7.5mL 浓硫酸充分摇匀，加几颗沸石，装上回流冷凝管，在水浴上加热回流 30 分钟。稍冷后，改成蒸馏装置，水浴上蒸馏，蒸至不再有蒸出物为止。往馏出液中加饱和碳酸钠溶液，充分摇匀，有机相呈碱性或中性。用分液漏斗分去水相，有机相加等体积的饱和食盐水洗一次，再用等体积的饱和氯化钙溶液洗一次，分出有机相，用无水硫酸钠干燥。干燥后的粗产品滤至干燥的蒸馏烧瓶中，加几颗沸石，于水浴上蒸馏，收集73℃～78℃馏分，产量约13.1～15.6g。

结果记录：

## 五、注意事项

1. 加浓硫酸时要滴加并振摇，防止炭化。
2. 加饱和碳酸钠溶液可洗去残留的酸性物质。
3. 用50%的氯化钙洗去混在酯中的乙醇。

## 六、思考题

1. 酯化反应有什么特点？本实验采取哪些措施使酯化反应尽量向正方向进行？
2. 本实验可能有哪些副反应？生成哪些副产物？乙酸乙酯粗品有哪些杂质？如何除去？
3. 酯化反应中用作催化剂的硫酸，一般只需醇重量的3%就够了，本实验为什么用了7.5mL？

# 实验2－4　环己烯的制备

## 一、实验目的

1. 熟悉醇酸催化制备烯烃反应原理，掌握环己烯的制备方法。
2. 学习分馏操作。复习分液漏斗的使用。

## 二、实验原理

$$\text{环己醇 (OH)} \xrightarrow{H_2SO_4} \text{环己烯} + H_2O$$

## 三、实验仪器与试剂

**1. 仪器**

圆底烧瓶，刺型分馏柱，蒸馏装置，冷水浴。

**2. 试剂**

环己烯，浓硫酸，氯化钠，无水氯化钙，5%碳酸钠。

## 四、实验内容

**1. 制备粗产物**

在50mL干燥的圆底烧瓶中，放入21.4mL环已烯、1mL浓硫酸和几粒沸石，充分振摇使混合均匀。烧瓶上装一刺型分馏柱作分馏装置，接上冷凝管，用锥形瓶作接受器，外用冰水冷却。

将烧瓶在石棉网上用小火慢慢加热，控制加热速度使分馏柱上端的温度不要超过90℃，馏出液为带水的共沸物。当烧瓶中只剩下很少量的残渣并出现阵阵白雾时，即可停止蒸馏。全部蒸馏时间约需1小时。

**2. 分离干燥**

将蒸馏液用氯化钠饱和，然后加入3～4mL 5%碳酸钠溶液中和微量的酸。将此液体倒入小分液漏斗中，振摇后静置分层。将下层水溶液自漏斗下端放出，上层粗产物自漏斗上口倒入干燥的小锥形瓶中，加入1～2g无水氯化钙小颗粒干燥。

**3. 蒸馏纯化**

将干燥后的产物滤入干燥的蒸馏瓶中，加入沸石后用水浴加热蒸馏。收集80℃～85℃的馏分于已称重的干燥小锥形瓶中。产量7～8g。

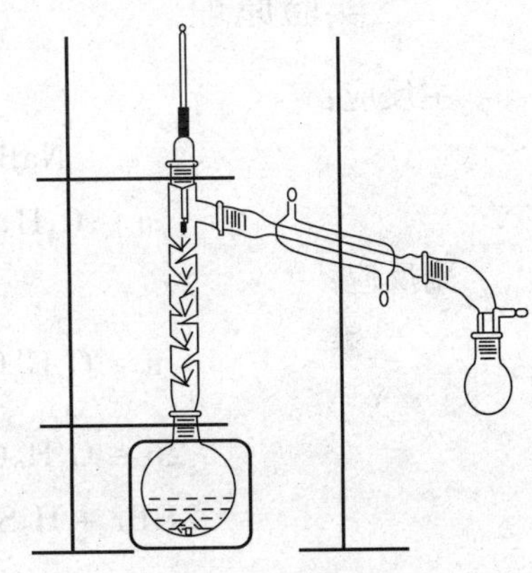

图2-5 分馏装置

结果记录：

## 五、注意事项

1. 环已醇在常温下是黏稠液体，因而若用量筒量取时应注意转移中的损失，环已烯与硫酸应充分混合，否则在加热过程中可能会局部炭化。

2. 由于反应中环已烯与水形成共沸物（沸点70.8℃，含水10%），环已醇与环已烯形成共沸物（沸点64.9℃，含环已醇30.5%），环已醇与水形成共沸物（沸点97.8℃，含水80%），因此在加热时温度不可过高，蒸馏速度不宜太快，以减少未作用的环已醇蒸出。

3. 水层应尽可能分离完全，否则将增加无水氯化钙的用量，使产物更多地被干燥剂吸附而招致损失。这里用无水氯化钙干燥较适合，因它还可除去少量环已醇。

4. 在蒸馏已干燥的产物时，蒸馏所用仪器都应充分干燥。

| | 分子量 | 密度（$g/cm^3$） | 沸点（℃） | 溶解度（g/100mL） | 共沸点（℃） |
|---|---|---|---|---|---|
| 环已醇 | 100 | 0.96 | 161.1 | 3.6 | 97.8℃，含水80% |
| 环已烯 | 82 | 0.81 | 82.98 | 不溶 | 70.8℃，含水10% |

# 实验 2-5　正溴丁烷的合成

## 一、实验目的

1. 学习以溴化钠、浓硫酸和正丁醇为原料制正溴丁烷的方法与原理。
2. 练习带有吸收有害气体装置的回流和加热操作。

## 二、实验原理

主反应：

$$NaBr + H_2SO_4 \longrightarrow HBr + NaHSO_4$$

$$n-C_4H_9OH + HBr \rightleftharpoons n-C_4H_9Br + H_2O$$

副反应：

$$n-C_4H_9OH \xrightarrow{H_2SO_4} CH_3CH_2CH=CH_2 + H_2O$$

$$2n-C_4H_9OH \xrightarrow{H_2SO_4} C_4H_9OC_4H_9 + H_2O$$

$$2HBr + H_2SO_4 \longrightarrow Br_2 + SO_2 + 2H_2O$$

## 三、实验仪器与试剂

**1. 仪器**

250mL 电加热套，100mL 圆底烧瓶，球形冷凝管，蒸馏头，直形冷凝管，接尾管，导气管，玻璃漏斗，20mL 量筒，250mL 烧杯，75°弯管，分液漏斗，50mL 锥形瓶，200℃温度计及套管。

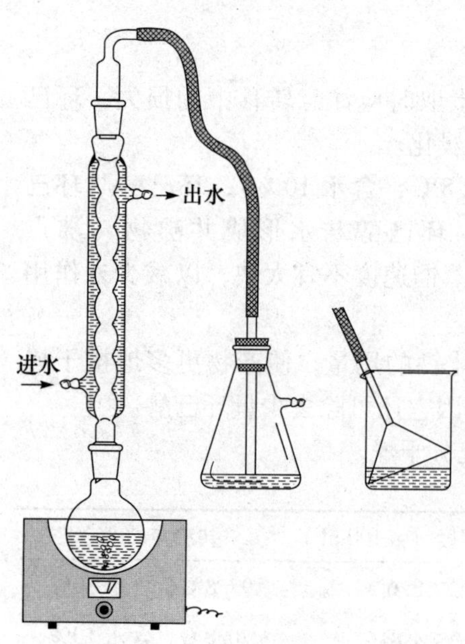

图 2-6　带有气体吸收装置的回流装置

**2. 试剂**

浓 $H_2SO_4$，$n-C_4H_9OH$，NaBr，饱和 $NaHCO_3$ 溶液。

## 四、实验内容

在 100mL 圆底烧瓶中加入 10mL 水和 10mL 浓硫酸，混合均匀后冷至室温。加入 10mL 正丁醇及 10g 溴化钠，振摇后，加入几粒沸石，装上回流冷凝管，冷凝管上端接一溴化氢吸收装置，使漏斗口单侧刚好接触水面，漏斗口切勿全部浸入水中，以免因 HBr 极易溶于水中而造成倒吸，用 5% 氢氧化钠溶液作吸收剂。

将烧瓶在石棉网上小火加热回流 1 小时，回流过程中不断摇动烧瓶，以使反应物充分接触。

反应完毕，稍冷却后改为蒸馏装置，蒸出正溴丁烷粗品，至馏出液清亮为止。

用毛细滴管将馏出液移入分液漏斗中，加入 10mL 水洗涤，分去水层，有机相转入另一干燥的分液漏斗中，用 5mL 浓硫酸洗涤一次，分出硫酸层。有机层再依次用水、饱和碳酸氢钠溶液及水各 10mL 洗涤一次呈中性后，分出正溴丁烷有机层于干燥的锥形瓶中，用无水氯化钙干燥后蒸馏，收集 99℃～103℃的馏分。称量，计算产率。

结果记录：

## 五、注意事项

1. 加浓硫酸时要少量多次，边加边冷却，彻底冷却后加溴化钠。
2. 回流时要用小火，注意溴化氢吸收装置，玻璃漏斗不要浸入水中，防止倒吸。
3. 洗涤时注意顺序，哪一层是产品要分清，分液要彻底。
4. 最后蒸馏时仪器要干燥，不得将干燥剂倒入蒸馏瓶内。

# 实验 2-6　呋喃甲醇和呋喃甲酸的制备

## 一、实验目的

1. 了解坎尼查罗反应，熟悉呋喃甲醇和呋喃甲酸的制备原理及方法。
2. 掌握分离、纯化呋喃甲醇和呋喃甲酸的方法。

## 二、实验原理

不含 α 活泼氢的醛类与浓的强碱溶液作用，可发生自身氧化还原反应，一分子的醛被氧化为酸，另一分子的醛被还原为醇，此反应称为坎尼查罗反应。

## 三、实验仪器与试剂

**1. 仪器**

250mL 烧杯，100mL 烧杯，滴液漏斗，分液漏斗，布式漏斗，普通漏斗，滤纸，圆底烧瓶，蒸馏头，200℃温度计及套管，直型冷凝管，空气冷凝管，水浴锅，电热套。

**2. 试剂**

氢氧化钠，乙醚，无水硫酸镁。

## 四、实验内容

**1. 制备**

在 250mL 烧杯中，加入新蒸的呋喃甲醛 19g（约 16.4mL，0.2mol），将烧杯浸入冰水中冷却至 5℃左右，从滴液漏斗缓缓滴入 16mL 33% 氢氧化钠溶液，边滴边搅拌，控制滴加速度使反应温度保持在 8℃～12℃，用 20～30 分钟将氢氧化钠滴完，于室温下静置半小时，并经搅拌得一黄色浆状物。

**2. 分离呋喃甲醇**

向反应混合物中加入约 18mL 的水使沉淀溶解，此时溶液呈暗褐色。将溶液倒入分液漏斗中，每次用 15mL 乙醚萃取 4 次，合并乙醚萃取液（水层不可弃去!）。用无水硫酸镁或无水碳酸钾干燥，过滤后先水浴蒸去乙醚，再蒸馏呋喃甲醇，收集 169℃ ~ 172℃的馏分。产量约 7 ~ 8g。

纯呋喃甲醇为无色或略带淡黄色的透明液体，沸点 171℃，密度 1.1269，折光率 1.4868。

**3. 分离呋喃甲酸**

乙醚萃取后的水溶液在搅拌下用 25% 的盐酸约 18 ~ 20mL 酸化，至刚果红试纸变蓝。冷却，使呋喃甲酸完全析出，抽滤，晶体用少量水洗涤，得粗产品。

粗产品用水重结晶，然后干燥，得呋喃甲酸白色针状晶体，熔点 129℃ ~ 130℃，产品重约 8g。

呋喃甲酸的熔点为 133℃ ~ 134℃。

本实验需 6 ~ 8 小时。

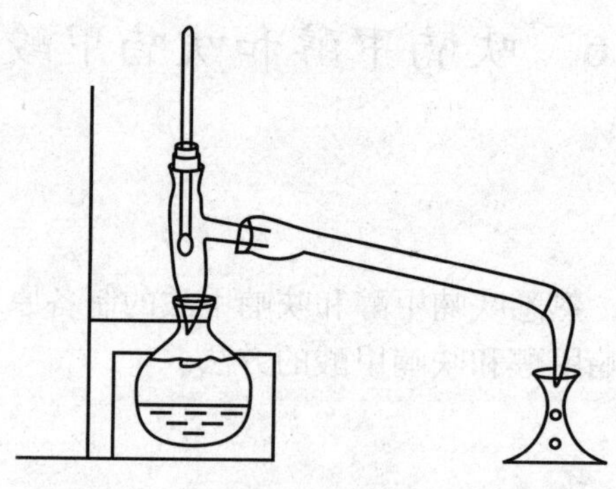

图 2 - 7　使用空气冷凝管的蒸馏装置

结果记录：

## 五、注意事项

1. 呋喃甲醛放久会变成棕褐色或黑色，同时也有水分。因此使用前必须蒸馏提纯。
2. 反应温度要控制在 8℃ ~ 12℃。
3. 加完氢氧化钠后，若反应液已变黏稠，就可以不再搅拌。
4. 加水过多会损失一部分产品。
5. 酸要加够，保证 pH = 3，使呋喃甲酸充分游离出来。

## 六、思考题

1. 重结晶实验中为什么要使用活性炭？
2. 实验中使用盐酸的目的是什么？

# 实验 2-7　手工肥皂的设计制备

## 一、实验目的

综合有机化学醇、羧酸、酯等章节相关知识，采用酯化、水解、成模等综合知识和实验环节，由学生自主设计制备具有特殊外观和功能的手工肥皂。

## 二、实验原理

油脂→碱性水解→皂化→个性化设计→成模。

## 三、实验内容

1. 合成路线按油脂→碱性水解→皂化→个性化设计→成模的顺序进行。
2. 准确写明反应步骤，包括油脂水解条件选择与控制，皂化成模等个性特征的体现。
3. 精确列出所需仪器、药品，画出相关反应装置图。如电动或磁力搅拌装置，恒温水浴锅，以及辅料香精、色素等。

## 四、注意事项

明确实验注意事项。

## 五、书面打印材料

采用标准的合成制备设计性实验报告模式。
设计思路与结果记录：

# 实验 2-8　苯亚甲基苯乙酮的制备

## 一、实验目的

1. 了解羟醛缩合反应原理和方法。
2. 掌握反应温度控制方法，巩固滴液漏斗、搅拌器的使用。
3. 掌握产物重结晶的方法。

## 二、实验原理

$$C_6H_5CHO + CH_3COC_6H_5 \xrightarrow{NaOH} C_6H_5CHOHCH_2COC_6H_5 \xrightarrow{-H_2O} C_6H_5CH{=}CHCOC_6H_5$$

## 三、实验仪器与试剂

**1. 仪器**

搅拌器，温度计，滴液漏斗，三颈瓶，布式漏斗。

**2. 试剂**

10%氢氧化钠溶液，95%乙醇，苯乙酮，苯甲醛。

## 四、实验内容

在装有搅拌器、温度计和滴液漏斗的100mL三颈瓶中放置12.5mL 10%氢氧化钠溶液、7.5mL乙醇和3mL苯乙酮（3.085g，0.025mol），在搅拌下自滴液漏斗中滴加2.5mL苯甲醛（2.625g，0.025mol），控制滴加速度使反应温度维持在20℃~30℃，必要时用冷水浴冷却。滴完后维持此温度继续搅拌半小时，再在室温下搅拌1~1.5小时，有晶体析出。停止搅拌，用冰水浴冷却10~15分钟使结晶完全。

抽滤收集产物，用水充分洗涤至洗出液呈中性，然后用约5mL冷乙醇洗涤晶体，挤压抽干。粗产品用95%乙醇重结晶（每克粗品需4~5mL溶剂，若颜色较深可加少量活性炭脱色），得浅黄色片状结晶3~3.5g，收率57.7%~67.3%，产品熔点56℃~57℃。

结果记录：

## 五、注意事项

1. 反应温度以25℃~30℃为宜，偏高则副产物较多，过低则产物发黏，不易过滤和洗涤。

2. 一般室温搅拌1小时后即有晶体析出，若无晶体，可加入少许苯亚甲基苯乙酮成品，以促使结晶较快析出。

3. 苯亚甲基苯乙酮熔点较低，溶液回流时会呈熔融油状物，需加溶剂使之真正溶解。本品可能引起某些人皮肤过敏，故操作时慎勿触及皮肤。

4. 纯粹的苯亚甲基苯乙酮有几种不同的晶体形态，其熔点分别为：α体58℃~59℃（片状），β体56℃~57℃，γ体48℃。

## 六、思考题

是否可以使用紫外核磁等方法检测生成的晶体产物，如何测定？

# 实验2-9　甲基橙的制备

## 一、实验目的

1. 了解通过重氮偶联反应制备甲基橙的方法。

2. 进一步掌握过滤、重结晶等操作。

## 二、实验原理

$$H_2N-C_6H_4-SO_3H + NaOH \longrightarrow H_2N-C_6H_4-SO_3Na + H_2O$$

$$H_2N-C_6H_4-SO_3Na \xrightarrow[HCl]{NaNO_2} [HO_3S-C_6H_4-\overset{+}{N}\equiv N]\ Cl^-$$

$$\xrightarrow[HOAc]{C_6H_5N(CH_3)_2} [HO_3S-C_6H_4-N=N-C_6H_4-N(CH_3)_2(H)]^+\ OAc^-$$

$$\xrightarrow{NaOH} NaO_3S-C_6H_4-N=N-C_6H_4-N(CH_3)_2 + NaOAc + H_2O$$

## 三、实验仪器与试剂

**1. 仪器**

烧杯，试管，温度计，减压过滤装置，冰盐浴。

**2. 试剂**

对氨基苯磺酸晶体，亚硝酸钠，N,N－二甲基苯胺，浓盐酸，氢氧化钠（5%），乙醇，乙醚，冰醋酸，淀粉－碘化钾试纸。

## 四、实验内容

**1. 重氮盐的制备**

在烧杯中放置2.1g磨细的对氨基苯磺酸和10mL 5%氢氧化钠溶液，在冰盐浴中冷却至0℃左右，然后加入0.8g磨细的亚硝酸钠，不断搅拌，直到对氨基苯磺酸全溶为止。在不断搅拌下，将3mL浓盐酸与10mL水配成的溶液缓缓滴加到上述混合溶液中，并控制温度在5℃以下。滴加完后用淀粉－碘化钾试纸检验。然后在冰盐浴中放置15分钟以保证反应完全。

**2. 偶合反应**

在试管内混合1.2g N,N－二甲基苯胺和1mL冰醋酸，在不断搅拌下，将此溶液慢慢加到上述冷却的重氮盐溶液中。加完后，继续搅拌10分钟，然后慢慢加入25mL 5%氢氧化钠溶液，直至反应物变为橙色，这时反应液呈碱性，粗制的甲基橙呈细粒状沉淀析出。将反应物在沸水浴上加热5分钟，冷至室温后，再在冰水浴中冷却，使甲基橙晶体析出完全。抽滤收集结晶，依次用少量水、乙醇、乙醚洗涤，压干。

若要得到较纯产品，可用溶有少量氢氧化钠（约0.1~0.2g）的沸水（每克粗产物约需25mL）进行重结晶。待结晶析出完全后，抽滤收集，沉淀依次用少量乙醇、乙醚洗涤，得到橙色小叶片状甲基橙结晶。

**3. 颜色反应**

溶解少许甲基橙于水中，加几滴稀盐酸溶液，接着用稀的氢氧化钠溶液中和，观察颜色变化。

结果记录：

## 五、注意事项

1. 对氨基苯磺酸是两性化合物，酸性比碱性强，以酸性内盐存在，所以它能与碱作用成盐而不能与酸作用成盐。

2. 若试纸不显蓝色，则需补充亚硝酸钠。

3. 在冰盐浴中放置往往析出对氨基苯磺酸的重氮盐。这是因为重氮盐在水中可以电离，形成中性内盐（$^{-}O_3S-C_6H_4-\overset{+}{N}\equiv N$），在低温时难溶于水而形成细小晶体析出。

4. 若反应物中含有未作用的 N,N－二甲基苯胺醋酸盐，加入氢氧化钠后，就会有难溶于水的 N,N－二甲基苯胺析出，影响产物的纯度。湿的甲基橙在空气中受光照射后，颜色很快变深，所以一般得紫红色粗产物。

5. 重结晶操作应迅速，否则由于产物呈碱性，在温度高时易使产物变质，颜色变深。用乙醇、乙醚洗涤的目的是使其迅速干燥。

## 六、思考题

1. 什么叫偶联反应？试结合本实验讨论一下偶联反应的条件。

2. 试解释甲基橙在酸碱介质中的变色原因，并用反应式表示。

# 实验 2－10　鸡蛋黄中卵磷脂的提取

## 一、实验目的

1. 学习从蛋黄中提取卵磷脂的原理和实验方法。

2. 进一步掌握抽滤等基本操作。

## 二、实验原理

卵磷脂（磷脂酰胆碱）是典型的甘油酯类，由甘油与脂肪酸和磷酰胆碱结合而成。卵磷脂存在于动物的各种组织细胞中，蛋黄中含量较高，约 8%。可根据它溶于乙醇、氯仿而不溶于丙酮的性质，从蛋黄中分离得到。卵磷脂可在碱性溶液中加热水解，得到甘油、脂肪酸、磷酸和胆碱，可从水解液中检查出这些组分。

## 三、实验仪器与试剂

**1. 仪器**

研钵，布氏漏斗，蒸发皿。

**2. 药品**

熟鸡蛋黄，20%氢氧化钠溶液，硫酸，95%乙醇20mL，氯仿5mL，丙酮15mL。

**3. 其他**

棉花。

## 四、实验内容

取熟鸡蛋蛋黄一只，于研钵中研细，先加入10mL 95%乙醇研磨，再加入10mL 95%乙醇充分研磨，减压过滤（应盖满漏斗）。布氏漏斗上的滤渣经充分挤压滤干后，移入研钵中，再加10mL 95%乙醇研磨，减压过滤，滤干后，合并二次滤液，如浑浊可再过滤一次，将澄清滤液移入蒸发皿内。将蒸发皿置于沸水浴上蒸去乙醇至干，得到黄色油状物。冷却后，加入5mL氯仿，搅拌使油状物完全溶解。在搅拌下慢慢加入15mL丙酮，即有卵磷脂析出，搅动使其尽量析出（溶液倒入回收瓶内）。

本实验需3~4小时。

结果记录：

## 五、注意事项

第一次减压过滤，因刚析出的醇中不溶物很细以及有少许水分，滤出物浑浊，放置后继续有沉淀析出，需合并滤液后，以原布氏漏斗（不换滤纸）反复滤清。

# 第三章 化学分析实验

## 实验3-1 重量法测定芒硝中硫酸钠的含量

### 一、实验目的

1. 熟悉分析化学实验室规则和安全守则，了解分析化学实验课的基本要求。
2. 掌握沉淀、过滤、洗涤及灼烧等沉淀重量法的基本操作技术。
3. 了解形成良好晶形沉淀的条件。

### 二、实验原理

在 HCl 酸性溶液中，以 $BaCl_2$ 做沉淀剂使硫酸盐成 $BaSO_4$ 晶形沉淀析出，经过滤、洗涤、干燥、灼烧后称定 $BaSO_4$ 质量，从而计算硫酸钠的含量。

### 三、实验仪器与试药

**1. 仪器**

分析天平，烧杯，量筒，漏斗，漏斗架，玻璃棒，洗瓶，坩埚，坩埚钳，水浴锅，干燥器，马弗炉。

**2. 试药**

芒硝试样，$BaCl_2$ 溶液（5%），HCl 溶液（$2mol \cdot L^{-1}$），$AgNO_3$ 溶液（$0.1mol \cdot L^{-1}$），稀 $HNO_3$（$6mol \cdot L^{-1}$）。

### 四、实验内容

精密称定芒硝试样约 0.4g，置于烧杯中，加蒸馏水 200mL 使溶解，加 HCl 溶液 2mL，加热至近沸，不断搅拌下缓慢加入 $BaCl_2$ 溶液（1 秒约 1 滴），直至不再形成沉淀（约 15 ~ 20mL），放置过夜或置水浴上加热 30 分钟，静止 1 小时（陈化）。用无灰滤纸以倾斜法过滤，将沉淀转移至滤纸上，再用蒸馏水洗涤沉淀至不再显 $Cl^-$ 反应（用 $AgNO_3$的稀 $HNO_3$ 溶液检查）。将沉淀干燥后转移至恒重的坩埚中，灰化、灼烧至恒重，精密称定。按照下式计算硫酸钠含量。

$$Na_2SO_4\% = \frac{m \times M_{Na_2SO_4}}{W_{样} \times M_{BaSO_4}} \times 100\% \qquad (M_{Na_2SO_4} = 142.0g \cdot mol^{-1}, M_{BaSO_4} = 233.4g \cdot mol^{-1})$$

式中 $m$ 为 $BaSO_4$ 称量形式质量（g）。

## 五、实验结果与记录

**表 3－1　重量法测定芒硝实验数据表**

| 芒硝试样质量（g） | 坩埚质量（g） | 灼烧后质量 $m_1$（g） | 灼烧后质量 $m_2$（g） | $BaSO_4$ 质量（g） | $Na_2SO_4$ 含量（%） |
|---|---|---|---|---|---|
| | | | | | |

## 六、注意事项

1. 为了控制晶形沉淀的条件，除试液应稀释加热外，沉淀剂 $BaCl_2$ 也可加水稀释加热。

2. 检查试液中有无 $Cl^-$ 的方法为：用小试管收集 1～2mL 滤液，加入 1 滴 $HNO_3$ 酸化，再加入两滴 $AgNO_3$ 溶液，若无白色浑浊产生，则表示 $Cl^-$ 已洗涤干净。

3. 坩埚放入马弗炉前，应用滤纸吸去其底部及周围的水，以免坩埚骤然受热而炸裂。

## 七、思考题

1. 结合实验说明形成晶形沉淀的条件有哪些？

2. 加入 2mL HCl 溶液的作用是什么？

3. 实验中通过哪个步骤检查沉淀是否完全？又在哪个步骤检查洗涤是否完全？为什么？

# 实验 3－2　滴定分析与基本操作

## 一、实验目的

1. 通过看录像和教师讲解，熟悉常用滴定分析仪器的使用方法和容量器皿的校正方法。

2. 熟悉常用仪器的洗涤和干燥方法。

## 二、实验原理

### （一）常用仪器及试剂

**1. 玻璃器皿的洗涤**

（1）要求：内外壁被水均匀润湿而不挂水珠。

① 烧杯、量筒、锥形瓶、量杯等，用毛刷蘸去污粉（由碳酸钠、白土、细沙等混

合而成）或合成洗涤剂刷洗，自来水洗净，再用蒸馏水润洗（本着“少量、多次”的原则）3 次。

② 滴定管、移液管、吸量管、容量瓶等，有精确刻度的用 0.2% ~0.5% 的合成洗涤液或铬酸洗液浸泡几分钟（铬酸洗液收回），再用自来水洗净，最后蒸馏水润洗 3 次。

③ 光度分析用的比色皿，由光学玻璃或石英制成，可用热的 $HCl - CH_3CH_2OH$ 浸泡，然后用自来水洗净，最后用去离子水洗净。

（2）常用洗涤剂

① 铬酸洗液（$K_2Cr_2O_7 - H_2SO_4$）：10g $K_2Cr_2O_7$ 加 20mL 水，加热搅拌溶解，冷却，然后慢慢加入 200mL 浓硫酸，贮存于玻璃瓶中。具有强酸性、强氧化性，对有机物、油污等的去污能力特别强。

有效：暗红色　　　　失效：绿色

② 合成洗涤剂，稀 HCl，$NaOH - KMnO_4$，乙醇 - 稀 HCl，NaOH/乙醇溶液（去有机物效果较好）等。

**2. 玻璃仪器的干燥**

（1）空气晾干：又称风干，靠空气流通干燥。

（2）烤干：将仪器外壁擦干后用小火烘烤（不停转动仪器，使其受热均匀）。适用于试管、烧杯、蒸发皿等仪器的干燥。

（3）烘干：将仪器放在金属托盘上置于烘箱中，控制温度在 105℃左右烘干。但不能用于精密度高的容量仪器的烘干。

（4）吹干：用电吹风吹干。

**3. 分析用水**

蒸馏水、去离子水、石英亚沸蒸馏水、去离子后又蒸馏的水。

**4. 化学试剂规格**

IUPAC 分五级：A、B、C、D、E。

我国规定试剂规格如下表：

**表 3 -2　试剂规格**

| 试剂级别 | 中文名称 | 英文名称 | 标签颜色 | 用途 |
|---|---|---|---|---|
| 一级试剂 | 优级纯 | GR | 深绿色 | 精密分析实验 |
| 二级试剂 | 分析纯 | AR | 红色 | 一般分析实验 |
| 三级试剂 | 化学纯 | CR | 蓝色 | 一般化学实验 |
| 生化试剂 | | BR | 咖啡色 | 生化实验 |

此外还有用于特殊用途的化学试剂如光谱纯试剂、色谱纯试剂。

## （二）滴定分析仪器与基本操作

**1. 滴定管**

酸式：装酸性、中性、氧化性物质，如 HCl、$AgNO_3$、$KMnO_4$、$K_2Cr_2O_7$。

碱式：装碱性、非氧化性物质，如 NaOH、$Na_2S_2O_3$。

容量：100mL、50mL、25mL、10mL、1mL。

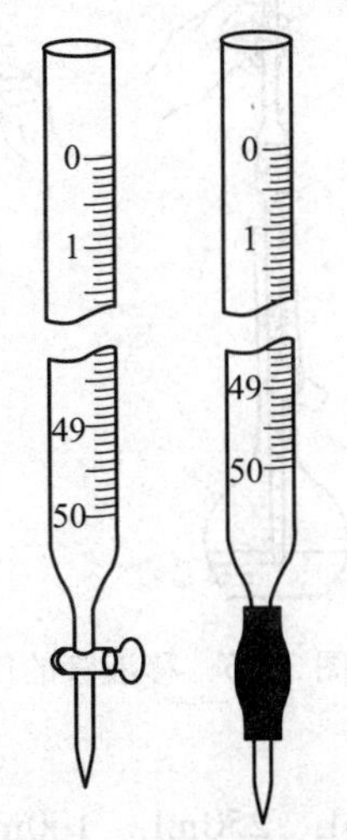

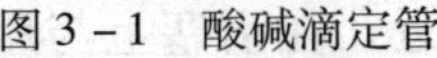

图 3-1　酸碱滴定管

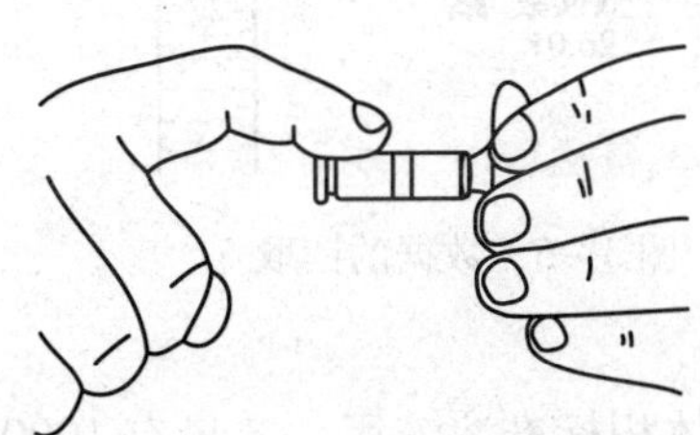

图 3-2　凡士林的涂法

（1）检查：检查酸式滴定管活塞转动是否灵活、是否漏水。按照操作规范涂凡士林。检查碱式滴定管胶管是否老化、是否漏水。如果老化漏水及时更换胶管或玻璃珠。

（2）洗涤：先用自来水洗净，然后用洗涤液清洗，再用自来水冲洗干净，最后用蒸馏水冲洗 3 次。

（3）装滴定剂：先摇匀溶液，用配制好的溶液润洗滴定管 3 次，每次 10～15mL。然后装溶液（弯液面在零刻度以上）。

（4）调零：排出滴定管下端的气泡，调零。

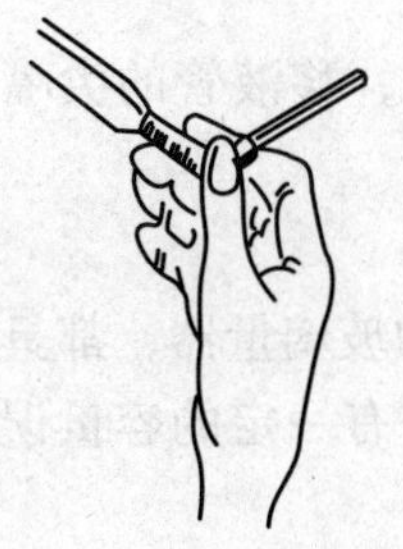

图 3-3　气泡的排法

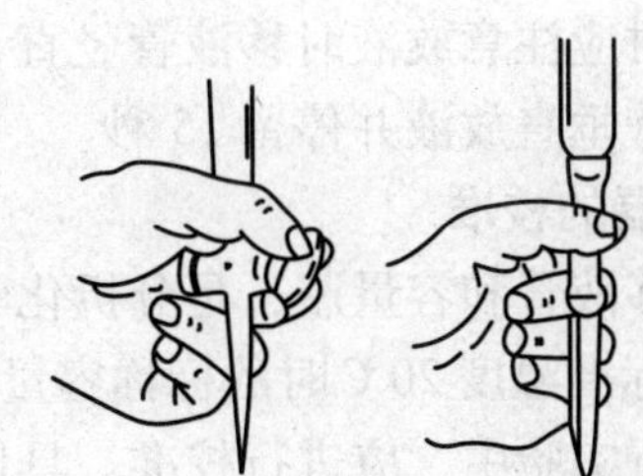

图 3-4　酸、碱滴定管的使用方法

（5）滴定：对于酸式滴定管注意勿顶活塞，在滴定过程中要防止从活塞处漏液，并练习用手腕摇动锥形瓶。对于碱式滴定管注意挤压玻璃珠偏上部位，防止产生气泡。近终点时，要“半滴”操作，并用蒸馏水冲洗锥形瓶内壁。

（6）观察颜色变化和读数：滴定管垂直，视线与刻度平行，读至小数点后两位。

（7）结束：用后将废液排出，用自来水清洗干净。酸式滴定管如要长期放置，应在活塞位置夹上纸片。

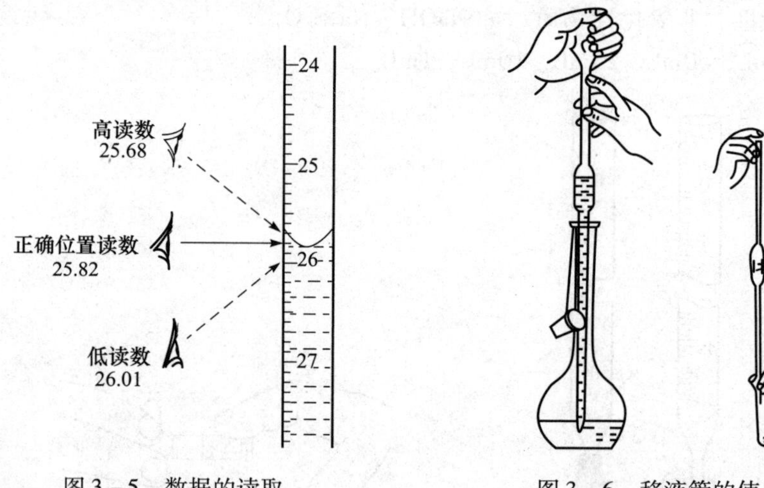


图 3-5 数据的读取　　图 3-6 移液管的使用

**2. 容量瓶**

配制一定体积标准溶液用。容量有 1000mL、500mL、250mL、100mL、50mL 等。

首先检查活塞处是否漏水，刻度线离瓶口是否太近，在活塞上与瓶颈处系橡皮筋，防止打碎活塞。

配好溶液后贴上标签。如果溶液需长期保存应放在试剂瓶中。长期保存的试剂应在活塞与瓶口处放置纸片。

**3. 移液管、吸量管**

用于准确移取一定体积的溶液的量器。移液管的容量有 25mL、20mL、10mL、5mL、2mL、1mL 等。

移液管的洗涤应先用自来水清洗，然后用洗涤液清洗，再用自来水洗涤，再用蒸馏水洗，最后润洗 2~3 次。

移取溶液时应注意放液时移液管竖直，容器倾斜 30°，移液管的尖嘴部位靠在容器内壁上，沿器壁垂直放液并停留 15 秒。

**4. 容量仪器的校准**

滴定管、移液管和容量瓶，是分析化学实验中常用的玻璃量器，都具有刻度和标称容量（称为在标准温度 20℃时的标称容量）。其产品允许有一定的容量误差。在准确度要求较高的分析实验中，应进行校准。具体方法如下：

（1）称量法：用被校量器量入或量出一定体积的纯水，用分析天平称量其质量为 $m$（盛纯水的容器事先应晾干并称量），再根据纯水的密度，计算出被校量器的实际容量。

要考虑以下三方面的影响：①空气浮力使质量改变；②水的密度随温度而改变；③玻璃容器本身的容积随温度而改变。

注意：①校正时务必要正确、仔细，尽量减小校正误差；②校正次数≥2 次，取其平均值作为校正值。要求两次校准数据的偏差不超过该量器允许的误差。

（2）相对校准法：只要求两种容器之间有一定的比例关系，而无需知道它们的各自准确体积时，用相对校准法。如配套使用的移液管和容量瓶。

方法：如用 25mL 移液管移取蒸馏水于干净且晾干的 100mL 容量瓶中，到第四次重复操作后，观察瓶颈处水的弯月面下缘是否仍然刚好与刻线上缘相切。若不相切，应重新作一记号作为标线。

## 三、实验仪器与试剂

**1. 仪器**

分析化学实验常用仪器一套。

**2. 试剂**

$K_2Cr_2O_7$（s），$H_2SO_4$（浓），NaOH（s），去污粉，丙酮，无水乙醇，乙醚。

## 四、实验内容

1. 按仪器清单认领分析化学实验所需要的仪器，熟悉其名称和规格。检查并维护好酸碱滴定管、容量瓶等。

2. 洗涤已领取的仪器。

## 五、注意事项

1. 从此次实验开始，每次实验结束前，应将称量瓶洗干净，开盖放在培养皿中晾干，为下次实验做准备。

2. 强调进实验室要注意安全，讲究卫生。

## 六、思考题

在进行滴定管的校准以及移液管和容量瓶相对校准时，所用的锥形瓶和容量瓶是否都需要事先干燥？滴定管和移液管需要吗？

# 实验 3-3　酸碱滴定法测定混合碱溶液各组分的含量

## 一、实验目的

掌握用双指示剂法测定混合碱溶液中 NaOH 和 $Na_2CO_3$ 含量的测定原理和方法。

## 二、实验原理

NaOH 和 $Na_2CO_3$ 混合溶液中各组分含量测定可采用双指示剂法，用酚酞及甲基橙分别指示终点，先加入酚酞，用 HCl 标准溶液滴定至酚酞红色消失时，指示 $Na_2CO_3$ 第一个计量点到达，$Na_2CO_3$ 全部生成 $NaHCO_3$，即只滴定了一半，NaOH 全部被滴定。

$$Na_2CO_3 + HCl = NaHCO_3 + NaCl \qquad (pH = 8.3)$$

$$NaOH + HCl = NaCl + H_2O \qquad (pH = 7.0)$$

设此时用去 HCl 的体积为 $V_1$ mL。然后再加入甲基橙指示剂，用 HCl 标准溶液继续滴定至甲基橙由黄色转变为橙红色时，指示 $Na_2CO_3$ 第二个计量点的到达，$NaHCO_3$ 全

部生成 $H_2CO_3$。

$$NaHCO_3 + HCl \xlongequal{} NaCl + H_2CO_3 \qquad (pH = 3.9)$$

设共用去 HCl 的体积为 $V_2$mL，则可由（$2V_1 - V_2$）计算 NaOH 含量，由 $2(V_2 - V_1)$ 计算 $Na_2CO_3$ 的含量。

## 三、试样与试药

混合碱液试样：将 3g $Na_2CO_3$ 和 2g NaOH 用水溶解后稀释至 1000mL。

0.1mol·$L^{-1}$ HCl 标准溶液；0.1% 甲基橙指示剂；0.2% 酚酞乙醇溶液。

## 四、实验内容

### 1. HCl 溶液的标定

准确称取 1.5～2.0g 无水碳酸钠，置于小烧杯中溶解，定量转移至 250mL 容量瓶中，定容。准确移取 25.00mL 该溶液至锥形瓶内，加水 30mL，滴加 2 滴甲基橙指示剂，然后用盐酸溶液滴定至溶液由黄色变为橙色，煮沸 2 分钟，冷却至室温，继续滴定至溶液出现橙色即为终点，由碳酸钠的质量及实际消耗的盐酸体积计算 HCl 溶液的浓度。

### 2. 混合碱含量的测定

精密移取 25mL 混合试样溶液于 250mL 锥形瓶中，加 25mL 蒸馏水，2 滴酚酞指示剂，用 0.1mol·$L^{-1}$ HCl 标准溶液滴定溶液由红色刚消失为第一个终点，记录消耗的 HCl 体积 $V_1$。随后向滴定溶液加入 2 滴甲基橙指示剂，溶液应为黄色，继续用 HCl 滴定至溶液刚显橙色，煮沸 2 分钟，冷却至室温，继续滴定至溶液出现橙色为第二终点，记录消耗的 HCl 体积 $V_2$。

$$Na_2CO_3(g \cdot L^{-1}) = \frac{C_{HCl} \times 2(V_2 - V_1) \times M_{Na_2CO_3}}{25 \times 2}$$

$$NaOH(g \cdot L^{-1}) = \frac{C_{HCl} \times (2V_1 - V_2) \times M_{NaOH}}{25}$$

## 五、实验结果与记录

**表 3－3　混合碱含量测定数据**

| | 第一次 | 第二次 | 第三次 |
|---|---|---|---|
| 无水碳酸钠质量（g） | | | |
| 标定盐酸体积（mL） | | | |
| 盐酸浓度（mol·$L^{-1}$） | | | |
| 滴定混合碱体积（mL） | $V_1$ =<br>$V_2$ = | $V_1$ =<br>$V_2$ = | $V_1$ =<br>$V_2$ = |
| 混合碱含量（g·$L^{-1}$） | | | |

## 六、注意事项

试液中含有大量的 $OH^-$，滴定前不应久置空气中，否则容易吸收 $CO_2$，使 NaOH 的量减少，而 $Na_2CO_3$ 的量增多。

## 七、思考题

用盐酸滴定甲基橙变橙色后为什么还要煮沸、冷却、继续滴定至橙色为终点?

# 实验 3-4 沉淀滴定法测定可溶性氯化物中氯的含量

## 一、实验目的

1. 掌握莫尔法测定氯离子的方法原理。
2. 掌握铬酸钾指示剂的正确使用方法。

## 二、实验原理

某些可溶性氯化物中氯含量的测定常采用莫尔法。此法是在中性或弱碱性溶液中,以 $K_2CrO_4$ 为指示剂,用 $AgNO_3$ 标准溶液进行滴定。由于 AgCl 的溶解度比 $Ag_2CrO_4$ 的小,因此溶液中首先析出 AgCl 沉淀,当 AgCl 定量析出后,过量一滴 $AgNO_3$ 溶液即与 $CrO_4^{2-}$ 生成砖红色 $Ag_2CrO_4$ 沉淀,表示达到终点。主要反应式如下:

$$Ag^+ + Cl^- = AgCl\downarrow\text{(白色)} \quad K_{sp} = 1.8\times10^{-10}$$

$$2Ag^+ + CrO_4^{2-} = Ag_2CrO_4\downarrow\text{(砖红色)} \quad K_{sp} = 2.0\times10^{-12}$$

滴定必须在中性或在弱碱性溶液中进行,最适 pH 范围为 6.5~10.5,如有铵盐存在,溶液的 pH 值范围最好控制在 6.5~7.2 之间。

指示剂的用量对滴定有影响,一般以 $5.0\times10^{-3}$ mol·L$^{-1}$ 为宜,凡是能与 $Ag^+$ 生成难溶化合物或配合物的阴离子都干扰测定。如 $AsO_4^{3-}$、$AsO_3^{3-}$、$S^{2-}$、$CO_3^{2-}$、$C_2O_4^{2-}$ 等,其中 $H_2S$ 可加热煮沸除去,将 $SO_3^{2-}$ 氧化成 $SO_4^{2-}$ 后不再干扰测定。大量 $Cu^{2+}$、$Ni^{2+}$、$Co^{2+}$ 等有色离子将影响终点的观察。凡是能与 $CrO_4^{2-}$ 指示剂生成难溶化合物的阳离子也干扰测定,如 $Ba^{2+}$、$Pb^{2+}$ 能与 $CrO_4^{2-}$ 分别生成 $BaCrO_4$ 和 $PbCrO_4$ 沉淀。$Ba^{2+}$ 的干扰可加入过量 $Na_2S_2O_4$ 消除。

$Al^{3+}$、$Fe^{3+}$、$Bi^{3+}$、$Sn^{4+}$ 等高价金属离子在中性或弱碱性溶液中易水解产生沉淀,都可能干扰测定,也不应存在。

## 三、实验试样与试药

NaCl 试样;NaCl 基准试剂;0.1mol·L$^{-1}$ $AgNO_3$ 溶液;5% $K_2CrO_4$ 溶液。

## 四、实验内容

**1. 0.1mol·L$^{-1}$ $AgNO_3$ 溶液的标定**

准确称取 0.5~0.65g 基准 NaCl 置于小烧杯中,用蒸馏水溶解后,转入 100mL 容量瓶中,加水稀释至刻度,摇匀。准确移取 25.00mL NaCl 标准溶液注入锥形瓶中,加入 25mL 水,加入 1mL 5% $K_2CrO_4$,在不断摇动下,用 $AgNO_3$ 溶液滴定至呈现砖红色即为终点。

**2. 试样分析**

准确称取 1. 3g NaCl 试样置于烧杯中，加水溶解后，转入 250mL 容量瓶中，用水稀释至刻度，摇匀。准确移取 25. 00mL NaCl 试液注入锥形瓶中，加入 25mL 水，加入 1mL 5% $K_2CrO_4$，在不断摇动下，用 $AgNO_3$ 溶液滴定至呈现砖红色即为终点，平行测定三份。根据试样的重量和滴定中消耗 $AgNO_3$ 标准溶液的体积计算试样中 $Cl^-$ 的含量，计算出平均偏差及相对平均偏差。

## 五、实验结果与记录

**表 3－4　硝酸银溶液的标定数据记录表**

| 平行测定 | $C_{NaCl}$ | $V_{AgNO_3}$（mL） | $C_{AgNO_3}$（$mol \cdot L^{-1}$） | $C_{AgNO_3}$（平均） |
|---|---|---|---|---|
| 第一次 | | | | |
| 第二次 | | | | |
| 第三次 | | | | |

**表 3－5　氯化物中氯的测定数据记录表**

| 平行测定 | 样品质量（g） | 试液用量（mL） | 滴定剂用量（mL） | 氯的含量（%） | 平均值（%） |
|---|---|---|---|---|---|
| 第一次 | | | | | |
| 第二次 | | | | | |
| 第三次 | | | | | |

## 六、注意事项

1. 适宜的 pH 为 6. 5 ~ 10. 5。

2. $AgNO_3$ 需保存在棕色瓶中，勿使 $AgNO_3$ 与皮肤接触。

## 七、思考题

1. 莫尔法测定氯时，为什么溶液的 pH 值需要控制在 6. 5 ~ 10. 5?

2. 以 $K_2Cr_2O_7$ 作指示剂时，指示剂浓度过大或过小对测定结果有何影响?

3. 用莫尔法测定“酸性光亮镀铜液”（主要成分为 $CuSO_4$ 和 $H_2SO_4$）中氯含量时，试液应做哪些预处理?

4. 能否用莫尔法以 NaCl 标准溶液直接滴定 $Ag^+$? 为什么?

5. 配制好的 $AgNO_3$ 溶液要贮于棕色瓶中，并置于暗处，为什么?

# 实验 3－5　配位滴定法测定中药明矾的含量

## 一、实验目的

1. 了解 EDTA 标准溶液的配制与标定方法。

2. 了解金属指示剂的变色原理及注意事项，学会使用铬黑 T 及二甲酚橙指示剂判断终点。

3. 了解 EDTA 测定铝盐的特点，掌握配位滴定法中剩余量滴定法的原理、操作及计算。

## 二、实验原理

1. EDTA 标准溶液常用乙二胺四乙酸二钠盐（$M = 372.24\text{g} \cdot \text{mol}^{-1}$）配制。乙二胺四乙酸二钠是白色结晶粉末，因不易得纯品，标准溶液用间接法配制。以氧化锌基准物质标定其浓度，在 pH = 10 的条件下用铬黑 T 作指示剂，溶液由紫色变为纯蓝色为终点。

滴定前：$Zn^{2+} + HIn^{2-} \rightleftharpoons ZnIn^{-} + H^{+}$

纯蓝色　　紫红色

滴定中：$Zn^{2+} + H_2Y^{2-} \rightleftharpoons ZnY^{2-} + 2H^{+}$

终点时：$ZnIn^{-} + H_2Y^{2-} \rightleftharpoons ZnY^{2-} + HIn^{2-} + H^{+}$

紫红色　　　　　　　　纯蓝色

2. 中药明矾主要含 $KAl(SO_4)_2 \cdot 12H_2O$，一般测定其组成中铝的含量，再换算成硫酸铝钾的含量。

$Al^{3+}$ 能与 EDTA 形成比较稳定的配合物，但反应速度较慢，因此采用剩余量回滴法，即准确加入过量的 EDTA 标准溶液，加热使反应完全：

$$Al^{3+} + H_2Y^{2-} \rightleftharpoons AlY^{-} + 2H^{+}$$

过量

再用 $Zn^{2+}$ 标准溶液滴定剩余的 EDTA：

$$H_2Y^{2-} + Zn^{2+} \rightleftharpoons ZnY^{2-} + 2H^{+}$$

剩余量

回滴时以二甲酚橙为指示剂，在 pH < 6.3 条件下滴定，终点时溶液由黄色变成红紫色。

$$Zn^{2+} + XO \rightleftharpoons Zn-XO$$

黄色　　红紫色

## 三、实验试剂与试药

铬黑 T 指示剂：称取铬黑 T 0.1g 与研细的干燥 NaCl 10g 混匀，将固体混合物保存于干燥器中，用时挑取少许即可。

ZnO 基准试剂：800℃灼烧至恒重。

氨 - 氯化铵缓冲溶液（pH = 10）：取 20g $NH_4Cl$ 溶于少许蒸馏水中，加入 100mL 浓氨水，用水稀释至 1000mL。

氨试液：取浓氨水 4mL 加水稀释到 100mL。

$0.05\text{mol} \cdot \text{L}^{-1}$ EDTA 标准溶液；$0.05\text{mol} \cdot \text{L}^{-1}$ $ZnSO_4$ 标准溶液；中药明矾；0.2% 二甲酚橙溶液；乌洛托品（AR）。

## 四、实验内容

**1. 0.05mol · L⁻¹ EDTA 标准溶液的配制**

称取 EDTA－2Na · $2H_2O$ 9.5g，加 100mL 蒸馏水温热溶解，稀释至 500mL，摇匀贮存于聚乙烯瓶中。

**2. EDTA 溶液的标定**

精密称取已在 800℃灼烧至恒重的基准 ZnO 约 1.2g，加稀 HCl 10mL 使溶解，定量转移至 250mL 容量瓶中，加水稀释至刻度，摇匀。用移液管移取 25.00mL 至锥形瓶中，加入甲基红指示剂（0.2%的乙醇溶液）1 滴，滴加氨试液使溶液呈微黄色，再加蒸馏水 25mL，$NH_3 \cdot H_2O - NH_4Cl$ 缓冲溶液 10mL 和铬黑 T 指示剂约 0.1g，用 EDTA 标准溶液滴定至溶液由紫红色变为蓝色为终点。平行测定三次。

$$C_{EDTA} = \frac{m_{ZnO} \times 1000}{V_{EDTA} M_{ZnO}} \quad (M_{ZnO} = 81.38g \cdot mol^{-1})$$

**3. 中药明矾的测定**

精密称定明矾约 1.5～1.6g，置于 50mL 烧杯中，用适量水溶解，定量转移至 250mL 容量瓶中，稀释至刻度，摇匀。用移液管吸取 25.00mL 于 250mL 锥形瓶中，准确加入 0.05mol · L⁻¹ EDTA 标准溶液 25.00mL，在沸水浴中加热 5 分钟，冷至室温，加水 50mL、乌洛托品 5g 及 2 滴二甲酚橙指示剂，用 0.05mol · L⁻¹ $ZnSO_4$ 标准溶液滴定至溶液由黄色变为橙色即达终点，计算明矾含量。

## 五、实验结果与记录

**表 3－6　EDTA 的标定数据记录表**

| | 第一次 | 第二次 | 第三次 |
|---|---|---|---|
| $V_{EDTA}$（mL） | | | |
| $C_{EDTA}$（mol · L⁻¹） | | | |

**表 3－7　测定明矾的数据记录表**

| | 第一次 | 第二次 | 第三次 |
|---|---|---|---|
| 明矾质量（g） | | | |
| $V_{ZnSO4}$（mL） | | | |
| 明矾含量（%） | | | |

## 六、注意事项

1. 贮存 EDTA 溶液应选用聚乙烯瓶或硬质玻璃瓶，以免 EDTA 与玻璃中的金属离子作用。

2. 滴加氨试剂至溶液呈微黄色，应边加边摇，加多了会生成 $Zn(OH)_2$ 沉淀，此时应用稀盐酸调回至沉淀刚溶解。

3. 样品溶于水后，会缓慢水解呈混浊，加入过量 EDTA 溶液加热后，即可溶解，故不影响测定。

4. 加热促进 $Al^{3+}$ 与 EDTA 的配位反应加速，一般在沸水浴中加热 3 分钟反应程度可达99%，为使反应完全，加热 10 分钟。

5. 在 $pH<6$ 时，游离二甲酚橙呈黄色，滴定至终点时，微过量的 $Zn^{2+}$ 与部分二甲酚橙配合呈红紫色，黄色与红紫色组成橙色。

6. 在滴定溶液中加入乌洛托品控制酸度 pH 5～6，因 $pH<4$ 时，配合不完全，$pH>7$ 时，生成 $Al(OH)_3$ 沉淀。

## 七、思考题

1. 本实验为何要加 $NH_3 \cdot H_2O-NH_4Cl$ 缓冲溶液?

2. 为什么常将铬黑 T 配成固体混合剂，而不用其水溶液?

3. 用 EDTA 测定铝盐含量允许的最低 pH 值为多少? 还可以采用何种试剂控制酸度? 能用铬黑 T 做指示剂吗?

# 实验 3－6　氧化还原滴定法测定胆矾中硫酸铜的含量

## 一、实验目的

1. 掌握置换碘量法测定铜盐含量的原理和方法。

2. 进一步掌握碘量法操作。

## 二、实验原理

在弱酸性溶液中，$Cu^{2+}$ 与过量 KI 作用，析出等量的 $I_2$:

$$2Cu^{2+}+4I^- = 2CuI\downarrow + I_2$$

$$n_{Cu^{2+}} : n_{I_2} = 2:1$$

生成 $I_2$ 的量，决定于试样中 $Cu^{2+}$ 的含量，析出的 $I_2$ 以淀粉为指示剂，用 $Na_2S_2O_3$ 标准溶液滴定:

$$I_2+2S_2O_3^{2-} = 2I^-+S_4O_6^{2-}$$

$$n_{I_2} : n_{S_2O_3^{2-}} = 1:2$$

故

$$n_{Cu^{2+}} : n_{S_2O_3^{2-}} = 1:1$$

## 三、实验试样与试药

$Na_2S_2O_3$ 标准溶液，KI（AR），胆矾，醋酸（AR，36%～37%，$g \cdot g^{-1}$），淀粉指示液（0.5%），10%硫氰化钾。

## 四、实验内容

精密称定胆矾试样 5g，溶解后定量转移至 250mL 容量瓶中，加水稀释至刻度，摇匀。用移液管移取溶液 25mL 置于碘量瓶中，加入醋酸 4mL、碘化钾 2g 立即密塞摇匀，放置阴暗处 5 分钟使其充分反应。用 $Na_2S_2O_3$ 标准溶液滴定，滴定至黄色时加入淀粉指示液 2mL，继续滴定至淡蓝色时，加入 10% 硫氰化钾溶液 5mL，摇匀，此时溶液蓝色变深，再用 $Na_2S_2O_3$ 标准溶液继续滴定至蓝色消失，平行测定三次。

$$CuSO_4 \cdot 5H_2O\% = \frac{C_{Na_2S_2O_3} V_{Na_2S_2O_3} M_{CuSO_4 \cdot 5H_2O}}{S \times 1000} \times 100\%$$

$$(M_{CuSO_4 \cdot 5H_2O} = 249.71 g \cdot mol^{-1})$$

## 五、实验结果与记录

**表 3－8　测定胆矾的数据记录表**

| | 第一次 | 第二次 | 第三次 |
|---|---|---|---|
| 胆矾质量（g） | | | |
| $V_{Na_2SO_3}$（mL） | | | |
| 胆矾含量（%） | | | |

## 六、注意事项

1. 为了防止铜盐水解，需加醋酸成微酸性。

2. 反应中生成的 CuI 沉淀吸附 $I_2$，使终点难观察而影响结果的准确度，若在近终点时加入硫氰化钾或硫氰化铵，使 CuI 转变成溶解度更小的 CuSCN 沉淀，使原来吸附在 CuI 沉淀上的 $I_2$ 释放出来，从而使反应完全，终点易观察。

## 七、思考题

1. 本实验为什么在弱酸性溶液中进行？能否在强酸性（或碱性）溶液中进行？

2. 滴定 $CuSO_4 \cdot 5H_2O$ 时，为什么不能过早加入淀粉溶液？

# 实验 3－7　食盐的成分分析

## 一、实验目的

1. 掌握测定食盐中氯离子及主要杂质成分的分析方法及原理。

2. 熟练掌握滴定分析及重量分析中的有关基本操作。

3. 复习巩固相关的理论知识，提高分析问题、解决问题的能力。

## 二、分析方法

**1. 水分的测定——烘干失重法**

（1）实验原理：试样于 140℃ ±2℃ 干燥至恒重，计算减量。

（2）仪器、设备

① 烘箱，能调节称量瓶底部达到 140℃ ±2℃。

② 低型称量瓶（60mm×30mm）。

（3）实验内容：称取10g粉碎至2mm以下均匀样品，称准至0.001g，置于已在140℃±2℃恒重的称量瓶中，斜开称量瓶盖放入烘箱内的搪瓷盘里，升温至140℃干燥2小时，盖上称量瓶盖，取出，移入干燥器中，冷却至室温称量，以后每次干燥1小时称量，直至两次称量质量之差不超过0.0003g视为恒重。

注：第一次称量后平面摇动称量瓶内试样，击碎样品表层结块，混匀样品。

（4）计算公式：140℃时水分含量按下式计算。

$$w_{水分} = \left(\frac{m_1 - m_2}{m} - M \times 0.004\right) \times 100\%$$

式中：$w_{水分}$——水分的质量分数,%；

$m_1$——灼烧前坩埚加样品质量，g；

$m_2$——灼烧后坩埚加样品质量，g；

$m$——称取样品质量，g。

（5）允许差：取平行测定结果的算术平均值为测定结果。（见表3-9）

**表3-9　烘干失重法测水分含量的允许差**

| 水分% | 允许差% |
|---|---|
| <1.00 | 0.10 |
| 1.00～<4.00 | 0.20 |

**2. 水分的测定——灼烧法**

（1）实验原理：试样在600℃灼烧失重，校正总水分中分解的氯化镁，计算水分含量。

（2）仪器、设备

① 高温炉，能调节600℃±20℃。

② 瓷坩埚［60mm×60mm（配一内盖）］。

（3）实验内容：称取3g粉碎至2mm以下均匀样品，称准至0.001g，置于已在600℃±20℃恒重的瓷坩埚中，盖上内部和外面的盖子，在高温炉中逐渐升温至600℃±20℃灼烧1小时，取出，在瓷板上冷却5～6分钟，放入干燥器，冷却至室温准确称量。

（4）计算公式：水分含量按下式计算。

$$w_{水分} = \left(\frac{m_1 - m_2}{m} - M \times 0.004\right) \times 100\%$$

式中：$w_{水分}$——水分的质量分数,%；

$m_1$——灼烧前坩埚加样品质量，g；

$m_2$——灼烧后坩埚加样品质量，g；

$m$——称取样品质量，g；

$M$——样品中氯化镁质量分数；

0.004——灼烧中氯化镁（$MgCl_2$）分解为氧化镁（MgO）的系数。

（5）允许差：取平行测定结果的算术平均值为测定结果。（见表 3－10）

**表 3－10 灼烧法水分含量的允许差**

| 水分% | 允许差% |
|---|---|
| <1.00 | 0.10 |
| 1.00～<5.00 | 0.20 |
| ≥5.00 | 0.30 |

注：水分含量大于 4% 的样品必须用灼烧法测定。

**3. 水不溶物的测定**

（1）实验原理：试样溶于水，用玻璃坩埚抽滤，残渣经干燥称量，测定不溶物含量。

（2）仪器、设备

① $P_{40}$（或 $P_{16}$）玻璃坩埚。

② 烘箱，能调节玻璃坩埚底部达到 110℃ ±2℃。

（3）实验内容：称取 10g 粉碎至 2mm 以下均匀试样（精制盐称 50g），称准至 0.001g，置于 400mL 烧杯中，加 150mL 水（精制盐加 250mL），在不断搅拌下加热近沸至样品全部溶解，静置温热 10 分钟，用已于 110℃ ±2℃恒重的垫有定量滤纸的 $P_{40}$（或 $P_{16}$）玻璃坩埚抽滤，倾泻溶液，洗涤不溶物 2～3 次，然后将不溶物全部转入坩埚中，并洗涤至滤液中无氯离子（硝酸介质中硝酸银检验）。冲洗坩埚外壁，将坩埚置于烘箱中搪瓷盘内，升温至 110℃ ±2℃干燥 1 小时，取出移入干燥器中，冷却至室温称量，以后每次干燥 0.5 小时称量，直至两次称量质量之差不超过 0.0002g 视为恒重。

（4）计算公式：水不溶物含量按下式计算。

$$w_{水不溶物} = \left(\frac{m_1 - m_2}{m}\right) \times 100\%$$

式中：$w_{水不溶物}$——水不溶物的质量分数，%；

$m_1$——玻璃坩埚加水不溶物质量，g；

$m_2$——玻璃坩埚质量，g；

$m$——称取样品质量，g。

（5）允许差：取平行测定结果的算术平均值为测定结果。（见表 3－11）

**表 3－11 水不溶物的允许差**

| 水不溶物% | 允许差% |
|---|---|
| <0.15 | 0.01 |
| 0.15～0.30 | 0.02 |
| 0.30～0.50 | 0.03 |

**4. 氯离子的测定——银量法**

（1）实验原理：样品溶液调至中性，以铬酸钾作指示剂，用硝酸银标准溶液滴定测定氯离子。

（2）仪器与试药

① 测定氯离子用的容量瓶、滴定管和移液管必须预先经过校正。

② $C_{NaCl}=0.1mol\cdot L^{-1}$ 氯化钠（GB 1253）标准溶液。称取 2.9222g 磨细并在 500℃～600℃灼烧至恒重的氯化钠基准物，称准至 0.0001g，溶于不含氯离子的水中，移入 500mL 容量瓶中，加水稀释至刻度，摇匀。

③ $C_{AgNO_3}=0.1mol\cdot L^{-1}$ 硝酸银（GB 670）标准溶液。

配制：称取 85g 硝酸银，溶于 5L 水中，混合均匀后贮于棕色瓶内备用（如有浑浊，过滤）。

标定：吸取 25.00mL 氯化钠标准溶液，置于 150mL 烧杯中，按下述（3）实验步骤进行滴定，同时做空白试验校正。

计算：硝酸银标准溶液对氯离子的滴定度按下式计算。

$$T_{Cl^-/AgNO_3}=\frac{m\times\frac{25}{500}\times 0.6066}{V-V_0}$$

式中：$T_{Cl^-/AgNO_3}$——硝酸银标准溶液对氯离子的滴定度，$mg\cdot mL^{-1}$；

$m$——称取氯化钠的质量，mg；

$V$——硝酸银标准溶液用量，mL；

$V_0$——空白试验硝酸银标准溶液用量，mL；

0.6066——氯化钠转换为氯离子的系数。

④ 铬酸钾指示剂（HG3－918）$100g\cdot L^{-1}$溶液。称取 10g 铬酸钾溶于 100mL 水中，搅拌下滴加硝酸银溶液至呈现红棕色沉淀，过滤后使用。

（3）实验内容：称取 25g 粉碎至 2mm 以下的均匀样品（食盐），称准至 0.001g，置于 400mL 烧杯中，加 200mL 水，加热近沸至样品全部溶解，冷却后移入 500mL 容量瓶，加水稀释至刻度，摇匀（必要时过滤）。从中吸取 25.00mL 于 250mL 容量瓶，加水稀释至刻度，摇匀，再吸取 25.00mL（含 60～70mg），置于 250mL 锥形瓶中，加 4 滴铬酸钾指示液，用 $0.1mol\cdot L^{-1}$ 硝酸银标准溶液滴定，直至呈现稳定的淡橘红色悬浊液，同时做空白试验校正。

（4）计算公式：氯离子含量按下式计算。

$$w_{Cl^-}=\frac{(V-V_0)\times T_{Cl^-/AgNO_3}}{m\times\frac{25}{500}\times\frac{25}{250}}\times 100\%$$

式中：$w_{Cl^-}$——$Cl^-$的质量分数，%；

$V$——硝酸银标准溶液用量，mL；

$V_0$——空白试验硝酸银标准溶液用量，mL；

$T_{Cl^-/AgNO_3}$——硝酸银标准溶液对氯离子的滴定度，$mg\cdot mL^{-1}$；

$m$——称取样品的质量，mg。

（5）允许差：取平行测定结果的算术平均值为测定结果。（见表 3－12）

表 3－12　银量法氯离子含量的允许差

| 氯离子% | 允许差% |
|---|---|
| 34.00～47.00 | 0.10 |
| >47.00 | 0.13 |

**5. 氯离子的测定——汞量法**

（1）实验原理：样品调至酸性，以二苯偶氮碳酰肼为指示剂，用强电离的硝酸汞标准溶液滴定，溶液中氯离子转为弱电离氯化汞，过量汞离子与指示剂生成紫红色配合物指示终点，测定氯离子。

（2）仪器与试药

① 测定氯离子用的容量瓶、滴定管和移液管必须预先经过校正。

② $C_{NaCl}=0.1mol\cdot L^{-1}$ 氯化钠（GB 1253）标准溶液。称取 2.9222g 磨细并在 500℃～600℃灼烧至恒重的氯化钠基准物，称准至 0.0001g，溶于不含氯离子的水中，移入 500mL 容量瓶中，加水稀释至刻度，摇匀。

③ $C[Hg(NO_3)_2\cdot H_2O]=0.1mol\cdot L^{-1}$ 硝酸汞 $[Hg(NO_3)_2\cdot H_2O]$ 标准溶液。

配制：称取 85.65g 硝酸汞，置于烧杯中，加 35mL 硝酸（1∶1），加水溶解后稀释至 5L，混匀，贮于棕色瓶中备用（如有浑浊，滤过）。

标定：吸取 25.00mL 氯化钠标准溶液，置于 250mL 锥形瓶中，按下述（3）实验步骤进行滴定。同时做空白试验校正。

计算：硝酸汞标准溶液对氯离子的滴定度按下式计算。

$$T_{Cl^-/HgNO_3}=\frac{m\times\frac{25}{500}\times 0.6066}{V-V_0}$$

式中：$m$——称取氯化钠的质量，mg；

$V$——硝酸银标准溶液用量，mL；

$V_0$——空白试验硝酸银标准溶液用量，mL；

0.6066——氯化钠转换为氯离子的系数。

④ 混合指示剂（乙醇溶液）。称取 0.02g 溴粉蓝和 0.5g 二苯偶氮碳酰肼，溶于 100mL 乙醇。

⑤ 硝酸（GB 626）（$1mol\cdot L^{-1}$）。

（3）实验内容：称取 25g 粉碎至 2mm 以下的均匀样品（食盐），称准至 0.001g，置于 400mL 烧杯中，加 200mL 水，加热近沸至样品全部溶解，冷却后移入 500mL 容量瓶，加水稀释至刻度，摇匀（必要时过滤）。从中吸取 2mL 于 250mL 容量瓶，加水稀释至刻度，摇匀，再吸取 25.00mL，置于 250mL 锥形瓶中，加 8 滴混合指示液，滴加 $1mol\cdot L^{-1}$ 硝酸至溶液恰呈黄色，再过量 2 滴，均匀搅拌下用 $0.1mol\cdot L^{-1}$ 硝酸汞标准溶液滴定至溶液由黄色变为紫红，同时做空白试验校正。

（4）计算公式：氯离子含量按下式计算。

$$w_{Cl^-}=\frac{(V-V_0)\times T_{Cl^-/HgNO_3}}{m\times\frac{25}{500}\times\frac{25}{250}}\times 100\%$$

式中：$w_{Cl^-}$——$Cl^-$的质量分数,%；

$V$——硝酸银标准溶液用量，mL；

$V_0$——空白试验硝酸银标准溶液用量，mL；

$T_{Cl^-/HgNO_3}$——硝酸汞标准溶液对氯离子的滴定度，$mg \cdot mL^{-1}$；

$m$——称取样品的质量，mg。

（5）允许差：取平行测定结果的算术平均值为测定结果。（见表 3－13）

**表 3－13　汞量法氯离子含量的允许差**

| 氯离子% | 允许差% |
|---|---|
| 34.00～47.00 | 0.10 |
| <47.00 | 0.13 |

**6. 镁和钙离子的测定**

（1）镁离子含量的测定

① 实验原理：样品溶液调至碱性（pH≈10），用 EDTA 标准溶液滴定，测定钙离子和镁离子的总量，然后从总量中减去钙离子量即为镁离子量。

② 仪器与试药

a. 一般实验室仪器。

b. 氨（GB 631）－氯化铵（GB 658）缓冲溶液（pH≈10）。称取 20g 氯化铵，以无二氧化碳水溶解，加入 100mL 氨水（$\rho = 0.90g \cdot mL^{-1}$），用水稀释至 1L。

c. 铬黑 T 指示剂（HGB 3086），$2g \cdot L^{-1}$溶液。称取 0.2g 铬黑 T 和 2g 盐酸羟胺（HG3－967）溶于无水乙醇中，用无水乙醇稀释至 100mL，贮于棕色瓶内。

d. 三乙醇胺。

e. $C_{Zn^{2+}} = 0.02mol \cdot L^{-1}$氧化锌（GB 1260）标准溶液。称取 0.8139g 于 800℃ ±2℃灼烧恒重的氧化锌，置于 150mL 烧杯中，用少量水润湿，滴加盐酸（1＋2）至全部溶解，移入 500mL 容量瓶，加水稀释至刻度，摇匀。

f. $C_{EDTA} = 0.02mol \cdot L^{-1}$乙二胺四乙酸二钠（EDTA）（GB 1401）标准溶液。

配制：称取 40g 二水合乙二胺四乙酸二钠，溶于不含二氧化碳水中，稀释至 5L，混匀，贮于棕色瓶中备用。

标定：吸取 20.00mL 氧化锌标准溶液，置于 250mL 锥形瓶中，加入 5mL 氨性缓冲溶液，4 滴铬黑 T 指示液，然后用 $0.02mol \cdot L^{-1}$ EDTA 标准溶液滴定至溶液由酒红色变为亮蓝色为止。

计算：EDTA 标准溶液对镁离子的滴定度按下式计算。

$$T_{Mg^{2+}/EDTA} = \frac{m \times \frac{20}{500}}{V} \times 0.2987$$

式中：$T_{Mg^{2+}/EDTA}$——EDTA 标准溶液对镁离子的滴定度，$g \cdot mL^{-1}$；

$V$——EDTA 标准溶液的用量，mL；

$m$——称取氧化锌的质量，g；

0.2987——氧化锌转换为镁离子的系数。

③ 实验内容：称取25g食盐样品，溶解后定容于500mL容量瓶中。吸取25.00mL样品溶液，置于250mL锥形瓶中，加入5mL氨性缓冲溶液，4滴铬黑T指示液，然后用0.02mol · $L^{-1}$ EDTA标准溶液滴定至溶液由酒红色变为亮蓝色为止。EDTA标准溶液用量为测定钙离子和镁离子的总用量。

④ 计算公式：镁离子含量按下式计算。

$$w_{Mg^{2+}} = \frac{(V_2 - V_1) \times T_{Mg^{2+}/EDTA}}{m \times \frac{25}{500}}$$

式中：$w_{Mg^{2+}}$——Mg的质量分数,%；

$V_1$——滴定钙离子EDTA标准溶液用量，mL；

$V_2$——滴定钙、镁离子EDTA标准溶液总用量，mL；

$T_{Mg^{2+}/EDTA}$——EDTA标准溶液对镁离子的滴定度，g · $mL^{-1}$；

$m$——称取样品质量，g。

⑤ 允许差：取平行测定结果的算术平均值为测定结果。(见表3-14)。

**表3-14 镁离子的允许差**

| 镁离子% | 允许差% | 镁离子% | 允许差% |
|---|---|---|---|
| <0.10 | 0.01 | 1.01~6.00 | 0.05 |
| 0.10~1.0 | 0.02 | 6.01~12.00 | 0.10 |

(2) 钙离子含量的测定

① 实验原理：样品溶液调至碱性（pH≈12)，用EDTA标准溶液滴定测定钙离子。

② 仪器药品

a. 一般实验室仪器。

b. 钙指示剂［2-羟基-1-(2-羟基-4-磺酸-1-萘偶氮基)-3-萘甲酸］(2%)。称取0.2g钙指示剂及10g已于110℃烘干的氯化钠，研磨混均，贮于棕色瓶中，放入干燥器内备用。

c. 氢氧化钠（2mol · $L^{-1}$）溶液。将事先配制的氢氧化钠溶液放置澄清后，取上层清液104mL，用不含二氧化碳的蒸馏水稀释至1L。

d. $C$（EDTA）=0.02mol$L^{-1}$乙二胺四乙酸二钠（EDTA）标准溶液。

配制：与镁离子测定中f同。

标定：与镁离子测定中f同。

计算：EDTA标准溶液对钙离子的滴定度，g · $mL^{-1}$。

$$T_{Ca^{2+}/EDTA} = T_{Mg^{2+}/EDTA} \times 1.649$$

式中：$T_{Ca^{2+}/EDTA}$——EDTA标准溶液对钙离子的滴定度，g · $mL^{-1}$；

$T_{Mg^{2+}/EDTA}$——EDTA标准溶液对镁离子的滴定度，g · $mL^{-1}$；

1.649——镁离子换算为钙离子的系数。

③ 实验内容：称取25g食盐样品，溶解后定容于500mL容量瓶中。吸取25.00mL，样品溶液，置于250mL锥形瓶中，加入2mL 2mol · $L^{-1}$氢氧化钠溶液和约10mg钙指示

剂，然后用0.02mol · $L^{-1}$ EDTA 标准溶液滴定至溶液由酒红色变为纯蓝色为止。

④ 计算公式：钙离子含量按下式计算。

$$w_{Ca^{2+}} = \frac{V_1 \times T_{Ca^{2+}/EDTA}}{m \times \frac{25}{500}} \times 100\%$$

式中：$w_{Ca^{2+}}$——Ca 的质量分数,%；

$V_1$——滴定钙离子 EDTA 标准溶液用量，mL；

$T_{Ca^{2+}/EDTA}$——EDTA 标准溶液对钙离子的滴定度，g · $mL^{-1}$；

$m$——称取样品质量，g。

⑤ 允许差：取平行测定结果的算术平均值为测定结果。(见表 3 – 15)。

**表 3 – 15　钙离子的允许差**

| 钙离子% | 允许差% |
| --- | --- |
| <0.10 | 0.01 |
| 0.10 ~ 1.00 | 0.02 |

**7. 碘离子的测定**

(1) 实验原理：酸性溶液中碘离子经溴氧化为碘酸根，甲酸钠除去过剩的溴。碘酸根氧化碘化钾析出碘，然后用硫代硫酸钠标准溶液滴定，测定碘离子的含量。其反应式如下：

$$I^- + 3Br_2 + 3H_2O \longrightarrow IO_3^- + 6H^+ + 6Br^-$$

$$Br_2 + 2HCOO^- + 2H_2O \longrightarrow 2CO_3^{2-} + 4H^+ + 2Br^-$$

$$IO_3^- + 5I^- + 6H^+ \longrightarrow 3I_2 + 3H_2O$$

$$I_2 + 2Na_2S_2O_3 \longrightarrow 2NaI + Na_2S_4O_6$$

(2) 仪器与试药

① 一般实验室仪器。

② $C_{\frac{1}{6}KIO_3}$ = 0.002mol · $L^{-1}$碘酸钾标准溶液。

称取 1.4267g 于 110℃ ±2℃烘至恒重的碘酸钾，加水溶解后移入 1000mL 容量瓶，稀释至刻度，摇匀。此 $KIO_3$ 溶液浓度为 0.04mol · $L^{-1}$。用水稀 20 倍，得浓度为 0.002mol · $L^{-1}$的 $KIO_3$ 标准溶液。

③ $C_{Na_2S_2O_3}$ = 0.002mol · $L^{-1}$硫代硫酸钠标准溶液。

配制：称取 5g 硫代硫酸钠，溶于 1000mL 无二氧化碳水中，贮于棕色瓶，静置一周后取上层清液 200mL 于棕色瓶中，加入 0.2g 碳酸钠溶解后，用无二氧化碳水稀释至 2000mL。

标定：吸取 10.00mL $C_{\frac{1}{6}KIO_3}$ = 0.002mol · $L^{-1}$的 $KIO_3$ 标准溶液于 250mL 碘量瓶，加 90mL 水，2mL 1mol · $L^{-1}$盐酸，摇匀后加 5mL 50g · $L^{-1}$碘化钾溶液，立即用 $C_{Na_2S_2O_3}$ = 0.002mol · $L^{-1}$硫代硫酸钠（$Na_2S_2O_3$）标准溶液滴定，至溶液呈浅黄色时，加入 5mL 5g · $L^{-1}$淀粉指示液，继续滴定至蓝色恰好消失为止。

计算：硫代硫酸钠标准溶液对碘离子滴定度按下式计算。

$$T_{I_2/Na_2S_2O_3} = \frac{C_{\frac{1}{6}KIO_3} \times V_{KIO_3} \times M_{\frac{1}{6}I^-} \times 1000}{V_{Na_2S_2O_3}}$$

式中：$T_{I_2/Na_2S_2O_3}$——硫代硫酸钠标准溶液对碘离子的滴定度，$\mu g \cdot mL^{-1}$；

$C_{\frac{1}{6}KIO_3}$——以$\frac{1}{6}KIO_3$为基本单元的$KIO_3$标准溶液的物质的量浓度，$mol \cdot L^{-1}$；

$V_{KIO_3}$——所取碘酸钾标准溶液的体积，mL；

$V_{Na_2S_2O_3}$——硫代硫酸钠标准溶液的用量，mL；

$M_{\frac{1}{6}I^-}$——$\frac{1}{6}I^-$的摩尔质量，$g \cdot mol^{-1}$。

④ 盐酸（GB 622）（$1mol \cdot L^{-1}$）溶液。

⑤ 饱和溴水。配制：取25mL试剂溴至100mL水中，充分摇匀。

⑥ 甲酸钠（HG 3－966）（$100g \cdot L^{-1}$）溶液。

⑦ 碘化钾（GB 1272）（$50g \cdot L^{-1}$）溶液（用时新配）。

⑧ 淀粉（HGB 3095）（$5g \cdot L^{-1}$）溶液（用时新配）。称取0.5g可溶性淀粉，用水调成糊状，倾入100mL沸水，搅溶后再煮沸0.5分钟，冷却备用。

（3）实验内容：称取10g均匀加碘食盐，称准至0.1g，置于250mL碘量瓶中，加100mL水溶解，加2mL $1mol \cdot L^{-1}$盐酸和2mL饱和溴水，混匀，放置5分钟，摇动下加入5mL $100g \cdot L^{-1}$甲酸钠溶液，放置5分钟后加5mL $50g \cdot L^{-1}$碘化钾溶液，静置约10分钟，用$C_{Na_2S_2O_3}$ $0.002mol \cdot L^{-1}$硫代硫酸钠标准溶液滴定，至溶液呈浅黄色时，加5mL $5g \cdot L^{-1}$淀粉指示液，继续滴定至蓝色恰好消失为止。

（4）计算公式：碘离子含量按下式计算。

$$碘离子(\mu g/g) = \frac{T_{I^-/Na_2S_2O_3} \times V}{m}$$

式中：$T_{I^-/Na_2S_2O_3}$——硫代硫酸钠标准溶液对碘离子的滴定度，$\mu g \cdot mL^{-1}$；

$V$——硫代硫酸钠标准溶液的用量，mL；

$m_{样}$——称取样品质量，g。

（5）允许差：取平行测定结果的算术平均值为测定结果。（见表3－16）

**表3－16　碘离子的允许差**

| 碘离子（μg/g） | 允许差（μg/g） |
|---|---|
| 20～50 | 2 |

**8. 硫酸根离子的测定——重量法**

（1）实验原理：样品溶液调至弱酸性，加入氯化钡溶液生成硫酸钡沉淀，沉淀经过滤、洗涤、烘干、称量，计算硫酸根含量。

（2）仪器药品

① 一般实验室仪器。

② $C_{BaCl_2} = 0.02mol \cdot L^{-1}$氯化钡溶液。配制：称取2.40g氯化钡，溶于500mL水中，室温放置24小时，使用前过滤。

③ 盐酸（GB 622）（$2mol \cdot L^{-1}$）溶液。

④ 甲基红（$2g \cdot L^{-1}$）溶液。

（3）实验内容：称取25.00g样品，溶解，转移至500mL容量瓶中，稀释至刻度。吸取100.00mL，置于400mL烧杯中，加水至150mL，加2滴甲基红指示剂，滴加$2mol \cdot L^{-1}$盐酸至溶液恰呈红色。加热至近沸，迅速加入40mL（硫酸根含量>2.5%时加入60mL）$0.02mol \cdot L^{-1}$氯化钡热溶液，剧烈搅拌2分钟，冷却至室温，再加少许氯化钡溶液检查沉淀是否完全，用预先在120℃烘至恒重的$P_{16}$玻璃坩埚抽滤，先将上层清液倾入坩埚内，用水将杯内沉淀洗涤数次，然后将杯内沉淀全部移入坩埚内，继续用水洗涤沉淀数次，至滤液中不含氯离子（硝酸介质中硝酸银检验）。以少量水冲洗坩埚外壁后，置烘箱内于120℃±2℃烘1小时后取出。在干燥器中冷却至室温，称量。以后每次烘30分钟，直至两次称量质量之差不超过0.0003g视为恒重。

（4）计算公式：硫酸根含量按下式计算。

$$w_{SO_4^{2-}} = \frac{(m_1 - m_2) \times 0.4116}{m \times \frac{100}{500}} \times 100\%$$

式中：$w_{SO_4^{2-}}$——$SO_4^{2-}$的质量分数，%；

$m_1$——玻璃坩埚加硫酸钡质量，g；

$m_2$——玻璃坩埚质量，g；

$m$——称取样品质量，g；

0.4116——硫酸钡换算为硫酸根的系数。

（5）允许差：取平行测定结果的算术平均值为测定结果。（见表3-17）

**表3-17　硫酸根离子的允许差**

| 硫酸根% | 允许差% |
|---|---|
| <0.50 | 0.03 |
| 0.50~<1.50 | 0.04 |
| 1.50~3.50 | 0.05 |

**9. 硫酸根离子的测定——容量法（EDTA配位滴定法）**

（1）实验原理：氯化钡与样品中硫酸根生成难溶的硫酸钡沉淀，过剩的钡离子用EDTA标准溶液滴定，间接测定硫酸根。

（2）仪器药品

① 一般实验室仪器。

② 氧化锌标准溶液。称取0.8139g于800℃灼烧至恒重的氧化锌，置于150mL烧杯中，用少量水润湿，滴加盐酸至全部溶解，移入500mL容量瓶，加水稀释至刻度，摇匀。

③ 氨-氯化铵缓冲溶液（pH≈10）。称取20g氯化铵，以无二氧化碳水溶解，加入100mL氨水（$\rho = 0.90g \cdot mL^{-1}$），用水稀释至1L。

④ $2g \cdot L^{-1}$的铬黑T溶液。称取0.2g铬黑T和2g盐酸羟胺，溶于无水乙醇中，用无水乙醇稀释至100mL。贮于棕色瓶内。

⑤ $C_{EDTA}=0.02mol \cdot L^{-1}$乙二胺四乙酸二钠（EDTA）标准溶液。

配制：称取40g二水合乙二胺四乙酸二钠，溶于不含二氧化碳水中，稀释至5L，混匀，贮于棕色瓶中备用。

标定：吸取20.00mL氧化锌标准溶液，置于250mL锥形瓶中，加入5mL氨性缓冲溶液，4滴铬黑T指示液，然后用$C_{EDTA}=0.02mol \cdot L^{-1}$ EDTA标准溶液滴定至溶液由酒红色变为亮蓝色为止。

计算：EDTA标准溶液对硫酸根的滴定度按下式计算。

$$T_{SO_4^{2-}/EDTA} = T_{Mg^{2+}/EDTA} \times 3.9515$$

式中：$T_{SO_4^{2-}/EDTA}$—EDTA标准溶液对$SO_4^{2-}$的滴定度，$g \cdot mL^{-1}$；

$T_{Mg^{2+}/EDTA}$—EDTA标准溶液对镁离子的滴定度，$g \cdot mL^{-1}$；

3.9515—镁离子换算为硫酸根的系数。

⑥ $C_{Mg-EDTA}=0.04mol \cdot L^{-1}$乙二胺四乙酸二钠镁（Mg－EDTA）溶液。称取17.2g乙二胺四乙酸二钠镁（四水盐），溶于1L无二氧化碳水中。

⑦ 无水乙醇。

⑧ 盐酸（GB 622）（$1mol \cdot L^{-1}$）溶液。

⑨ $C_{BaCl_2}=0.02mol \cdot L^{-1}$氯化钡溶液。

配制：同重量法测定硫酸根离子氯化钠溶液配制。

标定：吸取5.00mL氯化钡溶液，加入5mL Mg－EDTA溶液、10mL无水乙醇、5mL氨性缓冲溶液、4滴铬黑T指示液，然后用$0.02mol \cdot L^{-1}$ EDTA标准溶液滴定至溶液由酒红色变为亮蓝色，记录EDTA用量。

（3）实验内容：称取25.00g样品，溶解，转移至500mL容量瓶中，稀释至刻度。吸取25.00mL，置于250mL锥形瓶中，加1滴$1mol \cdot L^{-1}$盐酸，加入5.00mL $0.02mol \cdot L^{-1}$氯化钡溶液（硫酸根含量大于0.6%时，加入10.00mL），于搅拌机上搅拌片刻，放置5分钟，加入5mL或10mL Mg－EDTA溶液（与氯化钡量相同），10mL或15mL无水乙醇（占总体30%），5mL氨性缓冲溶液，4滴铬黑T指示液，用$0.02mol \cdot L^{-1}$ EDTA标准溶液滴定至溶液由酒红色变为亮蓝色。另取一份与测定硫酸根时相同的样品溶液，置于150mL烧杯中，加入5mL氨性缓冲溶液，4滴铬黑T指示剂，然后用$0.02mol \cdot L^{-1}$ EDTA标准溶液滴定至溶液由酒红色变为亮蓝色为止，EDTA用量为钙、镁离子消耗总量。

（4）计算公式：硫酸根含量按下式计算。

$$w_{SO_4^{2-}} = \frac{T_{SO_4^{2-}/EDTA} \cdot (V_1 + V_2 - V_3)}{m \times \frac{25}{500}} \times 100\%$$

式中：$w_{SO_4^{2-}}$——$SO_4^{2-}$的质量分数，%；

$T_{SO_4^{2-}/EDTA}$——EDTA标准溶液对硫酸根的滴定度，$g \cdot mL^{-1}$；

$V_1$——滴定5.00mL氯化钡溶液EDTA标准溶液的用量，mL；

$V_2$——滴定钙、镁离子总量EDTA标准溶液的用量，mL；

$V_3$——滴定硫酸根EDTA标准溶液的用量，mL；

$m$——称取样品质量，g。

（5）允许差：取平行测定结果的算术平均值为测定结果。（见表3-18）

**表3-18　硫酸根离子的允许差**

| 硫酸根% | 允许差% |
| --- | --- |
| <0.50 | 0.03 |
| 0.50~1.50 | 0.05 |
| 1.50~3.50 | 0.06 |

## 三、注意事项

1. 水分测定中，称量瓶盖切不可盖严，否则水分难以挥发。

2. 标定 $AgNO_3$ 标准溶液和配制铬黑T指示剂时，要用基准（或分析纯）NaCl，切不可与食盐混淆。

3. 汞量法测定中注意 $Hg(NO_3)_2$ 是一剧毒物质。

4. 注意钙指示剂的用量。

5. 测定 $SO_4^{2-}$ 时若无EDTA-Mg试剂，可用EDTA和 $MgCl_2$ 配制。

## 四、思考题

1. 烘干法测定的水分与灼烧法测定的水分相同吗？

2. 配制 $K_2CrO_4$ 指示剂时为什么要滴加 $AgNO_3$ 至红棕色？

3. 食盐中的NaCl能用其他银量法测定吗？若能，请设计相应的测定方案。

4. 用ZnO标定EDTA中，在加入缓冲溶液之前要先用氨水调节酸度，而在测定食盐中Mg含量时不用先调酸度就直接加入，为什么？

5. 碘离子测定中加入溴水的作用是什么？写出有关反应式。

6. 配位滴定法测定 $SO_4^{2-}$ 的滴定方式是哪种？为什么不用直接滴定法？

7. 比较配位滴定法和重量分析法测定 $SO_4^{2-}$ 的优缺点。

8. 配位滴定法测定 $SO_4^{2-}$ 中加入EDTA-Mg的作用是什么？

# 实验3-8　蛋壳中碳酸钙含量的测定

## 一、实验目的

1. 巩固滴定分析法的基本理论知识、基本操作技能和基本实验方法。

2. 加深掌握滴定分析法在实际中的灵活运用。

3. 进一步培养学生能够根据被测试样的性质，正确选择分析方法、设计分析方案的能力。

## 二、实验要求（设计3种方法）

1. 方法、原理（测定方法、测定条件、反应式、指示剂）。

2. 实验需用的仪器（名称、规格、数量）和试剂（规格、浓度、配制方法及标准溶液浓度的标定方法）。

3. 实验步骤（试样的称取或量取方法、实验过程各步实验条件、加入试液及现象、加入的指示剂及终点颜色变化、注意事项等）。

4. 实验记录（数据列表格，表格应有名称，表格中各项目应有相应的单位）。

5. 结果计算。

6. 问题讨论。

学生在实验前设计实验方案，交教师审阅批准后才可进行实验。要求独立完成实验，并写出完整的实验报告，交教师批阅。

## 三、内容提要

在前几章，我们已经系统学习了酸碱滴定法、配位滴定法、氧化还原滴定法和沉淀滴定法等4种滴定分析方法。本实验是在此基础上要求学生完成的设计性实验，因此学生可以从4种滴定分析方法中任意选择测定蛋壳中钙含量的方法。

一般来说，分析方法的选择原则之一就是考虑被测组分的性质，即试样是否具有酸碱性、配位性、氧化性或还原性以及是否能够生成沉淀等性质。只有充分了解了被测组分的性质，才可以正确选择测定方法。因此，学生要深入了解蛋壳试样和被测组分钙的性质，据此选择合适的方法。

## 四、实验结果与记录

# 第四章　仪器分析实验

## 实验4-1　紫外可见分光光度法检测维生素 $B_{12}$ 注射液

### 一、实验目的

1. 掌握紫外分光光度计的原理、使用方法及吸收曲线的绘制方法。
2. 掌握用紫外分光光度计进行定性和定量的分析方法。

### 二、实验原理

维生素 $B_{12}$ 是含有钴的有机化合物，为深红色结晶粉末。其注射液有每毫升含维生素 $B_{12}$ 100μg 和 500μg 两种规格，在 278nm ± 1nm、361nm ± 1nm、550nm ± 1nm 波长处有最大吸收。如图 4-1 所示：

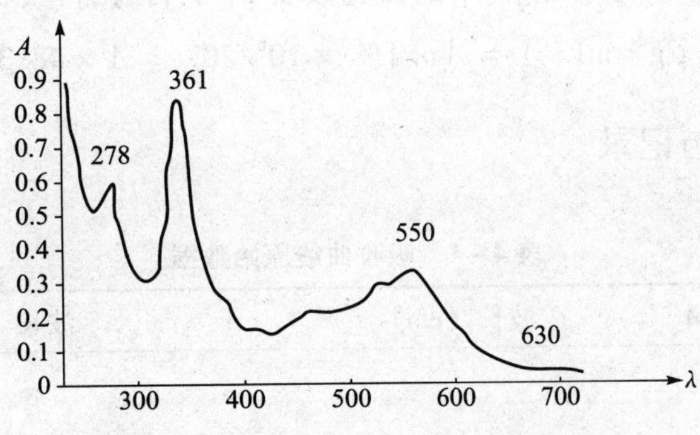


图 4-1　维生素 $B_{12}$ 的紫外吸收光谱

定性方法主要是通过观测 $B_{12}$ 注射液吸收曲线的特征——最大吸收峰的位置；两特征吸收峰的吸光度比值，是否与标准谱图该比值一致；其摩尔吸光系数。根据《中华人民共和国药典》2010 年版规定，定性标准为：

$$\frac{E_{1cm,361nm}^{1\%}}{E_{1cm,278nm}^{1\%}} = 1.70 \sim 1.88 \qquad \frac{E_{1cm,361nm}^{1\%}}{E_{1cm,550nm}^{1\%}} = 3.15 \sim 3.45$$

含量测定：根据百分吸光系数（$E_{1cm,\lambda_{max}}^{1\%}$）进行计算。

## 三、实验仪器与试药

紫外－可见分光光度计，石英比色皿（1cm），刻度移液管（10mL），量瓶（100mL）；维生素 $B_{12}$ 注射液（100μg · $mL^{-1}$ 或 500μg · $mL^{-1}$）。

## 四、实验内容

**1. 维生素 $B_{12}$ 测量溶液的制备**

用 10mL 刻度移液管准确吸取标示量为 500μg · $mL^{-1}$ 的 $B_{12}$ 注射液 6.00mL 于 100mL 量瓶中，用蒸馏水稀释至刻度，摇匀备用。此溶液 $B_{12}$ 为含量为 30μg · $mL^{-1}$。

**2. 测定试样**

（1）工作条件：定性测定吸收曲线：200～400nm 用氘灯，400～800nm 用钨灯；定量测定时，在最大吸收 361nm 处测定吸光度值。

（2）测量方法：改变波长，用空白溶液调零（透过率 100%），测定吸光度值。

**3. 数据处理**

（1）绘制维生素 $B_{12}$ 的吸收曲线：以波长为横坐标，吸光度为纵坐标，把各波长处的吸光度值连接成一条圆滑的曲线。并标出吸收峰的位置，然后根据《中华人民共和国药典》2010 年版给出的吸收峰的吸光度（吸光系数）比值为标准进行鉴别。

即 $\dfrac{E_{1cm,361nm}^{1\%}}{E_{1cm,278nm}^{1\%}} = 1.70 \sim 1.88$　　$\dfrac{E_{1cm,361nm}^{1\%}}{E_{1cm,550nm}^{1\%}} = 3.15 \sim 3.45$

（2）含量计算：用百分吸光系数进行含量计算，已知 $B_{12}$ 的百分吸光系数为 $E_{1cm,361nm}^{1\%} = 207$，求样品中每毫升中 $B_{12}$ 的微克数及 $B_{12}$ 的百分含量：

$$C(\mu g \cdot mL^{-1}) = A \times 1\% \times 10^6/207 = A \times 48.31$$

## 五、实验结果与记录

**表 4－1　吸收曲线原始数据**

| 波长（nm） | $A$ | 波长（nm） | $A$ | 波长（nm） | $A$ |
|---|---|---|---|---|---|
| | | | | | |

**表 4－2　鉴别原始数据**

| $A_{278nm}$ | $A_{361nm}$ | $A_{550nm}$ | $A_{361nm}/A_{278nm}$ | $A_{361nm}/A_{550nm}$ |
|---|---|---|---|---|
| | | | | |

含量计算：

六、注意事项

1. 拿取比色皿时，只能用手指接触两侧的毛玻璃，避免接触光学面。同时注意轻拿轻放，防止外力对比色皿的影响，避免产生应力后破损。

2. 由于氘灯与钨灯的发射波长范围有交集，所以换灯波长在 330～400nm 之间均可，一般采用仪器默认值即可。

七、思考题

1. 紫外吸收光谱有哪些特征可用来作鉴别？

2. 在用紫外分光光度法时，如果取维生素 $B_{12}$ 注射液 2mL，用水稀释 30 倍，在 361nm 处测得吸光度 $A = 0.698$，试计算此 $B_{12}$ 注射液每毫升含维生素 $B_{12}$ 多少微克？如果每毫升标示量为 500μg，试求此待测维生素 $B_{12}$ 注射液的标示量百分含量。

# 实验 4-2　分光光度法测定水中铁的含量

## 一、实验目的

1. 掌握分光光度计的使用方法。
2. 学会比色法的操作方法和原理。

## 二、实验原理

三价铁离子与磺基水杨酸作用，在不同 pH 值的条件下，形成不同配位比的几种络合物。当 pH 在 1.8～2.5 之间时，形成淡紫色的络阳离子，反应式为：

$Fe^{3+}$ + (COOH, OH, $HSO_3$) → [Fe (COO$^-$, O$^-$, $HSO_3$)]$^+$ + $2H^+$

当 pH 在 4～8 之间，形成含有两个磺基水杨酸根配位基的络阴离子，呈橙红色。反应式为：

$Fe^{3+}$ + 2 (COOH, OH, $HSO_3$) → [Fe( (COO$^-$, O$^-$, $HSO_3$) )$_2$]$^-$ + $4H^+$

当 pH 值在 8 – 11.5 之间，则形成含有三个磺基水杨酸根配位基的络阴离子，呈黄色，反应式为：

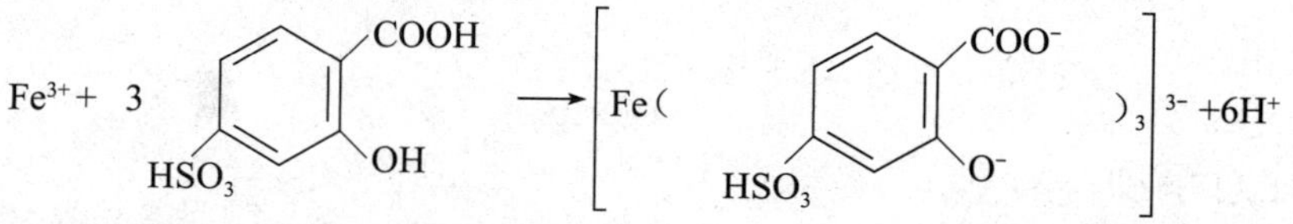

$$Fe^{3+} + 3\,\text{(HSO}_3\text{-}C_6H_3\text{(OH)COOH)} \longrightarrow [Fe(\text{HSO}_3\text{-}C_6H_3\text{(O}^-\text{)COO}^-)_3]^{3-} + 6H^+$$

在碱性溶液中二价铁很快被空气中的氧氧化，生成三价铁。因此在碱性溶液中用磺基水杨酸法来测定水中的总铁量。

在 pH 等于 9 的条件下，使水中的三价铁离子与磺基水杨酸形成黄色络合物。用分光光度计在波长 430nm 处测定其吸光度。在浓度与吸光度的标准曲线上查出水中含铁的浓度。

## 三、实验仪器与试药

分光光度计；刻度移液管（5mL）2 只；量瓶（50mL）7 只；10% 磺基水杨酸溶液；标准铁溶液 0.1mg · $mL^{-1}$ $Fe^{3+}$；氨水 1 : 3（一部分置于滴瓶中）；样品溶液。

## 四、实验内容

**1. 制备标准系列**

用 5mL 刻度移液管分别吸取标准铁溶液 0mL、0.50mL、1.00mL、1.50mL、2.00mL、2.50mL 于干净量瓶中，各加 5mL 10% 的磺基水杨酸，滴加 1 : 3 氨水，边加边摇动至溶液变成黄色，再加过量 1 : 3 的氨水 5mL，加水稀释至刻度，在 430nm 波长测定其吸光度值。

**2. 样品测定**

吸取样品溶液 2.00mL 于 50mL 量瓶中，其余操作同标准系列。

**3. 数据处理**

绘制标准曲线，以标准溶液浓度为横坐标，以测得的吸光度值为纵坐标绘出标准曲线，然后根据样品溶液测得的吸光度值，在曲线上查出对应于横轴上的浓度值，计算百分含量。

## 五、实验结果与记录

**表 4 – 3 原始数据**

| 溶液 | $A$ |
| --- | --- |
| 标准铁溶液 1 | |
| 标准铁溶液 2 | |
| 标准铁溶液 3 | |
| 标准铁溶液 4 | |
| 标准铁溶液 5 | |
| 样品铁溶液 | |

标准曲线：

含量计算：

## 六、注意事项

1. 量瓶上应该贴好标签，避免混淆。
2. 移液管应专用，避免交叉污染。

## 七、思考题

1. 标准系列中为什么要做空白?
2. 标准系列的显色过程与样品溶液的显色过程是否应同时进行？为什么?
3. 本实验中能引起测定误差的因素有哪些？如何避免或减小?

# 实验4-3　红外光谱法分析有机化合物结构

## 一、实验目的

1. 了解红外光谱仪的基本构造、原理和使用方法。
2. 掌握红外光谱测定固体样品和液体样品的方法。
3. 练习由红外光谱鉴别官能团，根据红外光谱确定未知组分的主要结构。

## 二、实验原理

红外光谱定性分析，一般采用两种方法：一种是用已知标准物对照，另一种是标准谱图对照法。

1. 已知物对照应由标准品和被检物在完全相同的条件下，分别绘出其红外光谱进行对照，谱图相同，则肯定为同一化合物。

2. 标准谱图对照法也是一个比较直接、可靠的方法。根据待测样品的来源、物理常数、分子式以及谱图中的特征带，查对或检索标准谱图来确定未知化合物。

在用未知物谱图比对标准谱时，必须注意：

（1）所用仪器与标准谱在分辨率与精度上的差别，可能导致某些峰出现细微差别。

（2）测定条件应保持一致，否则谱图会出现很大差别。当测定溶液样品时，溶剂的影响大，必须要求一致，以免得出错误结论。若只是浓度不同，只会影响峰的强度而每个峰之间的相对强度是一致的。

（3）必须注意杂质吸收带的影响。如压片过程可能吸水而引进了水的吸收带等。

3. 一般谱图的解析大致步骤如下：

（1）先从特征频率区入手，找出化合物所含主要官能团。

（2）指纹区分析，进一步找出官能团存在的依据。因为一个基团常有多种振动形式，所以，确定该基团就不能只依靠一个特征吸收，必须找出所有的相关吸收带才行。

（3）对指纹区谱带位置、强度和形状的仔细分析，确定化合物可能的结构。

（4）对照标准谱图，配合其他鉴定手段，进一步验证。

## 三、实验仪器与试药

傅里叶变换红外光谱仪；红外灯；压片模具；玛瑙研钵；可拆式液体池；盐片；苯甲酸（优级纯）；对乙酰胺基酚（药用）；盐酸金刚烷胺（药用）；聚苯乙烯薄膜；溴化钾（光谱纯）；无水乙醇（分析纯）；石蜡油；滑石粉；苯乙酮、苯甲醛等。

## 四、实验内容

### （一）固体样品的测定

**1. 操作步骤**

固体样品红外光谱的测定常用压片法。取干燥样品 1 ~ 2mg，置玛瑙研钵中，加入 100 ~ 200mg 干燥的光谱纯 KBr 粉末，在红外灯照射下，研磨混匀，倒入压片模具中铺匀，装好模具，置粉末压片机上，加压至 20MPa，维持压力 1 ~ 2 分钟。泄压后拆开模具，取出 KBr 样片，即得一均匀透明的薄片。将其置于样品架上，用红外光谱仪测定其红外光谱。

**2. 测试条件**

分辨率：$4cm^{-1}$；背景扫描：60 次；样品扫描：60 次；测谱范围：$400 \sim 4000cm^{-1}$；测谱方式：透射谱（T 谱）。

**3. 结果处理**

（1）根据红外光谱图，找出特征吸收峰的振动形式，并从相关峰推测该化合物含有什么基团。

（2）从红外光谱图中找到主要基团的吸收频率。

### （二）液体样品的测定

**1. 可拆式液体样品池的制备**

戴上指套，将可拆式液体样品池的两个盐片从干燥器中取出后，在红外灯下用少许滑石粉混入几滴无水乙醇磨光其表面。用软纸擦净后，滴加无水乙醇 1 ~ 2 滴，用吸水纸擦洗干净，反复数次，然后将盐片放于红外灯下烘干备用。

**2. 液体样品的测试**

在可拆式液体池的金属池板上垫上橡胶圈，在孔中央位置放一盐片，然后滴半滴液体试样于盐片上。将另一盐片平压在上面（注意，不能有气泡），再将另一金属片盖上，对角方向旋紧螺丝，将盐片夹紧在其中。把此液体池放于红外分光光度计的样品池处，进行扫谱。

**3. 结束**

扫谱结束后，取下样品池，松开螺丝，套上指套，小心取下盐片。先用软纸擦净液体，滴上无水乙醇，洗去样品（千万不能用水洗）。然后，再于红外灯下用滑石粉及无水乙醇进行抛光处理。最后，用无水乙醇将表面洗干净，擦干，烘干。将盐片收入干燥器中保存。

说明：可拆式液体池的盐片应保持干燥透明，每次测定前后均应反复用无水乙醇及滑石粉抛光（在红外灯下），但切勿用水洗。

## 五、实验结果与记录

**表 4-4　主要吸收峰的归属**

| 主要吸收峰波数（$cm^{-1}$） | 吸收峰的归属 |
|---|---|
| | |

## 六、注意事项

1. 由于红外光谱具有高度专属性，《中华人民共和国药典》自 1977 年版开始，就采用红外光谱作为一些药品的标准鉴别方法。随着生产的发展，为了适应我国药品质量监督体系的需要，卫生部药典委员会于 2010 年版药典中，收集了大量的红外光谱图，并编制了《药品红外光谱集》，使药品的鉴别更趋完美、成熟。

2. 压片法常采用 KBr 作为片基，其理由如下：

（1）光谱纯 KBr 在 4000～400$cm^{-1}$范围内无明显吸收。

（2）KBr 易成型。

（3）大部分有机化合物的折射率在 1.3～1.7，而 KBr 的折射率为 1.56，正好与有机化合物的折射率相近。片基与样品折射率差值越小，散射越小。

3. 固体颗粒受光照射时有散射现象。散射程度与颗粒的粒度、折射、入射光波长有关。颗粒越大，散射越严重。但也不能太细，否则，可能发生晶形改变，故粒度应适中，一般颗粒粒度以 2μm 左右为宜。

4. 样品中不应混有水分，否则干扰样品中羟基峰的观察。

5. 在中红外区，用红外分光光度法能测得所有有机化合物的特征红外光谱。而紫外分光光度法仅适用于研究芳香族或具有共轭结构的不饱和脂肪族化合和，不适用于饱和有机物。由此可见，红外分光光度法适用范围比紫外分光光度法广。

6. 若药品为盐酸盐，为了避免研磨发生离子交换反应，应改用 KCl 为片基。KCl 折射率为 1.47。我国药典所收载的药品，凡是盐酸盐，均以 KCl 为片基。

7. KBr 易吸水，已有文献报道，用聚四氟乙烯代替卤化物做片基。因聚四氟乙烯极易干燥，而且样片可以做得很薄，特别适合于研究羟基的伸缩振动。

8. 为了避免压片时晶型的改变，可采用调糊法。

9. 我国药典规定，所得的谱图各主要吸收峰的波数和各吸收峰间的强度比均应与对照的谱图一致。然而，供试品在固体状态测定时，可能由于同质多晶的影响，致使测得谱图与对照品谱图不相符合。遇此情况，可按该药品光谱中备注的方法进行预处理，然后再绘制比较。例如，氢化可的松，药典中规定：取供试品适量，加少量丙酮溶解，置水浴上蒸干，减压干燥后，用 KBr 压片法测定。

## 七、思考题

1. 比较红外分光光度计与紫外分光光度计部件上的差异。
2. 做红外光谱对照样品有什么要求？
3. 所测样品为液体时，测定红外光谱图时应注意什么问题？

# 实验 4-4　原子吸收分光光度法测定水样中铜的含量

## 一、实验目的

1. 掌握原子吸收分光光度计法进行定量测定的方法。
2. 了解原子吸收分光光度计的结构及其使用方法。

## 二、实验原理

将样品或消解处理好的试样直接吸入火焰，火焰中形成的原子蒸气对光源发射的特征电磁辐射产生吸收。将测得的样品吸光度和标准溶液的吸光度进行比较，确定样品中被测元素的含量。

地下水和地表水的共存离子和化合物，在常见浓度下不干扰测定。因此，在分析样品前需要检验样品是否存在基体干扰或背景吸收。一般通过加标回收率测定，判断基体干扰的程度。通过测定分析线附近 1nm 内的一条非特征吸收线处的吸收，可判断背景吸收的大小。

**表 4-5　背景校正用的邻近非特征谱线波长**

| 元素 | 分析线波长（nm） | 非特征吸收谱线（nm） |
|---|---|---|
| 镉 | 228.8 | 229　（氘） |
| 铜 | 324.7 | 324　（锆） |
| 铅 | 283.3 | 283.7　（锆） |
| 锌 | 213.8 | 214　（氘） |

根据实验的结果，如果存在基体干扰，可加入干扰抑制剂，或用标准加入法测定并计算结果。如果存在背景校正吸收，用自动背景校正装置或邻近非特征吸收谱线法进行校正。就是从分析线处测得的吸收中扣除邻近非特征谱线的吸收，得到被测元素原子的

真正吸收。

本方法适用于地表水、地下水和废水中的镉、铅、铜和锌的测定，适用浓度范围与仪器的特性有关。一般仪器的适用浓度范围如下：

**表 4-6　一般仪器的适用浓度范围**

| 元素 | 适用浓度范围（$mg \cdot L^{-1}$） |
|---|---|
| 镉 | 0.05～1 |
| 铜 | 0.05～5 |
| 铅 | 0.05～10 |
| 锌 | 0.05～1 |

## 三、实验仪器与试药

**1. 仪器**

原子吸收分光光度计，铜空心阴极灯，空气压缩机。

**2. 试药**

硝酸（优级纯），高氯酸（优级纯），去离子水，高纯乙炔。

铜金属标准贮备液：准确称取 0.5000g 光谱纯铜金属，用适量 1∶1 硝酸溶液溶解，必要时加热直至溶解完全。用水稀释至 500.0mL，此溶液每毫升含 1.00mg 的金属铜。

铜标准使用溶液：取 50mL 铜金属标准贮备液于 1L 量瓶中，用 0.2% 硝酸定容至标线，此标准溶液每毫升含铜为 50.0μg。

## 四、实验内容

**1. 标准溶液的配制**

吸取铜标准溶液 0.00mL、0.50mL、1.00mL、3.00mL、5.00mL 和 10.00mL，分别放入 6 个 100mL 量瓶中，用 0.2% 的硝酸稀释定容后，摇匀。

**表 4-7　标准溶液的配制**

| 铜标准使用溶液体积（mL） | 0.00 | 0.50 | 1.00 | 3.00 | 5.00 | 10.00 |
|---|---|---|---|---|---|---|
| 铜标准使用溶液浓度（$\mu g \cdot mL^{-1}$） | 0 | 0.25 | 0.50 | 1.50 | 2.50 | 5.00 |

**2. 样品预处理**

取 100.0mL 水样放入 300mL 烧杯中，加入硝酸 5mL，在电热板上加热消解（不要沸腾），蒸至 10mL 左右，加入 5mL 硝酸和 2mL 高氯酸，继续消解，直至 1mL 左右。如果消解不完全，再加入硝酸 5mL 和高氯酸 2mL，再次蒸至 1mL 左右。取下冷却，加水溶解残渣，倒入预先用酸洗过的 100mL 量瓶中，用水稀释至标线。

取 0.2% 的硝酸 100mL，按上述相同的程序操作，以此为空白样。

**3. 样品测定**

（1）按规范的操作程序启动原子吸收分光光度计，通过本仪器工作站的软件，选择或设置待测元素的测定条件及参数，待仪器自检（漏气检查、光路及测定参数检查）就绪后，可以测定样品。

（2）仪器先用空白溶液调零后，按实验步骤次序分别吸入空白样和试样，测量其吸光度。在仪器工作站上，直接读出试样中的金属浓度值即可（可保存、打印标准曲线或标准方程）。

**4. 标准加入法铜工作溶液的配制和测定**

取 4 个 100mL 的量瓶，各加入 25.0mL 试样溶液，然后依次分别加入 0.00mL、1.00mL、3.00mL 和 5.00mL 铜的标准溶液，用 0.2% 的硝酸稀释定容后，摇匀。依次测定吸光度值。

**5. 结果处理**

（1）标准曲线法：根据标准曲线回归方程计算样品溶液浓度。

（2）标准加入法：以标液浓度为横坐标，吸光度值为纵坐标，绘制标准加入曲线。将曲线反向延长，与横坐标交点的绝对数值即为被测样的浓度。通过测定标准加入法配制的铜溶液，可以检查样品中是否存在基体干扰。

## 五、实验结果与记录

**表 4-8　铜标准溶液浓度与吸光度结果**

| 铜标准溶液序号 | 浓度 | *A* |
|---|---|---|
| 1 | | |
| 2 | | |
| 3 | | |
| 4 | | |
| 5 | | |

**表 4-9　回归方程**

| 项目 | 结果 |
|---|---|
| 回归方程 | |
| 相关系数 | |
| 线性范围 | |

**表 4-10　样品溶液测定结果**

| | 1 | 2 | 3 |
|---|---|---|---|
| 吸光度值 *A* | | | |
| Cu 含量 | | | |
| 平均含量 | | | |

表 4-11　标准加入法测定结果

| 溶液序号 | 标准溶液浓度 | *A* |
|---|---|---|
| 1 | | |
| 2 | | |
| 3 | | |
| 4 | | |

标准加入曲线：

样品溶液浓度：

## 六、注意事项

1. 空心阴极灯的灯电流设置最好采用标签上的最小值。
2. 乙炔空气火焰温度极高，应小心，避免烫伤。

## 七、思考题

1. 比较原子吸收光谱法与分光光度法的异同点。
2. 原子吸收法含量测定的依据是什么？
3. 原子吸收法的干扰有哪些？
4. 标准加入法中为什么要在第二份开始按比例加入不同量的待测元素的标准溶液？其标准加入样品数小于 4 个行吗？

# 实验 4-5　薄层色谱法鉴别丹参注射液

## 一、实验目的

1. 掌握薄层板铺板方法和薄层色谱的鉴别过程。
2. 了解展开缸的饱和程度对比移值的影响。
3. 了解薄层色谱法在中药制剂分离和鉴定中的应用。

## 二、实验原理

丹参注射液中主要含水溶性成分原儿茶醛（3,4-二羟基苯甲醛），在紫外光 281nm ± 3nm 处有最大吸收，这是鉴定丹参注射液的定性参数之一。

可采用薄层色谱法代替分光光度法进行分离鉴别。除以紫外光定位检测外，还可以用显色反应鉴别原儿茶醛。本实验采用三氯化铁（10%）－铁氰化钾（10%）（1∶1）混合液为显色剂，其显色原理为邻苯二酚类化合物与三氯化铁能生成蓝紫色络合物，反应式如下：

$$3C_7H_6O_3 + 2FeCl_3 \longrightarrow [Fe_2(C_6H_3O_2CHO)_3] + 6H^+ + 6Cl^-$$

## 三、实验仪器与试药

**1. 仪器**

展开缸，玻璃板（6cm×15cm）2块，载玻片若干，研钵，硅胶。

**2. 试药**

原儿茶醛标准对照品溶液（$1mg \cdot mL^{-1}$、无水乙醇液），丹参注射液样品（市售），羧甲基纤维素钠（CMC－Na）水溶液（0.7%），苯－乙酸乙酯－甲酸（70∶80∶8），三氯化铁（10%）－铁氰化钾（10%）（1∶1）。

## 四、实验内容

**1. 铺板**

称取10g硅胶，加入30mL羧甲基纤维素钠液，放在研钵中，向一个方向研磨至无气泡。将研磨好的硅胶倒在洗净晾干的玻璃板上铺匀、晾干。使用前应先在105°C烘箱中活化30分钟。

**2. 点样**

用活化好的色谱板，在距板一端约2cm处用铅笔轻轻地划一直线为起始线，于起始线上分别用毛细管点样（丹参注射液及原儿茶醛标准对照液）。

**3. 展开**

在色谱缸中加30～40mL（视色谱缸大小而定）展开剂，将2块点好样的薄层板放入其中进行展开，一块与溶剂接触，一块先不接触溶剂（只起蒸气饱和作用），30分钟后再与溶剂接触。

**4. 显色**

取出薄层板，待溶剂挥去后，喷以显色剂，在丹参注射液的薄层板上，与原儿茶醛标准对照液斑点相对应的位置上应显相同的蓝色斑点，测定$R_f$值。

## 五、实验结果与记录

**表4－12　实验结果表**

| 实验 | 项目 | 组分斑点中心距原点距离（cm） | 溶剂前沿距原点距离（cm） | $R_f$ |
|---|---|---|---|---|
| 未预饱和 | 对照品 | | | |
| | 样品 | | | |
| 有预饱和 | 对照品 | | | |
| | 样品 | | | |

## 六、注意事项

1. 铺板一定要均匀、平整。铺好的板必须晾干后才能进烘干箱活化，以防开裂。
2. 在烘箱活化取出后应立即放入干燥器中备用。
3. 点样量应适当，太少则不出现斑点，太多则拖尾。点样应轻，不能划破色谱板。
4. 显色剂应新鲜配制，在喷前按 1∶1 比例混合。

## 七、思考题

1. 通过实验结果说明展开缸的饱和程度对 $R_f$ 值的影响，并说明利用文献的 $R_f$ 值定性的要求。
2. 薄层板的硅胶层厚度对实验结果有何影响？制板时应如何控制厚度？

# 实验 4－6　纸色谱法分离糖和氨基酸

## 一、实验目的

1. 了解纸色谱在混合糖、氨基酸成分分离鉴定中的应用。
2. 掌握纸色谱的一般操作方法。

## 二、实验原理

糖类的分离主要是根据分子结构上的差异所引起的在两相间分配系数不同而进行的。木糖是五碳糖，有四个羟基。鼠李糖和葡萄糖同是六碳糖，但葡萄糖分子中带有五个羟基，鼠李糖分子中只有四个羟基、一个甲基，二者结构不同，极性不同，在同一展开系统中比移值也不同，从而得到分离，并用标准品对照定性。

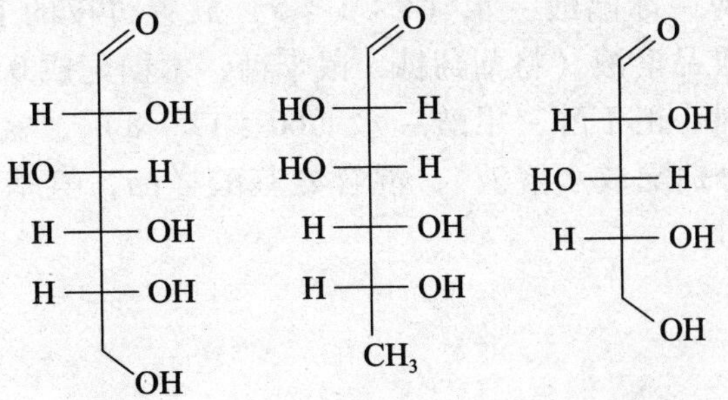

葡萄糖　　鼠李糖　　木糖

氨基酸无色，利用它们与茚三酮显蓝紫色（除脯氨酸黄色外），可将分离的氨基酸斑点显色，其反应机理如下：

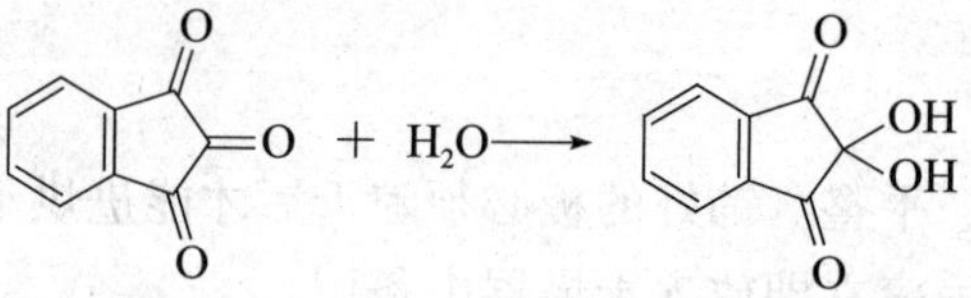

茚三酮 + $H_2O$ ⟶ 水化茚三酮

氨基酸被水化茚三酮氧化，分解出醛、氨、二氧化碳，而水化茚三酮本身被还原成还原茚三酮：

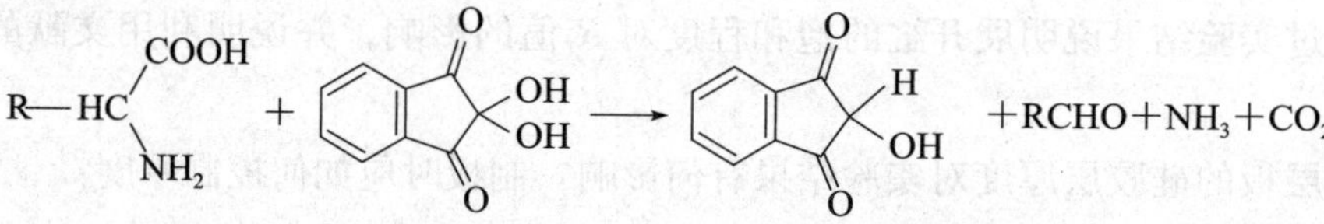

$$R-CH(NH_2)COOH + \text{水化茚三酮} \longrightarrow \text{还原茚三酮} + RCHO + NH_3 + CO_2$$

与此同时，还原茚三酮和茚三酮缩合成新的有色化合物而使斑点显色。

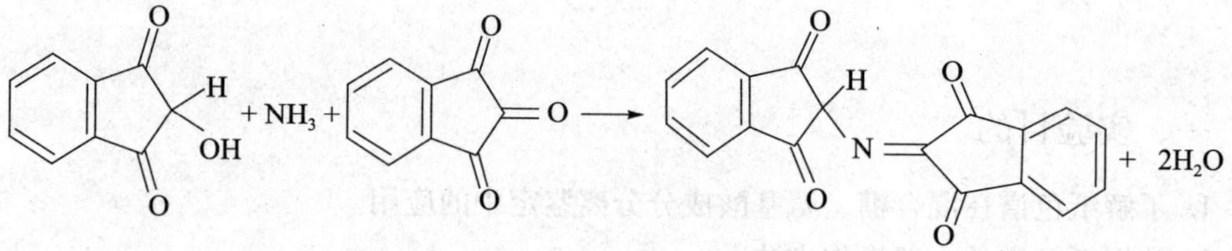

$$\text{还原茚三酮} + NH_3 + \text{茚三酮} \longrightarrow \text{缩合产物} + 2H_2O$$

## 三、实验仪器与试药

**1. 仪器**

玻璃展开缸 10cm × 25cm($\Phi \times h$)，培养皿 2 个（直径 9cm），色谱用定性滤纸（纸条）5cm × 20cm($\Phi \times h$)，色谱用定性滤纸（圆形，直径 11cm），毛细管（2μL），喷雾瓶 50mL，电吹风，红外干燥箱。

**2. 试药**

糖展开剂［正丁醇 - 冰醋酸 - 水（4∶1∶5）放置过夜的上层溶液］，糖显色剂（联苯胺试液），糖标准品溶液（将葡萄糖、鼠李糖、木糖配成 0.1% 的水溶液），混合糖样品，氨基酸展开剂［正丁醇 - 甲酸 - 水（60∶12∶8）］，氨基酸标准品（将亮氨酸、丙氨酸和络氨酸分别配成水溶液），混合氨基酸样品，氨基酸显色剂（茚三酮试液，0.1% 的乙醇溶液）。

## 四、实验内容

**1. 糖的分离**

取一张 5cm × 20cm 的层析滤纸，在距一端 2 ~ 2.5cm 处用铅笔划一横线，在横线上作四个“×”号表示点样位置，每点间距 1.5 ~ 2.0cm。

（1）点样：用毛细管分别吸取葡萄糖、鼠李糖、木糖标准品溶液及混合糖样品各 2μL，分别点在起始的四个“×”号上，斑点直径不超过 2 ~ 4mm，点样后晾干。

（2）展开：在层析缸中加入适量正丁醇－冰醋酸－水（4∶1∶5）展开剂，将点好样的滤纸挂于展开筒中，密闭，饱和20分钟后，上行展开，待展距约12cm时，取出滤纸，作好前沿标记，于空气中干燥。

（3）显色：将显色剂均匀喷在滤纸上，在100℃左右烘10～20分钟，使显色清晰。

（4）结果处理：将显色后的样品斑点用铅笔勾勒出轮廓，量取展距及斑点中心到前沿的距离；计算三种糖的$R_f$值，并鉴定混合糖成分。

**2. 氨基酸的分离**

取圆形滤纸，用铅笔在圆心画一直径2～3cm的小圆作为原点。在滤纸圆心处打一小孔，然后根据所要分离的样品数目，用铅笔把滤纸从圆心向外放射状的四等分，并在小圆上确定点样位置，可画“×”标识。取一3cm宽的小滤纸条，卷成纸芯（可在一侧用剪刀剪碎但不能剪断）待用。

（1）点样：用毛细管分别吸取标准样品及混合样，点在不同的点样点上。

（2）展开：在点好样的圆形滤纸中间的孔内插上滤纸芯，然后将纸芯插入盛有展开剂的培养皿内，加盖，溶剂经纸芯吸上滤纸，展开开始。待溶剂前沿快接近培养皿边缘时，取出滤纸，作好前沿标记，晾干。

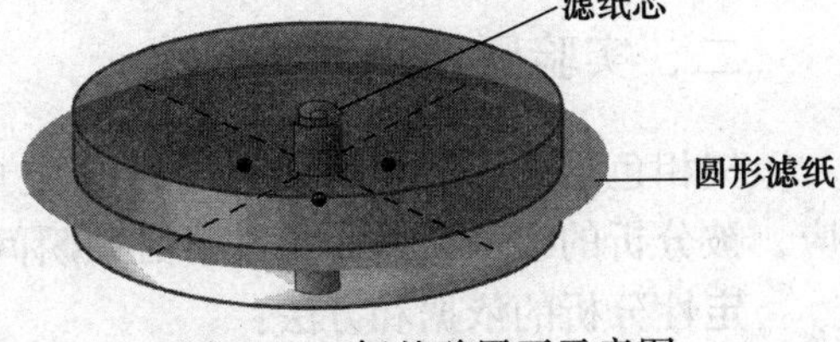

图4－2　氨基酸展开示意图

（3）显色：将茚三酮显色剂均匀喷在滤纸上，适当加热烘烤，使显色清晰。

（4）结果处理：同糖的分离。

## 五、实验结果与记录

表4－13　实验结果表

| 样品 | 原点至溶剂前沿的距离 | 原点至斑点中心的距离 | 比移值$R_f$ |
|---|---|---|---|
| 葡萄糖 | | | |
| 鼠李糖 | | | |
| 木糖 | | | |
| 混合糖 | | | |
| 亮氨酸 | | | |
| 丙氨酸 | | | |
| 酪氨酸 | | | |
| 混合氨基酸 | | | |

## 六、注意事项

1. 滤纸应保持平整，不能有折痕及污损，避免沾上指纹。

2. 喷显色剂应在通风橱内进行。

## 七、思考题

1. 影响纸色谱 $R_f$ 值的因素有哪些？本实验操作中应注意哪些问题？
2. 色谱分离氨基酸时，为什么不应使用手直接接触滤纸？
3. 展开缸和色谱纸为什么要用展开剂饱和？

# 实验 4-7　苯系物的气相色谱定性及含量测定

## 一、实验目的

1. 学习掌握气相色谱法常用的定性定量方法。
2. 学习未知物的鉴定和测定方法。
3. 进一步掌握理解归一化法定量的原理、操作和计算。

## 二、实验原理

气相色谱法分析是分离、定性与定量同时进行的，在色谱过程中一般没有化学反应，被分析的组分在操作条件下必须瞬间汽化而不分解。

定性分析的依据和方法：

在气相色谱中，所谓定性分析，就是确定每一个色谱峰究竟是什么组分，即是什么物质。定性分两类：一类是对于未知物的定性，一类是对已知混合物的定性。前者单靠色谱法不能完全定性，尚需配合化学分析和其他仪器分析如红外光谱法、质谱法、核磁共振波谱法等。而对后者定性容易，方法很多。常用的有保留值定性、峰高增量法定性。分述如下：

### （一）保留值定性

**1. 已知物对照法**

根据色谱理论，当固定相和各种操作条件严格一致的条件下，任何一种物质都有一个确定的保留值（$t_R$ 和 $V_R$），保留时间便于用秒表直接测量。用校正保留时间定性也可以，方法是在严格一致的条件下分别测出已知物和未知物的保留时间，如果两个保留时间相同可初步判断二者是同一种物质，反之不同。为得到可靠结果，可改变色谱条件再测定，如得到相同的结果，证明原来的结论是正确的。

**2. 利用相对保留值定性**

相对保留值是样品中某组分 1 与加入样品中基准物质 2 的校正保留值之比。

$$r = \frac{t'_{R(1)}}{t'_{R(2)}} = \frac{K_1}{K_2}$$

从式中可知，校正保留值只决定于组分的性质、柱温与固定液的性质，而与固定液的用量、柱长、载气流速，以及柱的填充情况无关，因此消除了这些条件引进的误差，定性结果比较可靠。方法是：相对保留值在色谱手册均有记载，先查手册找到实验条件和基准物质，然后把基准物质加入到样品中去，混匀后然后进样。求出实测的，与手册上查出的值比较，一致者样品即可定性。

### （二）利用加入法定性

在实际工作中，需用纯物质进行校对定性。即在样品中加入纯物质观察色谱峰。观察待定性色谱峰是否增高，而保留值不变。若完全重合而峰增高，则可能与纯物质为同一物质；如果两峰不重合，则待测组分与加入基准物质不同。

含量测定的依据（原理）：

在一定的色谱条件下，被分析组分的重量或在载气中的浓度与检测器中产生的响应讯号（色谱峰的高度与面积）成正比。

常用的定量方法有归一化法、内标法、标准曲线法等。本实验采用归一化法。其优点是简单、快速、准确，不受进样量和载气流速的影响。归一化法应用条件：①样品中所有组分都要流出色谱柱；②样品中所有组分都要在检测器中有响应。

组分 $C_i$ 百分含量计算公式：

$$m_i\% = \frac{A_i f_i}{A_1 f_1 + A_2 f_2 + A_3 f_3 + \cdots + A_n f_n} \times 100\%$$

$f_i$ 为各组分以面积表示的重量校正因子，$A_i$ 为组分的峰面积。

## 三、实验仪器与试药

**1. 仪器**

气相色谱仪（配备氢焰离子化检测器），DB－1 毛细管色谱柱（30m×0.25mm×0.25μm），高纯氮气，微量进样器（1μL，尖头）。

**2. 试药**

苯，甲苯，乙基苯（AR），未知混合样。

## 四、实验内容

1. 开机并按照实验条件设置仪器运行参数，等待仪器就绪。

2. 用微量注射器分别取 0.5μL 苯、甲苯、乙基苯依次进样，记录保留时间。如果峰高过大或过小可以调节分流比和进样量。

3. 用微量注射器取 1μL 混合样品进样，记录各峰保留时间，与上面所得色谱图相比，进行混合物各组分定性分析。

4. 记录混合物各组分的峰面积及性能参数，并用归一化法计算各成分百分含量。

## 五、实验结果与记录

**表 4－14　色谱条件**

| 色谱条件 | 柱箱温度 | 进样口温度 | 检测器温度 |
|---|---|---|---|
| | | | |

表 4 – 15　对照品色谱数据

| 色谱数据 | 对照品 | | |
|---|---|---|---|
| | 苯 | 甲苯 | 乙苯 |
| 保留时间 | | | |
| 进样量 | | | |
| 峰面积 | | | |

表 4 – 16　混合样色谱数据

| 色谱数据 | 混合样 | | |
|---|---|---|---|
| | 峰 1 | 峰 2 | 峰 3 |
| 保留时间 | | | |
| 定性结果 | | | |
| 峰面积 | | | |
| 理论塔板数 | | | |
| 分离度 | | | |
| 拖尾因子 | | | |
| 分离度 | | | |

## 六、注意事项

1. 进样前应该用待测溶液润洗微量进样器。
2. 苯系物有毒且易挥发，样品瓶应及时盖好。

## 七、思考题

1. 程序升温有何优点？
2. 说明氢火焰离子化检测器的特点及应用范围。
3. 微量进样器在使用过程中应注意什么？

# 实验 4 – 8　甲硝唑注射液的高效液相色谱分析

## 一、实验目的

1. 了解高效液相色谱仪的基本构造和工作原理，掌握高效液相色谱仪的基本操作。
2. 掌握方法学考察要点。
3. 掌握未知样品的含量测定方法。

## 二、实验原理

高效液相色谱法是一种高效、快速的分离分析技术。液相色谱法是指流动相为液体的色谱技术。在经典的液相柱色谱法基础上，引入了气相色谱法的理论基础，在技术上采用了高压泵、高效固定相和高灵敏度检测器，实现了分析速度快、分离效率高和操作自动化。这种柱色谱技术称作高效液相色谱法。它可用作液固吸附、液液分配、离子交换和空间排阻色谱（即凝胶渗透色谱）分析，应用非常广泛。据估计，世界上几百万种化合物中除 20% 宜用气相色谱（GC）分离分析外，其余 80% 的化合物，包括大（高）分子化合物、离子型化合物、热不稳定化合物，以及有生物活性的化合物都可以用不同模式的高效液相色谱法（正相色谱、反相色谱、离子交换色谱和离子色谱、空间排阻色谱、亲和色谱等）进行分离分析。而且高效液相色谱法还具有以下几个突出的特点：

分离效能高：由于新型高效微粒固体相填料的使用，液相色谱填充柱的柱效可达极高的理论塔板数。

选择性高：由于液相色谱具有高柱效，并且流动相可以控制和改善分离过程的选择性，因此高效液相色谱不仅可以分析不同类型的有机化合物及其同分异构体，还可以分析在性质上极为相似的旋光异构体。

检测灵敏度高：高效液相色谱法使用的检测器大多都具有较高的灵敏度，紫外检测器灵敏度可达 $10^{-9}$g，荧光检测器灵敏度可达 $10^{-12}$g。

分析速度快：由于高压泵的使用，相对于经典液相（柱）色谱法其分析时间大大缩短。

高效液相色谱仪器系统的主要部件有：储液瓶、高压输液泵、进样装置、色谱柱、检测器、数据处理系统（色谱工作站）等。

（1）输液系统：输液系统要为高效液相色谱仪提供流量恒定、准确、无脉冲的流动相，流量的精度和长期的重复性要好，同时还要提供精度好、准确度高、重现性好的多元溶剂梯度。流量的范围要宽，既能满足微柱（内径 1 ~ 2mm）分析，也能满足常规柱（内径 4mm）分析，甚至还可满足半制备柱（内径 10mm）的需求。目前高效液相色谱仪常用的是双泵头往复式柱塞泵，流速范围一般为 0.001 ~ 10mL·$min^{-1}$。

（2）色谱柱：色谱柱通常为不锈钢柱，内装各种填料。硅胶是高效液相色谱填料中最普遍的基质。除具有高强度外，还提供一个表面，可以通过成熟的硅烷化技术键合上各种配基，制成反相、离子交换、疏水作用、亲水作用或分子排阻色谱用填料。硅胶基质填料适用于广泛的极性和非极性溶剂。缺点是在碱性水溶性流动相中不稳定。通常，硅胶基质的填料推荐的常规分析 pH 范围为 2 ~ 8。

将有机官能团通过化学反应共价键键合到硅胶表面的游离羟基上而形成的固定相称为化学键合相。这类固定相的突出特点是耐溶剂冲洗，并且可以通过改变键合相有机官能团的类型来改变分离的选择性。

化学键合相按键合官能团的极性分为极性和非极性键合相两种。常用的极性键合相主要有氰基（—CN）、氨基（—$NH_2$）和二醇基键合相。极性键合相常用作正相色谱，混合物在极性键合相上的分离主要是基于极性键合基团与溶质分子间的氢键作用，极性强的组分保留值较大。极性键合相有时也可作反相色谱的固定相。常用的非极性键合相主要有各种烷基（$C_1$ ~ $C_{18}$）和苯基、苯甲基等，以 $C_{18}$ 应用最广。

分离中等极性和极性较强的化合物可选择极性键合相。氰基键合相对双键异构体或含双键数不等的环状化合物的分离有较好的选择性。氨基键合相具有较强的氢键结合能力，对某些多官能团化合物如甾体、强心苷等有较好的分离能力；氨基键合相上的氨基能与糖类分子中的羟基产生选择性相互作用，故被广泛用于糖类的分析，但它不能用于分离羰基化合物，如甾酮、还原糖等，因为它们之间会发生反应生成 Schiff 碱。二醇基键合相适用于分离有机酸、甾体和蛋白质。

分离非极性和极性较弱的化合物可选择非极性键合相。利用特殊的反相色谱技术，例如反相离子抑制技术和反相离子对色谱法等，非极性键合相也可用于分离离子型或可离子化的化合物。ODS 是应用最为广泛的非极性键合相，它对各种类型的化合物都有很强的适应能力。短链烷基键合相能用于极性化合物的分离，而苯基键合相适用于分离芳香化合物。

（3）检测器：检测器用于连续检测色谱柱流出的物质，进行定性含量测定。要求其灵敏度高、噪音小、基线稳定、响应值的线性范围宽等。近年来各国都在研究开发新的检测技术，进一步扩大了高效液相色谱法的应用。常用的检测器有紫外检测器（VWD）、二极管阵列检测器（DAD）、示差折光检测器（RID）、电化学检测器（ECD）、荧光检测器（FLD）、蒸发光散射检测器（ELSD）及质谱检测器（MSD）等。

甲硝唑注射液为无色或几乎无色的澄明液体，本品主要用于厌氧菌感染的治疗。本品为甲硝唑加氯化钠适量使成等渗的灭菌水溶液。含甲硝唑（$C_6H_9N_3O_3$）应为标示量的 93.0% ~107.0%。含量测定可以选择外标一点法或标准曲线法。

## 三、实验仪器与试药

### 1. 仪器

高效液相色谱仪，$C_{18}$ 反相高效液相色谱柱，微量进样器，溶剂过滤器及滤膜，针式过滤器，50mL 量瓶。

### 2. 试药

甲硝唑注射液（0.5g/250mL），甲醇（色谱纯），超纯水。

## 四、实验内容

### 1. 色谱条件与系统适用性试验

以十八烷基硅烷键合硅胶为填充剂，以甲醇 - 水（20∶80）为流动相，检测波长为 320nm。理论板数按甲硝唑峰计算不低于 2000。

### 2. 测定法

精密量取本品适量，加流动相定量稀释至每 1mL 中约含甲硝唑 0.25mg 的溶液，摇匀，精密量取 10μL，注入液相色谱仪，记录色谱图；另取甲硝唑对照品适量，精密称定，加流动相溶解并定量稀释制成每 1mL 中约含 0.25mg 的溶液，同法测定。按外标法以峰面积计算，即得。

### 3. 计算含量

计算甲硝唑注射液样品的标示量百分含量。

## 五、实验结果与记录

表 4-17　实验结果

| | 浓度 | 保留时间 | 峰面积 | 理论塔板数 | 拖尾因子 |
|---|---|---|---|---|---|
| 对照品 | | | | | |
| 样品 | | | | | |

甲硝唑的标示量百分含量计算：

## 六、注意事项

1. 应严格按照高效液相色谱仪的使用规程进行操作。
2. 流动相比例可以根据实际实验情况适当调整。

## 七、思考题

1. 高效液相色谱仪在使用过程中有哪些注意事项？
2. 标准曲线法和外标一点法各有什么优缺点？

# 实验 4-9　高效液相色谱法测定双黄连口服液中黄芩苷和绿原酸的含量

## 一、实验目的

1. 掌握高效液相色谱法测定组分含量的原理和方法。
2. 掌握双黄连口服液中黄芩苷和绿原酸的含量测定方法。

## 二、实验原理

高效液相色谱法（HPLC）是用高压输液泵将流动相泵入到装有填充剂的色谱柱，注入供试品被流动相带入色谱柱内进行分离后，各成分依次进入检测器，用记录仪或数据处理装置记录色谱图并进行数据处理，得到测定结果。具有分离效能高、分析速度快的特点。适用于能在特定填充剂的色谱柱上进行分离的药品的分析测定，特别是多组分药品的测定、杂质检查和大分子物质的测定。

绿原酸、黄芩苷均为脂溶性成分，且具有紫外吸收，故可采用反相高效液相色谱法，以紫外检测器、外标法测定其含量。

外标法可分为外标一点法、外标两点法及标准曲线法，当标准曲线截距为零时，可用外标一点法定量。

## 三、实验仪器与试药

**1. 仪器**

高效液相色谱仪（紫外检测器），微量进样器（10μL，平头）。

**2. 试药**

黄芩苷、绿原酸对照品，甲醇（色谱纯），超纯水，冰醋酸（色谱纯），双黄连口服液，量瓶（5mL、50mL），刻度移液管（1mL、2mL）。

## 四、实验内容

**1. 色谱条件**

绿原酸：$C_{18}$反相键合相色谱；流动相：甲醇－水－冰醋酸（20∶80∶1）；检测波长：324nm；流速：1.0mL · $min^{-1}$；按绿原酸计算理论塔板数不低于6000。

黄芩苷：$C_{18}$反相键合相色谱；流动相：甲醇－水－冰醋酸（50∶50∶1）；检测波长：274nm；流速：1.0mL · $min^{-1}$；按黄芩苷计算理论塔板数不低于1500。

**2. 对照品溶液的制备**

精密称取绿原酸、黄芩苷对照品各10mg，置5mL棕色量瓶中，加甲醇至刻度，摇匀。精密量取1mL，置50mL棕色量瓶中，加甲醇至刻度，摇匀，即得（每1mL含绿原酸、黄芩苷各40μg）。

**3. 供试品溶液的制备**

精密量取双黄连口服液2mL置50mL量瓶中，加水稀释至刻度，摇匀，过0.45μm滤膜，即得。

**4. 测定**

分别精密吸取对照品溶液与供试品溶液各10μL，注入液相色谱仪，测定。

## 五、实验结果与记录

记录对照品溶液及供试品溶液的峰面积，计算含量。

**表4－18　实验结果**

| | 对照品浓度 | 对照品峰面积 | 样品峰面积 | 样品含量 | 理论塔板数 |
|---|---|---|---|---|---|
| 绿原酸 | | | | | |
| 黄芩苷 | | | | | |

## 六、注意事项

1. 使用手动进样器进样时，在进样前和进样后都需用洗针液洗净进样针筒，洗针液一般选择与样品液一致的溶剂，进样前必须用样品液清洗进样针筒3遍以上，并排除针筒中的气泡。

2. 在使用高效液相色谱仪过程中要注意压力变化，若压力过低或者过高，应及时查明原因。

## 七、思考题

1. 外标一点法的主要误差来源是什么?
2. 高效液相色谱柱为什么要先用流动相冲洗至平衡?色谱柱平衡好的标准是什么?

# 实验 4 - 10　绿色植物叶子中叶绿素的含量测定

## 一、实验目的

提高学生查阅文献、解决问题和分析问题的能力以及动手能力。

## 二、实验要求

学生对老师给定的实验题目，通过自己预先查阅参考文献，搜集文献上对该题目的各种分析方法，结合本实验室的设备条件和本人的兴趣，选择其中一种或两种方法，拟定具体实验步骤，写出总结报告。在此基础上，同学之间在实验讨论课上交流各自设计的实验，并展开讨论，其内容包括以下几个方面：

1. 了解叶绿素的各种分析方法、分析原理，并比较各分析方法的优缺点。
2. 实验步骤。
3. 误差来源及消除。
4. 数据处理。
5. 注意事项。
6. 特殊试剂的配制。

然后在老师的指导下，各学生确定具体的实验方法。实验时，根据各自设计的实验，从试剂的配制到最后写出实验报告，都由学生独立完成，由教师进行评分。

# 第五章 物理化学实验

## 实验5-1 二组分气-液体系相图

### 一、实验目的

1. 测绘一大气压下的苯-乙醇二元溶液的沸点-组成图（即 $T-X$ 图），并确定其恒沸点和恒沸组成。

2. 掌握用阿贝折射仪测量液体组成的原理和方法。

### 二、实验原理

两种液体相互混合所形成的体系称为二元液系。在常温下，两种液体能按任意比例相互溶解则称为二元完全互溶液系，苯-乙醇即属于此种液系。

在恒定压力下表示二元完全互溶液系沸点与组成关系的相图称为沸点-组成图（即 $T-X$ 图）。二元完全互溶液系的沸点-组成图有三种类型：

（1）溶液的沸点介于两纯物质沸点之间；

（2）溶液有最低沸点；

（3）溶液有最高沸点。

对于（2）、（3）类溶液有时也称为具有恒沸点的二元液系，这两类溶液与（1）类溶液的根本区别是溶液在最低或最高沸点时气、液两相组成相同。我们把溶液的最低或最高沸点称为溶液的恒沸点，与此温度相对应的组成称为恒沸组成。

测绘二元完全互溶液系的 $T-X$ 图，需在体系气液相达平衡后，同时确定气相组成、液相组成和与该组成相应的溶液沸点。实验中需测量整个浓度范围内不同总组成溶液的沸点，以及相应的气相组成和液相组成后，即可绘制出 $T-X$ 图。

本实验采用简单沸点测定装置，测量不同组成溶液的沸点，通过冷凝回流分离出气-液平衡时的气相物（馏出液）和液相物（剩余液），并测定它们的组成。沸点数据可直接获得，气液组成则利用组成与折射率之间的关系，应用阿贝折射仪间接测得。即通过液体折射率的测定来确定其组成。

## 三、实验仪器与试剂

**1. 仪器**

沸点测定仪，阿贝折射仪，恒温槽（有循环水泵），移液管（10mL、5mL、2mL、1mL 规格各 2 支），吸液管（长式），胶头滴管，温度计（50℃～100℃，最小分度 0.1℃），烧杯（500mL），0.5kVA 调压变压器，滴瓶（8 个）。

**2. 试剂**

纯苯（分析纯），无水乙醇（分析纯），乙醚（分析纯）。

## 四、实验内容

### （一）实验步骤

**1. 苯－乙醇标准溶液折射率的测定**

洗净并烘干 8 个小滴瓶，冷却后准确称量其中的 6 个。然后用移液管分别加入 1mL、2mL、3mL、4mL、5mL、6mL 的苯，分别称其质量。再依次分别加入 6mL、5mL、4mL、3mL、2mL、1mL 的乙醇，再称量。旋紧盖子后摇匀。另外两个空的滴瓶中分别加入纯苯与纯乙醇。配制好的 8 种不同组成的标准溶液，用阿贝折射仪逐次测定其 25℃ 时的折射率，绘制折射率－组成工作曲线。

**表 5－1　折射率－组成工作曲线数据记录**

| 编号 | 1 | 2 | 3 | 4 | 5 | 6 | 7 | 8 |
|---|---|---|---|---|---|---|---|---|
| 苯的体积（mL） | 0 | 1 | 2 | 3 | 4 | 5 | 6 | 7 |
| 乙醇的体积（mL） | 7 | 6 | 5 | 4 | 3 | 2 | 1 | 0 |
| 苯的质量百分数 | | | | | | | | |
| 折射率 | | | | | | | | |

实验温度：________________　大气压：________________

**2. 溶液沸点及气液相组成的测定**

取 20mL 苯置于沸点测定仪的蒸馏瓶内，按图 5－1 连接好线路，打开回流冷却水，通电并调节调压变压器（电压控制在 5～15V 之间）使液体加热至沸腾，回流数秒钟。用吸液管从冷凝管上端伸到盛馏出液小槽中，缓缓捏压橡皮头数次搅拌回流液，搅拌后取出吸液管，使其在不断通气条件下蒸干，冷却待取气相样用。待温度计读数恒定时，记下沸腾温度，将调压变压器调至零处，停止加热。充分冷却后，用吸液管分别从冷凝管上端及加液口取样，用阿贝折射仪测定 25℃ 时气、液相的折射率。按同样方法，测定加入 0.5mL、1mL、2mL、5mL、5mL、10mL 乙醇时各溶液的沸点及气液相折射率。

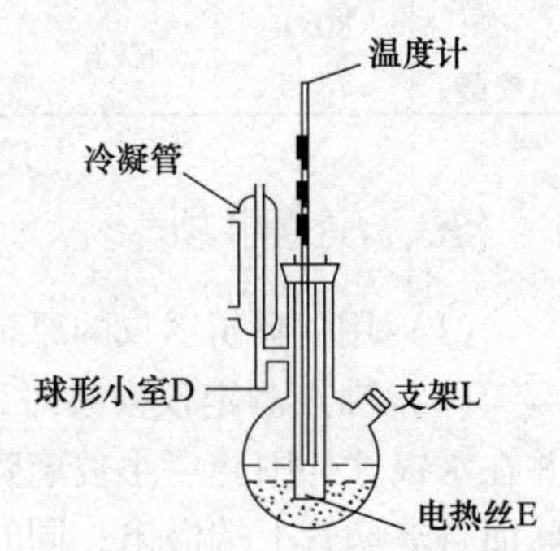

图 5－1　沸点仪

然后将沸点测定仪的溶液倒入回收瓶中，并用乙醇清洗沸点测定仪。另取 20mL 乙醇从加液口注入沸点测定仪中，以后每次加苯 1mL、2mL、5mL。按上述方法测其沸点及气液相折射率。

**表 5－2　苯－乙醇不同组成溶液沸点及折射率**

| 混合溶液体积组成 | | 沸点℃ | 气相分馏液分析 | | 液相分析 | |
|---|---|---|---|---|---|---|
| 每次加苯（mL） | 每次加乙醇（mL） | | 折射率 | 苯质量百分数 | 折射率 | 苯质量百分数 |
| 20 | — | | | | | |
| — | 0.5 | | | | | |
| — | 1 | | | | | |
| — | 2 | | | | | |
| — | 5 | | | | | |
| — | 5 | | | | | |
| — | 10 | | | | | |
| — | 20 | | | | | |
| 1 | — | | | | | |
| 2 | — | | | | | |
| 5 | — | | | | | |

## （二）数据处理

1. 根据称量的结果，计算标准溶液苯的质量百分数。用表 5－1 数据绘制 25℃时苯－乙醇标准溶液折射率－组成工作曲线。

2. 在工作曲线上确定各气液的样液的组成。用表 5－2 数据绘制苯－乙醇二元液系沸点－组成图（即 $T-X$ 图）。由相图确定此体系恒沸温度和恒沸组成。

3. 将实验数据与文献数据（表 5－3）进行比较并评价。

**表 5－3　1 个标准大气压（101325 Pa）下恒沸混合物的一些数据**

| 混合物 | 沸点（℃） | 恒沸点（℃） | 恒沸组成质量（%） | 混合物 | 沸点（℃） | 恒沸点（℃） | 恒沸组成质量（%） |
|---|---|---|---|---|---|---|---|
| 乙醇<br>水 | 78.5<br>100 | 78.2 | 95.6<br>4.4 | 苯<br>水 | 80.1<br>100 | 69.4 | 91.1<br>8.9 |
| 苯<br>乙醇 | 80.1<br>78.5 | 67.8 | 67.6<br>32.4 | 环已烷<br>乙醇 | 80.74<br>78.5 | 64.6 | 70<br>30 |

## 五、注意事项

（1）用阿贝折射仪的原理及使用方法参看附录。保持恒温 25℃条件下测量全部样液。

（2）沸点测定仪安装时，注意温度计水银球的一半浸在液面下，一半露在蒸气中，并在水银球外围套一小玻璃管。这样溶液沸腾时，在气泡带动下使气液不断地喷向水银球而自玻璃管上端溢出；同时还可以减少温度计读数的波动，而测得比较理想的气液两相平衡温度。

## 六、思考题

1. 每次加入沸点仪中的苯或乙醇是否应按规定精确计量？
2. 如何判断气－液两相已达平衡？
3. 若收集气相回馏液的小槽过大或过小对测量有何影响？

# 实验5－2　三组分液－液体系相图

## 一、实验目的

1. 测绘苯－水－乙醇三组分体系的相图。
2. 熟悉杠杆规则的应用。
3. 了解三角形相图的应用。
4. 用溶解度法绘制有一对共轭溶液的三组分体系相图（溶解度曲线和连结线）。

## 二、实验原理

三组分体系的组成关系，在一定温度和压力下用平面等边三角形坐标表示。

苯－水－乙醇三组分体系是一对部分互溶的三组分体系。其中苯和水是不互溶的，而乙醇和苯及乙醇和水都是互溶的。若在苯－水体系中不断加入乙醇则可增加苯与水的互溶度直至完全互溶。图5－2中曲线以内的区域为两液相共存区，其余部分为液相单相区。

在苯－水体系中加入乙醇使体系总组成为P（图5－2），则两个共轭溶液的组成可用a和b表示，ab称为连结线。由于乙醇在苯层和水层中是非等量的分配的，因此ab连结线与底边不平行。体系总组成P点在两相区内，对应的这两层共轭溶液的质量比可用杠杆规则表示：

$$\frac{W_a}{W_b}=\frac{Pb}{Pa}$$

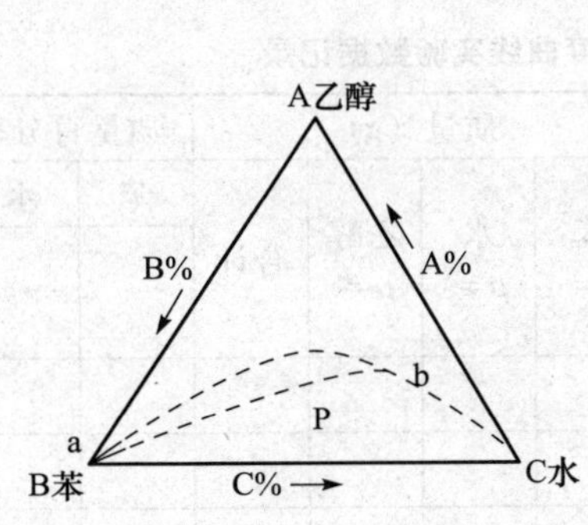


图5－2　一对部分互溶的三组分体系相图

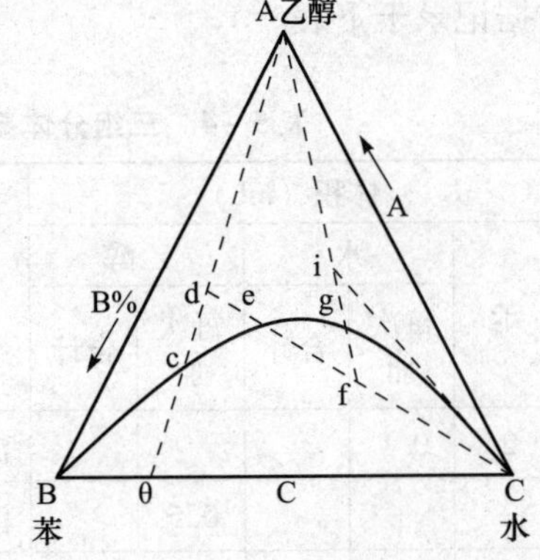


图5－3　三组分体系的互溶度曲线绘制

$W_a$、$W_b$ 分别为两层共轭溶液的质量，Pa、Pb 为线段长度。

现有一个苯－水二组分体系，其组成为 θ（图 5－3），于其中逐渐加入乙醇则体系总组成沿 θA 变化（苯－水比例保持不变）。在曲线以下区域内体系为互不相溶的两共轭液相，将溶液振荡时则出现浑浊现象。继续滴加乙醇直到曲线上的 c 点，体系将由两相区进入单相区，液体将由浑浊变为澄清，继续加乙醇至 d 点，液体仍为澄清的单相。如对 d 点体系中滴加水则体系总组成将沿线 dC 变化（体系中乙醇－苯比例保持不变），直到曲线上 e 点，则由单相区进入两相区，液体由澄清变浑浊，继续滴加水至 f 点液体仍为浑浊的两液相。再对 f 点体系滴加乙醇至 g 点则又由两相区进入单相区，液体由浑浊变澄清。如此反复进行则可获得 c、e、g 等位于曲线上的点，将他们连接即得单相区与两相区分界线曲线（互溶度曲线）。

## 三、实验仪器与试剂

**1. 仪器**

托盘天平，烧杯（50mL），酸式滴定管（25mL，2 个），移液管（2mL、5mL），移液管（1mL，2 个），碘量瓶（50mL，2 个），锥形瓶（150mL），分液漏斗（125mL）。

**2. 试剂**

纯苯（分析纯），无水乙醇（分析纯），蒸馏水。

## 四、实验内容

### （一）实验步骤

**1. 测定互溶度曲线**

用移液管（2mL）取苯 2mL 放入干燥的 150mL 锥形瓶中，另加入 0.1mL 水，振荡溶液呈浑浊。然后用滴定管加入乙醇，至溶液恰由浑浊变澄清停止滴定，记录所加乙醇毫升数。于此液中再加入 0.5mL 乙醇之后用水滴定，至溶液刚刚由澄清返回浑浊停止滴定，记录所用水的毫升数。按照实验记录表格 5－4 所组成的数据继续加水，然后再用乙醇滴定。记录所用乙醇的毫升数。按照实验记录表格 5－4 所规定的数据继续加水，然后再用乙醇滴定。如此反复进行滴定实验，完成互溶度曲线上 10 个点组成的测定，将实验数据记录于下表。

**表 5－4　三组分体系测定互溶度曲线实验数据记录**

| 编号 | 体积（mL） | | | | | 滴定终点 | 质量（g） | | | | 质量百分率（%） | | |
|---|---|---|---|---|---|---|---|---|---|---|---|---|---|
| | 苯 | 水 | | 乙醇 | | | 苯 ρ＝ | 水 ρ＝ | 乙醇 ρ＝ | 合计 | 苯 | 水 | 乙醇 |
| | | 每次加 | 合计 | 每次加 | 合计 | | | | | | | | |
| 1 | 2 | 0.1 | | | | 浊变清 | | | | | | | |
| 2 | 2 | | | 0.5 | | 清变浊 | | | | | | | |
| 3 | 2 | 0.2 | | | | 浊变清 | | | | | | | |

续表

| 编号 | 体积（mL） | | | | | 滴定终点 | 质量（g） | | | | 质量百分率（%） | | |
|---|---|---|---|---|---|---|---|---|---|---|---|---|---|
| | 苯 | 水 | | 乙醇 | | | 苯 $\rho=$ | 水 $\rho=$ | 乙醇 $\rho=$ | 合计 | 苯 | 水 | 乙醇 |
| | | 每次加 | 合计 | 每次加 | 合计 | | | | | | | | |
| 4 | 2 | | | 0.9 | | 清变浊 | | | | | | | |
| 5 | 2 | 0.6 | | | | 浊变清 | | | | | | | |
| 6 | 2 | | | 1.5 | | 清变浊 | | | | | | | |
| 7 | 2 | 1.5 | | | | 浊变清 | | | | | | | |
| 8 | 2 | | | 3.5 | | 清变浊 | | | | | | | |
| 9 | 2 | 4.5 | | | | 浊变清 | | | | | | | |
| 10 | 2 | | | 7.5 | | 清变浊 | | | | | | | |

室温：________________ 大气压：________________

**2. 连结线的测定**

用移液管分别取6mL苯、6mL水、4mL乙醇放入干燥分液漏斗中，充分振摇后静置待其分层。然后将两液层分别加入干燥的已称重的50mL碘量瓶中再称其总质量。将实验数据记录表5-5。

**表5-5　三组分体系连结线的测定实验数据记录**

| | 苯 | 水 | 乙醇 | 1号瓶重+苯层重=　　g |
|---|---|---|---|---|
| | | | | 2号瓶重+水层重=　　g |
| 体积（mL） | 6 | 6 | 4 | $W_{水层}=$ |
| 质量（g） | | | | $W_{苯层}=$ |
| 质量百分比（%） | | | | $W_{水层}:W_{苯层}=$ |

1号瓶重：________________g；2号瓶重：________________。

## （二）数据处理

1. 查出苯、乙醇、水在实验温度下的密度。

2. 互溶度曲线的绘制。首先计算滴定终点时各编号溶液中各成分的体积（苯约为2mL，只在编号1时取一次；水和乙醇的体积要依次累加），再根据其密度换算成质量，求出各编号溶液的质量百分组成，把计算结果填入表5-4，并将组成数据绘于三角形坐标纸上，把各点连成一平滑曲线，用虚线将曲线延到三角形的两个顶点（水与苯在室温下看成是完全不互溶的）。

3. 规则绘制连结线：根据实验数据求出物系点P的总组成及其两共轭液层的质量，按公式计算其比值。绘制连结线确定两共轭层的组成。

## 五、注意事项

1. 滴定时要充分振荡，同时注意观察终点（微浑浊或刚刚变澄清）。

2. 锥形瓶、分液漏斗、移液管要清洁干燥。

## 六、思考题

1. 用相律说明，当温度、压力恒定时，互溶度曲线内、外的相数和自由度数。
2. 连结线与曲线相交的两点（a 和 b）表示什么意思？

# 实验 5－3　差热分析

## 一、实验目的

1. 用差热分析装置对 $CuSO_4 \cdot 5H_2O$ 进行差热分析。
2. 掌握差热谱图的分析与热稳定性确定的方法。
3. 了解差热分析装置的主要构造，学会操作技术。

## 二、实验原理

许多物质在加热或冷却过程中会发生熔化、凝固、晶型转变、分解、化合、吸附、脱附等物理化学变化。这些变化常伴随有体系焓的改变，因而产生热效应。表现为该物质与外界环境之间有温度差。选择一种对热稳定的物质作为参比物，将其与样品一起置于电炉中。分别记录参比物的温度以及样品与参比物间的温度差。以温差对温度作图即得到差热分析曲线。从差热分析曲线可以获得有关热力学和动力学方面的信息。

差热分析装置主要由差热分析炉（电炉）、差热分析仪、温度传感器、差热分析软件、电脑和打印机组成，如图 5－4 所示。

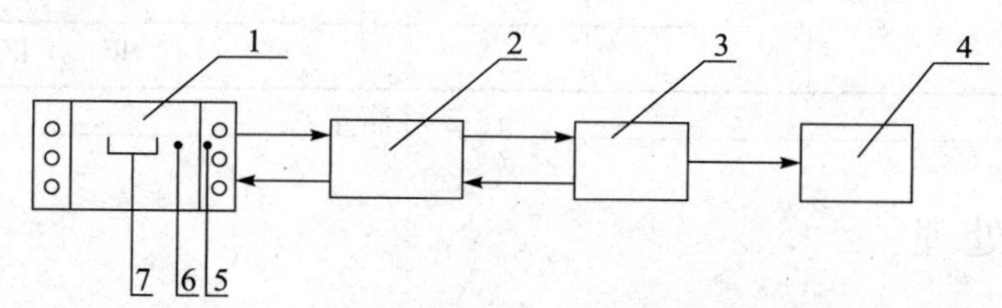


图 5－4　ZCR－I 差热分析装置结构方框图

1. 差热分析炉　2. 差热分析仪　3. 电脑　4. 打印机　5. 温控（Ts）热电偶　6. 参比物测温热电偶（To）　7. DTA 测温热电偶及托盘

差热分析炉的结构如图 5－5 所示。

差热分析装置原理如图 5－6 所示。

当试样在加热过程中由于热效应与参比物之间出现 $\Delta T$ 时，通过差热放大电路和差动热量补偿放大器，使流入补偿电热丝的电流发生变化。当试样吸热时，补偿放大使试样一边的电流增大；当试样放热时，补偿放大则使参比物一边的电流增大，直至两边热量平衡。始终保持 $\Delta T=0$。换句话说，试样在热反应时发生热量变化，由于及时输入电功率而得到补偿。所以实际记录的是试样和参比物下面两只电热补偿的热功率之差，随

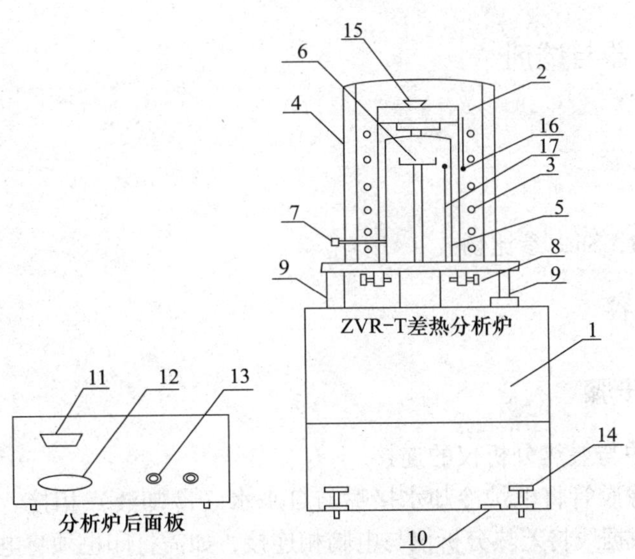


图 5-5 ZCR-I 差热分析电炉结构示意图

1. 电炉座 2. 炉体 3. 电炉丝 4. 保护罩 5. 炉管 6. 坩埚托盘及差热热电偶 7. 炉管调节螺栓 8. 炉体固紧螺栓 9. 炉体定位（右）及升降杆（左） 10. 水平仪 11. 热电偶输出接口 12. 电源插座 13. 冷却水接口 14. 水平调节螺丝 15. 炉膛端盖 16. 炉温热电偶 17. 参比物测温热电偶

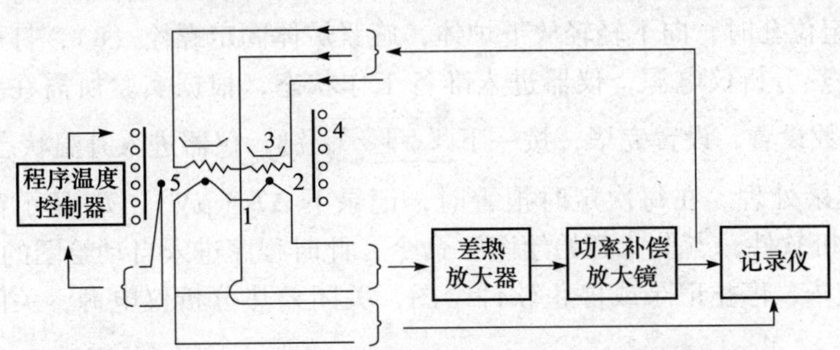


图 5-6 功率补偿式差热分析原理

1. 温差热电偶 2. 补偿电热丝 3. 坩埚 4. 电炉 5. 控温热电偶

时间 $t$ 的变化（$dH/dt-T$）。如果升温速率恒定，记录的也就是热功之差随温度 $T$ 的变化（$dH/dt-T$），见图 5-7。

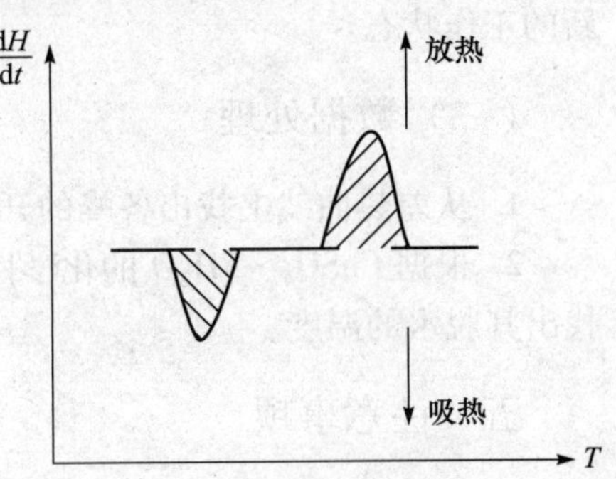


图 5-7 差热分析曲线

其峰面积 $S$ 就是热效应数值：

$$\Delta H=\int\frac{dH}{dt}\cdot dt$$

如果事先用已知相变热的试样标定仪器常数，那么待测样品的峰面积 $S$ 乘仪器常数就可得到 $\Delta H$ 的绝对值。仪器常数的标定，可以用测定锡、铅、铟等纯金属的熔化，从其熔化热的文献值即可得到仪器常数。

## 三、实验仪器与试剂

**1. 仪器**

差热分析仪1套。

**2. 试剂**

$CuSO_4 \cdot 5H_2O$，Sn，参比物$\alpha-Al_2O_3$。

## 四、实验内容

### （一）实验步骤

1. 差热分析炉与差热分析仪的连接。

2. 用配备的橡胶管将电炉冷却水接嘴与自来水（冷却液）相接。

3. 用配备的数据线将差热分析仪与电脑相连接，如需打印也须将电脑与打印机连接。

4. 将试样（$CuSO_4 \cdot 5H_2O$）称重（约6～10mg）放入一只坩埚内，另一只坩埚内放入同样质量的经过煅烧的参比物（$\alpha-Al_2O_3$）。轻轻抬起炉体后，逆时针旋转炉体（90°），露出样品托盘，分别用镊子将试样、参比物坩埚放在两只托盘上，以炉体正面为基准，左托盘放置Sn，右托盘放置$\alpha-Al_2O_3$，顺时针转回炉体（90°），当炉体定位杆（7）对准定位孔时，向下轻轻放下炉体，旋紧炉体固定螺栓（8），打开冷却水。

5. 接通差热分析仪电源，仪器进入准备工作状态，根据实验所需在差热分析仪前面板上进行参数设置，设置完毕，按一下 $T_O/T_S/T_G$ 键，仪器进入升温状态。

6. 数据记录处理。在每次定时报警时，记录下$\Delta T$（μV）、$T_0$显示窗口显示的示值，或打开微机软件，点击“开始绘图”命令，此时程序进入自动绘图的工作状态。

7. 实验完毕，停止记录或停止软件绘图，关闭差热分析仪电源，关闭差热分析炉冷却自来水。

注：如果在实验中欲改变参数设置，须先按 $T_O/T_S/T_G$ 键，至$T_G$指示灯亮，再用功能键和移位键及增减键重新设置。设置完毕须再按一下 $T_O/T_S/T_G$ 键，仪器又自动进入新的工作状态。

### （二）数据处理

1. 从差热曲线上找出各峰的开始温度和峰温度。

2. 根据$CuSO_4 \cdot 5H_2O$的化学性质，讨论各峰所代表的可能反应，写出反应方程式，找出其脱水的温度。

## 五、注意事项

1. 试样$CuSO_4 \cdot 5H_2O$需研磨使其粒度与参比物$\alpha-Al_2O_3$相仿（200目），并使两者在坩埚内填装的紧密程度基本一样，同时$CuSO_4 \cdot 5H_2O$试样坩埚必须放在左托盘上，$\alpha-Al_2O_3$参比物坩埚必须放在右托盘上，否则实验将无法实现。

2. 必须先通冷却水，再接通电源，以免加热电炉损坏。

3. 用镊子取放坩埚要轻拿轻放，特别小心，不可把样品弄翻（样品撒入托盘内会造成仪器无法使用）；托、放炉体时不得挤压、碰撞放坩埚的托架（该托架实际是测温探头，价格昂贵，损坏无法修复）；炉管应调整在炉膛中心位置（炉管偏离炉膛中心可能影响炉子的加热线性）。

## 六、思考题

1. 影响差热分析结果的主要因素有哪些？
2. 差热曲线的形状与哪些因素有关？
3. 差热分析实验中，若把样品和参比物位置放颠倒，对所测差热图谱有何影响？对实验结果有无影响？为什么？
4. 升温过程与降温过程所做的差热分析结果相同吗？为什么？

# 实验5-4　凝固点降低法测定摩尔质量

## 一、实验目的

1. 掌握用凝固点降低法测定非电解质溶质的摩尔质量。
2. 了解用凝固点降低法研究植物的某些生理现象。

## 二、实验原理

溶液的凝固点一般低于纯溶剂的凝固点，这种现象称为凝固点降低。非挥发性的非电解质的稀溶液，其凝固点降低值与浓度的关系可用下式表示：

$$T_f - T_s = \Delta T_f = \frac{RT_f^2}{\Delta H_f} \cdot \frac{n_B}{n_A} \tag{5-1}$$

式中 $T_f$ 为纯溶剂的凝固点；$T_s$ 为溶液的凝固点；$\Delta T_f$ 为溶液的凝固点降低值；$\Delta H_f$ 为纯溶剂的摩尔凝固热；$n_A$ 为溶剂的物质的量；$n_B$ 为溶质的物质的量。

设在质量为 $W_A$ 的溶剂中溶有质量为 $W_B$ 的溶质，$M_A$ 和 $M_B$ 分别表示溶剂与溶质的摩尔质量，则上式又可写为：

$$\Delta T_f = \frac{RT_f^2}{\Delta H_f} \cdot \frac{M_A}{1000}\left(\frac{W_B}{M_B} \cdot \frac{1000}{W_A}\right) = K_f \frac{W_B}{M_B} \cdot \frac{1000}{W_A} \tag{5-2}$$

式中 $K_f$ 为凝固点降低常数，它只与溶剂的性质有关，而与溶质的性质无关。

根据上式，如果 $W_A$、$W_B$ 为已知，可由 $\Delta T_f$ 值计算出溶质的摩尔质量 $M_B$。利用凝固点降低来求摩尔质量是一种简单而又准确的方法，但应注意使用的条件。从公式(5-2)可以看出 $\Delta T_f$ 值的大小与溶质在溶液中的“有效质点”数有关。因此如果溶质在溶液中产生缔合、解离、溶剂化或生成络合物等情况时，用此法求出的摩尔质量为表观摩尔质量。如果已知溶质的摩尔质量则可用此法研究溶液的缔合度及电解质的电离度、活度及活度系数等性质。

生物体内有自动调节液体浓度以适应外界环境的能力。植物处在低温或干旱条件下，通过酶的作用可将多糖、蛋白质等大分子物质分解成小分子的双糖、单糖、草酸、氨基酸等，从而大大提高生物体内液体中溶质的有效质点浓度，使体系的渗透压升高，凝固点降低，以抵御外界的干旱、低温条件，所以测定植物液汁的凝固点降低，可以用来研究植物的某些生理现象。

稀溶液的渗透压为 $\pi = cRT$，式中 $c$ 为溶质的量浓度，对稀溶液

$$c = \frac{\Delta T_f}{K_f} \qquad (5-3)$$

所以：

$$\pi = \frac{\Delta T_f}{K_f}RT \qquad (5-4)$$

测出稀溶液的凝固点降低值，即可由式（5－4）求出它的渗透压。

## 三、实验仪器与试剂

**1. 仪器**

凝固点测定仪 1 套，贝克曼温度计 1 支，普通温度计（－10～100℃）1 支，读数放大镜 1 个，移液管（50mL）1 支，称量瓶、1000mL 烧杯、400mL 烧杯各 1 个。

**2. 试剂**

葡萄糖（分析纯），植物汁液，粗食盐及水。

## 四、实验内容

### （一）实验步骤

**1. 冷冻剂的制备**

将玻璃缸内放入一定量的碎冰块，加入适量的冷水和粗食盐，搅拌使冷冻剂降至－1℃～－5℃之间。测定过程中还要逐渐加入食盐和冰块并经常搅动，使冷冻剂维持一定的低温。

**2. 溶剂凝固点的测定**

仪器装置如图 5－8 所示。取干净的测定管，加入纯溶剂 30mL 左右（其量应没过温度计的下端水银槽），插入贝克曼温度计及细搅棒后，开始测定溶剂的近似凝固点。

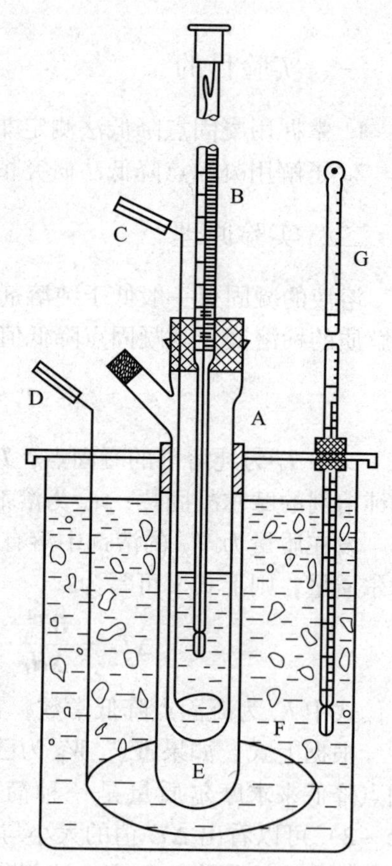


图 5－8　凝固点测定示意图

A. 凝固管　B. 贝克曼温度计　C. 搅棒　D. 搅棒　E. 套管　F. 玻璃缸　G. 温度计

将装有溶剂的测定管直接插入冷冻剂中，轻轻上下移动搅棒，溶剂温度便不断下降，最后当有冰花出现时，水银柱不再下降，读出温度计读数（读至小数后二位），此即为溶剂近似凝固点的刻度（$T_f$）。

然后再测定纯溶剂的精确凝固点。将测定管

取出，置于室温中搅拌，使冰块全溶化。再将测定管插入冷冻剂中冷却，轻轻搅动，使温度下降到 $T_f + 0.3$℃左右，将测定管外部擦干，套上套管（套管要事先置于冷冻剂中，以免管内空气温度过高），由于套管中的测定管周围有空气层，不与冷冻剂直接接触，故冷却速度较慢，从而使溶剂各部分温度均一。此时继续缓慢而均匀地搅拌溶剂，搅拌时应防止搅棒与温度计及管壁摩擦，当温度比 $T_f$ 低 0.5℃左右时开始剧烈搅拌，以打破过冷现象，促使晶体出现。当晶体析出时温度迅速上升，这时便改为缓慢搅拌，当温度达到某一刻度稳定不变时，读出该温度值（读至小数点后三位）。重复测定一次，两次读数差值不可超过 0.005℃，取平均值，即为溶剂的凝固点（$T_f$）。

**3. 葡萄糖溶液凝固点的测定**

由于固态纯溶剂的析出，溶液的浓度会逐渐增大，因而剩余溶液与固态纯溶剂成平衡的温度也在逐步下降。所以溶液的凝固点是溶液中刚刚析出固态溶剂时的温度。因此应控制不使溶液温度过冷太多。

称取 1.5g 葡萄糖置于干燥清洁的烧杯中，用移液管吸取 30mL 蒸馏水注入杯中，搅匀后，用少量溶液冲洗测定管、搅棒和贝克曼温度计三次，余下的溶液倒入测定管中，按照测量纯溶剂凝固点的方法先后测定该溶液凝固点的近似值与精确值（有时也可在测定管中准确地装入一定体积的纯溶剂，测出其凝固点后，再由侧管投入一定量的压成小片的溶质，测定其凝固点）。

**4. 植物液汁渗透压的测定**

取两个不同的植物液汁样本，如室温及低温下保存的马铃薯，分别榨取其液汁。依上法测定其凝固点。注意测定管、搅棒及贝克曼温度计均用测定液汁先冲洗两次，搅拌不要过于剧烈，以免产生很多泡沫使溶剂不易结晶析出。计算其渗透压值，说明它们产生差别的原因。

### （二）数据记录与处理

1. 将测定的数据列表。
2. 根据测定的 $\Delta T_f$ 值计算葡萄糖的摩尔质量。
3. 计算植物液汁的渗透压。

## 五、思考题

1. 根据什么原则考虑加入溶质的量，太多或太少对实验结果影响如何？
2. 本实验中为何要测纯溶剂的凝固点？
3. $K_f$ 如何得到？
4. 过冷程度较大对实验结果影响如何？
5. 实验中搅拌的作用是什么？何时该快？何时该慢？为什么？

# 实验5－5 蔗糖的转化

## 一、实验目的

1. 根据物质的光学性质研究蔗糖水解反应，测定其反应速度常数和半衰期，并验证为一级反应。

2. 了解旋光仪的基本原理，掌握旋光仪的正确使用方法。

## 二、实验原理

蔗糖在水中水解成葡萄糖与果糖的反应为

$$\underset{\text{蔗糖}}{C_{12}H_{22}O_{11}} + H_2O \xrightarrow{H^+} \underset{\text{葡萄糖}}{C_6H_{12}O_6} + \underset{\text{果糖}}{C_6H_{12}O_6}$$

此反应的反应速度与蔗糖的浓度、水的浓度以及催化剂 $H^+$ 的浓度有关。在催化剂浓度固定条件下，这个反应本是二级反应，但由于有大量水存在，虽然有部分水分子参加反应，在反应过程中水的浓度变化极小。因此，反应速度只与蔗糖浓度成正比。故可以视为一级反应，速度方程为：

$$-\frac{dC}{dt} = kC \tag{5-5}$$

式中：$k$ 是反应速度常数；$C$ 为时间 $t$ 时蔗糖剩余浓度。

其定积分式为：

$$k = \frac{2.303}{t}\lg\frac{C_0}{C} \tag{5-6}$$

式中：$C_0$ 为蔗糖的初浓度，$C$ 为时间 $t$ 时蔗糖剩余浓度。

在本反应中，蔗糖及其水解产物均为旋光物质。蔗糖是右旋的，水解混合物是左旋的。当反应进行时，如以一束偏振光通过溶液，则可以观察到偏振面由右边旋向左边。偏振面的转移角度称为旋光度。以 $\alpha$ 表示。故可用体系反应过程中旋光度的改变来量度反应的进程。测得之旋光度的大小与溶液中所含旋光物质的旋光能力、溶液浓度、溶剂性质及液层厚度、光源波长以及温度等因素均有关系。

为了比较各种物质的旋光能力，引入比旋光度［$\alpha$］这一概念并以下式表示：

$$[\alpha]_D^t = \frac{\alpha}{l \cdot C} \tag{5-7}$$

式中：$t$ 为实验时的温度；$D$ 为所用光源的波长；$\alpha$ 为旋光度；$l$ 为液层厚度；$C$ 为浓度，式（5－7）可写成：

$$\alpha = [\alpha]_D^t l \cdot C \tag{5-8}$$

由式（5－8）可以看出，当其他条件不变时，旋光度 $\alpha$ 与反应浓度成正比，即

$$\alpha = KC \tag{5-9}$$

式中：$K$ 是与物质的旋光能力、液层厚度、溶剂性质、光源的波长、反应时的温度等有关系的常数。蔗糖是右旋光性物质（比旋光度 $[\alpha]_D^n = 66.6°$），产物中葡萄糖也是右旋

性物质（比旋光度 $[\alpha]_D^2=52.5°$），果糖是左旋性物质（比旋光度 $[\alpha]_D^2=-91.9°$）。因此当水解反应进行时，右旋角不断减小，当反应终了时体系将经过零点变成左旋。

因为上述蔗糖水解反应中，反应物与生成物都具有旋光性，旋光度与浓度成正比，且溶液的旋光度为各组成旋光度之和（加和性）。若反应时间为 0、$t$、∞ 时，溶液的旋光度各为 $\alpha_0$、$\alpha_t$、$\alpha_\infty$。则由式（5-9）可以写出：

最初的旋光度为 $\alpha_0=K_{反}C_0$ （蔗糖尚未转化 $t=0$） (5-10)

最后的旋光度为 $\alpha_\infty=K_{生}C_\infty$ （蔗糖全部转化 $t=\infty$） (5-11)

式中：$K_{反}$、$K_{生}$ 分别为反应物与生成物之比例常数。$C_0$ 为反应物质的最初浓度，亦即生成物最后之浓度。

当反应时间 $t$ 时，蔗糖浓度为 $C$，旋光度为 $\alpha_t$，可写出：

$$\alpha_t=K_{反}C+K_{生}(C_0-C) \tag{5-12}$$

由式（5-10）-式（5-11），式（5-12）-式（5-11）即导出：

$$C_0=\frac{\alpha_0-\alpha_\infty}{K_{反}-K_{生}}=K(\alpha_0-\alpha_\infty) \tag{5-13}$$

$$C=\frac{\alpha_t-\alpha_\infty}{K_{反}-K_{生}}=K(\alpha_t-\alpha_\infty) \tag{5-14}$$

将式（5-13）、式（5-14）代入式（5-6）即得：

$$k=\frac{2.303}{t}\lg\frac{\alpha_0-\alpha_\infty}{\alpha_t-\alpha_\infty} \tag{5-15}$$

或

$$\lg(\alpha_t-\alpha_\infty)=-\frac{k}{2.303}\cdot t+\lg(\alpha_t-\alpha_\infty) \tag{5-16}$$

由式（5-16）可以看出，如以 $\lg(\alpha_t-\alpha_\infty)$ 对 $t$ 作图可得一直线，由直线的斜率即可求出反应速度常数 $k$。

## 三、实验仪器与试剂

**1. 仪器**

旋光仪，秒表，烧杯（50mL，2 个），容量瓶（50mL），移液管（25mL，2 个），托盘天平，温度计（0℃～100℃）。

**2. 试剂**

4mol·$L^{-1}$盐酸，蔗糖（分析纯）。

## 四、实验内容

### （一）实验步骤

**1. 熟悉仪器**

了解和熟悉旋光仪的构造和使用注意事项。

**2. 旋光仪零点的校正**

洗净旋光管各部分零件，将旋光管一端内盖子旋紧，向管内注蒸馏水（蒸馏水为非旋光物质），取玻璃盖片沿管口轻轻推入盖好，再旋紧套盖，勿漏水或有气泡产生。用滤纸擦净旋光管的外部，再用软擦镜纸擦干两端的玻璃盖片。把旋光管放入旋光仪内，打开光源，调整目镜焦距使视野清晰。然后旋转检偏镜，使在视野中能观察到三分视野并调至明暗相等为止。记下刻度盘读数（即 $\alpha=0$ 时仪器对应的刻度），重复操作三次，取其平均值，即此为旋光仪的零点。测完取出旋光管，倒出蒸馏水。

**3. 蔗糖水解过程中 $\alpha_t$ 的测定**

用25mL 移液管吸取蔗糖溶液于小烧杯中，然后再用另一支 25mL 移液管吸取 $4mol \cdot L^{-1}$ 盐酸溶液加入此蔗糖溶液中。当盐酸溶液由移液管中流出约一半时开动停表，作为反应的开始时间。不断摇动混合液使之均匀，迅速用少量混合液清洗两次旋光管，然后将此混合液注满旋光管，盖好玻璃片，旋紧套盖（检查不许漏水或有气泡）。擦干旋光管及两端玻璃片，立刻置入旋光仪中，测量各时间 $t$ 时溶液的旋光度 $\alpha_t$。测定时要迅速准确，在反应开始的前 15 分钟要求每分钟测定一次旋光值，以后可每 5 分钟测一次，直至旋光值从正值经过零到负值（即溶液旋光角从右旋到左旋）为止（反应时间约为 100 分钟左右）。

**4. $\alpha_\infty$ 的测定**

为了测定反应终了时的旋光度 $\alpha_\infty$，可将步骤 3 小烧杯中剩余的混合液置 60℃左右的水浴中温热 30 分钟，以加速水解反应。然后冷却到室温，再按上述方法测定旋光值即为 $\alpha_\infty$。

## （二）实验记录

蔗糖水解过程中的实验记录如表 5－6 所示。

**表 5－6　蔗糖水解实验记录**

| 反应时间（分钟） | $\alpha_t$ | 反应时间（分钟） | $\alpha_t$ | 反应时间（分钟） | $\alpha_t$ | 反应时间（分钟） | $\alpha_t$ |
|---|---|---|---|---|---|---|---|
| 1 | | 8 | | 15 | | 50 | |
| 2 | | 9 | | 20 | | 55 | |
| 3 | | 10 | | 25 | | 60 | |
| 4 | | 11 | | 30 | | … | |
| 5 | | 12 | | 35 | | … | |
| 6 | | 13 | | 40 | | … | |
| 7 | | 14 | | 45 | | 100 | |

室温：________________　$\alpha_\infty$：________________

## （三）数据处理

1. 以 $\alpha_t$ 对 $t$ 作图。从曲线上，读出等间隔时间 $t$（要求每间隔 5 分钟）时的旋光角 $\alpha_t$，并算出（$\alpha_t-\alpha_\infty$）和 $\lg(\alpha_t-\alpha_\infty)$ 之数值。

2. 以 $\lg(\alpha_t-\alpha_\infty)$ 对 $t$ 作图，由图线的形状判断反应的级数，由直线的斜率求出反应速度常数 $k$。

3. 由 $k$ 值计算这一反应的半衰期 $t_{1/2}$。

## 五、注意事项

1. 旋光仪的读值方法要掌握熟练后，方可开始正式进行实验。

2. 旋光管的清洗和使用过程中，注意不要用力过猛，避免破碎。

3. 向旋光管中注入溶液时，可小心使液面在管口形成一凸形，然后把玻璃片贴紧管口后轻轻推入盖好，即可使管内没有气泡形成。

4. 实验结束应立刻将旋光管清洗干净，防止酸对旋光管腐蚀。

## 六、思考题

1. 为什么配蔗糖溶液可用粗天平称量？

2. 一级反应的特点是什么？

3. 为什么可用蒸馏水测定旋光仪的零点校正？

# 实验 5-6　硫酸链霉素水解的研究

## 一、实验目的

1. 通过实验了解与掌握药物水解反应的特征。

2. 测定反应速度常数和反应活化能。

3. 掌握 T6 型分光光度计的使用方法。

## 二、实验原理

硫酸链霉素是氨基糖苷类抗生素，链霉胍与链霉双糖胺相连结的苷链易水解断裂。使硫酸链霉素水溶液呈不稳定性。硫酸链霉素水解是受酸碱催化的假一级反应。

硫酸链霉素水解反应的活化能与 pH 有关，在 pH = 4 ~ 5 及 pH = 6 ~ 7 范围，活化能出现极大值，速度常数 $k$ 出现极小值。在 20℃ 时，$k$ 值最小，所对应的最稳定 pH 值（即 $pH_m$）为 4.4 和 6.6。

硫酸链霉素在碱性下水解时定量地产生麦芽酚。

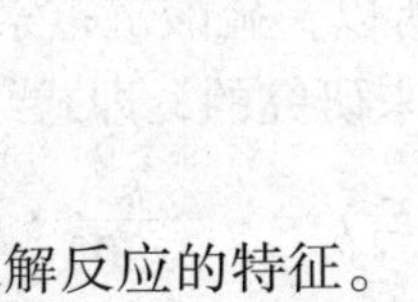

麦芽酚

硫酸链霉素 + $H_2O \xrightarrow{OH^-}$ 麦芽酚 + 其他降解物

此反应的反应速度服从一级反应动力学方程式，即：

$$\lg(C_0 - X) = -\frac{k}{2.303} \cdot t + \lg C_0 \qquad (5-17)$$

式中：$C_0$ 为链霉素的初浓度；

$X$ 为 $t$ 时间链霉素水解掉的浓度；

$t$ 为水解时间（以分钟为单位）；

$k$ 为水解反应速度常数。

若以 $\lg(C_0-X)$ 对 $t$ 作图则得一直线，由图求得直线斜率，即可求出反应速度常数。

硫酸链霉素水溶液浓度测定原理是根据它在碱性水解时定量产生的麦芽酚在酸性条件下能与三价铁离子作用生成紫红色络合物的性质，应用络合物比色法进行测定。

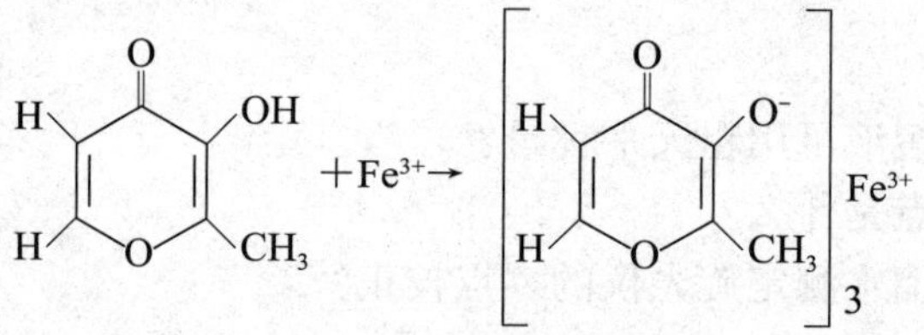

$$\text{(麦芽酚)} + Fe^{3+} \rightarrow [\text{(麦芽酚负离子)}]_3 Fe^{3+}$$

由于硫酸链霉素水溶液的初浓度与此溶液中硫酸链霉素全部水解产物测得的消光值 $E_\infty$ 成正比，即 $C_0 \propto E_\infty$；而在不同时间 $t$，硫酸链霉素水解产物的浓度 $X$ 是与该时间测得的消光值 $E_t$ 成正比，即 $X \propto E_t$。所以，硫酸链霉素水溶液水解反应速度的规律是可以用测定不同时间反应物的消光值 $E_t$ 来研究的，即式（5－17）可以变为：

$$\lg(E_\infty - E_t) = -\frac{k}{2.303}\cdot t + \lg E_\infty \qquad (5-18)$$

以 $\lg(E_\infty - E_t)$ 对 $t$ 作图得一直线，由图求得直线斜率，求出反应速度常数。

若用同样方法在两个不同温度下测定速度常数 $k_{T_1}$、$k_{T_2}$，便可由阿累尼乌斯公式计算该反应的活化能 $E$。

$$\lg\frac{k_{T_2}}{k_{T_1}} = -\frac{E}{2.303R}\left(\frac{1}{T_2}-\frac{1}{T_1}\right) \qquad (5-19)$$

## 三、实验仪器与试剂

**1. 仪器**

T6 型分光光度计，水浴锅（2 台），锥形瓶（150mL，2 个），碘量瓶（50mL，13 个），秒表，移液管（20mL），移液管（5mL，2 支），量筒（100mL），广泛 pH 试纸。

**2. 试剂**

0.4% 硫酸链霉素水溶液，$2\text{mol}\cdot L^{-1}$ 氢氧化钠溶液，0.5% 的铁试剂。

## 四、实验内容

### （一）实验步骤

**1. 测定反应 $t$ 时间的消光值 $E_t$**

分别于二个 150mL 锥形瓶中各置 pH＝12（在室温下用 $2\text{mol}\cdot L^{-1}$ 氢氧化钠溶液调节，用万用 pH 试纸检验）的 0.4% 硫酸链霉素水溶液 50mL，并立即分别放入 40℃ 与

50℃的恒温水浴中，同时开始记录时间。40℃的每隔 15 分钟取样一次（共取 6 次），50℃的每隔 5 分钟取样一次（共取 6 次）。取样时要用移液管准确吸取 5mL 反应液，并与 20mL 的 0.5% 的铁试剂在 50mL 碘量瓶中混合并摇匀，混合液呈紫红色，放置 5 分钟后，再用 T6 型分光光度计在 520nm 波长处测得消光值 $E_t$。同样方法再测 2 次，并分别记录取样时间和消光值。

**2. 测定 $E_\infty$**

最后将剩余反应液，置于沸水中加热 10 分钟（盖好盖子，避免蒸发）冷却至室温，再吸取 5mL 反应液，并与 20mL 的 0.5% 的铁试剂在 50mL 碘量瓶中混合并摇匀，混合液呈较深紫红色，放置 5 分钟后，再用 T6 型分光光度计在 520nm 波长处测定消光值 $E_\infty$，即全部水解时的消光值。

### （二）实验记录

整个实验过程的实验记录如表 5－7 所示。

**表 5－7　硫酸链霉素水解的实验记录**

| | | 1 | 2 | 3 | 4 | 5 | 6 |
|---|---|---|---|---|---|---|---|
| 40℃ | 时间（分） | 15 | 30 | 45 | 60 | 75 | 90 |
| | 消光值（$E_t$） | | | | | | |
| | $E_\infty - E_t$ | | | | | | |
| | $\lg(E_\infty - E_t)$ | | | | | | |
| 50℃ | 时间（分） | 5 | 10 | 15 | 20 | 25 | 30 |
| | 消光值（$E_t$） | | | | | | |
| | $E_\infty - E_t$ | | | | | | |
| | $\lg(E_\infty - E_t)$ | | | | | | |

室温：__________　pH = __________　$E_\infty$ = __________

### （三）数据处理

1. 利用实验数据 $E_t$、$E_\infty$，计算出 $E_\infty - E_t$、$\lg(E_\infty - E_t)$ 的数值填入实验记录表。

2. 以 $\lg(E_\infty - E_t)$ 对 $t$ 作图。要求在同一坐标纸上分别绘出 40℃和 50℃的 $\lg(E_\infty - E_t)$ 对 $t$ 的直线图运用，用式（5－18）分别算出不同温度下的速度常数 $k$ 和半衰期 $t_{1/2}$。

3. 运用式（5－19）计算此反应的活化能 $E$。

## 五、注意事项

1. 注意正确使用 T6 型分光光度计。

2. 测定 $E_\infty$ 时，反应液水浴加热要盖好盖子，避免蒸发。切记，加热时间不可过长，时间过长锥形瓶可爆裂；取样时要趁热开盖，冷却至室温后再测试。

## 六、思考题

1. 试讨论影响本实验准确性的因素有哪些？

2. 试根据实验测得的40℃的反应速度常数，求出硫酸链霉素水溶液在此温度及pH =12 条件下水解掉原含量10%所需的时间。

## 实验5－7　吐温80水溶液表面张力及临界浓度的测定

### 一、实验目的

1. 测定不同浓度吐温80水溶液表面张力，计算吸附量与浓度的关系；确定吐温80在水中形成胶束的最低浓度（即临界浓度）。

2. 掌握最大泡压法测定表面张力的原理和方法。

### 二、实验原理

纯净的液体，其表面层的组成与内部组成相同，而溶液的情况则不然。大量事实证明，加入溶质后，若溶质能降低溶剂的表面张力，则其在表面层的浓度大于其在溶液内部的浓度。反之，溶质在表面层的浓度小于其在溶液内部的浓度。溶质这种在表面层的浓度与溶液内部浓度不同的现象叫做溶液表面的吸附。我们把加入少量就能显著减少溶液表面张力的物质称为表面活性物质（或表面活性剂）。

在一定温度与压力下，溶质的吸附量与溶液的浓度及表面张力的关系服从吉布斯吸附方程式：

$$\Gamma = -\frac{C}{RT}\left(\frac{d\sigma}{dc}\right)_T \qquad (5-20)$$

式中：$\Gamma$ 为吸附量（或表面过剩），单位是 $mol \cdot m^{-2}$；$\sigma$ 为表面张力（$N \cdot m^{-1}$）；$T$ 为绝对温度；$C$ 为溶液浓度（$mol \cdot dm^{-3}$）；$R$ 为气体常数 8.314（$J \cdot mol^{-1} \cdot K^{-1}$）；$\frac{d\sigma}{dc}$为改变单位浓度所引起溶液表面张力的变化，即称为表面活度。

吐温80是非离子表面活性物质，一定温度下在水中加入少量吐温80则水的表面张力显著下降，随着吐温80浓度的不断增加，水的表面张力逐渐降低。在溶液达到某一浓度时，溶液的表面张力达到一恒定值。此浓度称为吐温80在水中形成胶团的最低浓度（即临界浓度）。

本实验应用最大泡压法来测定不同浓度吐温80水溶液的表面张力（在一定温度下），并以吐温水溶液的表面张力对其组成作图（如图5－9）。根据表面张力与浓度的关系，可求出吸附量；再根据曲线上最低点所对应的浓度求出临界浓度。

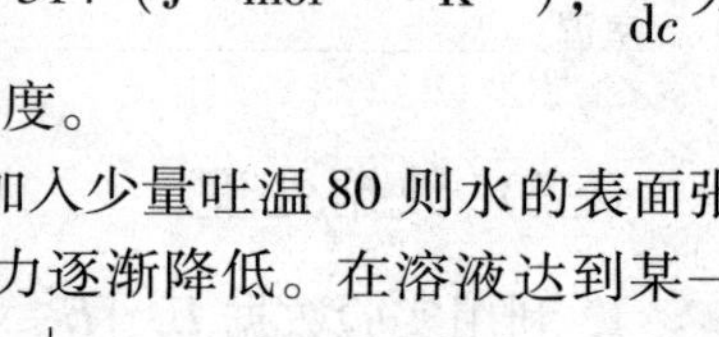

图5－9　表面张力等温线

本实验选用的列宾捷尔表面张力测定器，它所根据的原理是：毛细管脱出空气气泡所需要的最大压力（$p$）与液体的表面张力（$\sigma$）成正比。

即：

$$\sigma = kp$$

式中：$k$ 为常数，与毛细管半径有关。

如用同一毛细管测量两种液体的表面张力分别为 $\sigma_1$ 和 $\sigma_2$。

则

$$\sigma_1 = kp_1 \quad (5-21)$$

$$\sigma_2 = kp_2 \quad (5-22)$$

式（5－21）/式(5－22）得：

$$\frac{\sigma_1}{\sigma_2} = \frac{p_1}{p_2}$$

又因为 $p$ 正比于表面张力测定器中压力计的液差 $\Delta h$，所以：

$$\frac{\sigma_1}{\sigma_2} = \frac{\Delta h_1}{\Delta h_2}$$

$$\sigma_1 = \sigma_2 \cdot \frac{\Delta h_1}{\Delta h_2} \quad (5-23)$$

在任一温度下水的表面张力（$\sigma_2$）均可由手册查得（20℃时 $\sigma_{H_2O}$ 为 72.75N·m$^{-1}$），$\Delta h_2$ 可由实验测得。因此，同温度下任何浓度的吐温 80 水溶液的表面张力（$\sigma_1$），只要测得 $\Delta h_1$，即可由式（5－23）求出。

测定表面张力的装置如图 5－10 所示：

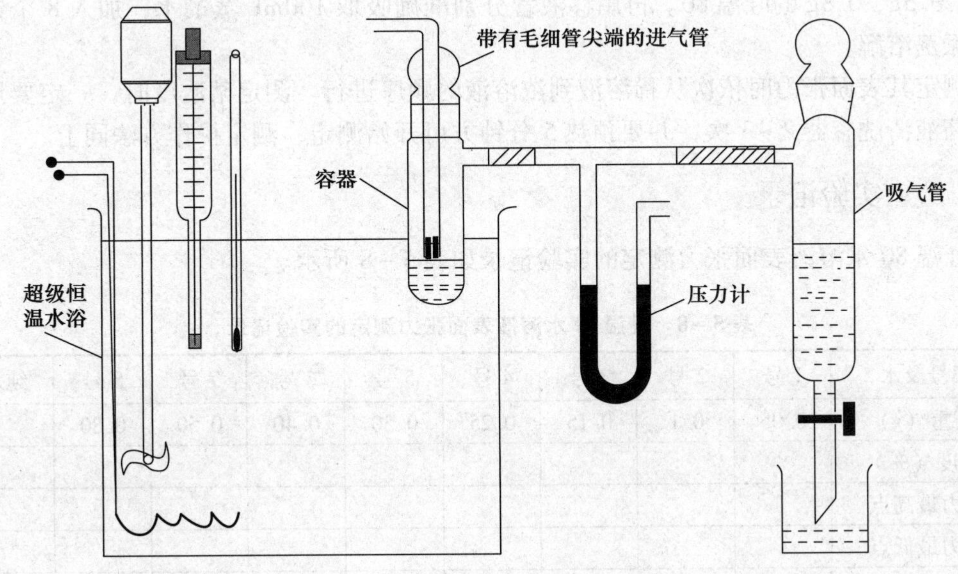


图 5－10　列宾捷尔表面张力测定器

## 三、实验仪器与试剂

### 1. 仪器

超级恒温槽，托盘天平，表面张力测定仪，锥形瓶（150mL，8 个），移液管（50mL），滴管（长式），烧杯（200mL），烧杯（100mL）。

### 2. 试剂

吐温－80（分析纯）。

## 四、实验内容

### （一）实验步骤

**1. 纯水表面张力的测定**

将洁净干燥的容器，置于20℃的恒温水浴中，用滴管吸取蒸馏水，使进气的毛细管垂直插入容器中时，以毛细管的尖端刚刚接触液面为准。在吸气管中装满水。当容器在恒温水浴中预热5分钟后开始测定。

将吸气管的活塞慢慢扭动，使水缓慢滴出，使测定器系统压力减低，当气泡从容器的毛细管尖端脱出时，系统内的压力又将增强。此时，控制吸气管水的流速，使毛细管尖端脱出的气泡一个跟着一个保持一定的速度和频率。每次气泡的逸出必有一个最大压力，当形成一定频率的气泡时，记录气泡脱出瞬间压力计中的最大柱差（即压力计最高点与最低点的差值 $\Delta h$），共记录3次，取其平均值。

**2. 不同浓度吐温80水溶液表面张力的测定**

在8个编号的洁净干燥的锥形瓶中，分别称取0.05g、0.1g、0.15g、0.25g、0.3g、0.4g、0.5g、0.8g的吐温80。再用移液管分别准确吸取100mL蒸馏水，加入8个锥形瓶中振荡溶解。

测定其表面张力时依次从稀溶液到浓溶液的顺序进行。测定某浓度时，一定要用此浓度药液清洗容器2~3次，并要预热5分钟方可开始测定，测定操作方法同上。

### （二）实验记录

吐温80水溶液表面张力测定的实验记录如表5－8所示。

**表5－8　吐温80水溶液表面张力测定的实验记录**

| 编号及水 | 1号 | 2号 | 3号 | 4号 | 5号 | 6号 | 7号 | 8号 | 纯水 |
|---|---|---|---|---|---|---|---|---|---|
| 药重（g） | 0.05 | 0.1 | 0.15 | 0.25 | 0.30 | 0.40 | 0.50 | 0.80 | |
| 浓度（%） | | | | | | | | | |
| 压力最高点 | | | | | | | | | |
| 压力最低点 | | | | | | | | | |
| $\Delta \overline{h_1}$ | | | | | | | | | $\Delta \overline{h_2}$ = |
| $\sigma_1$ | | | | | | | | | $\sigma_2$ = |

室温：________　实验温度：________　大气压：________

### （三）数据处理

1. 根据实验数据运用式（5－23）计算不同浓度的吐温80水溶液表面张力（$\sigma_1$），填入上表。

2. 绘制表面张力等温线。以 $\sigma$ 对 $c$ 作图，横坐标浓度要从零开始。

3. 在图中绘出吐温 80 水溶液的临界胶束浓度 CMC。

4. 在 $\sigma - c$ 曲线上取 0.1% ~0.15% 之间任一浓度对应的一点，作切线求其斜率 $m$，

$$m = \left(\frac{d\sigma}{dc}\right)_T$$

5. 根据吉布斯吸附方程式（5 - 20）式，求出此浓度的吸附量。

## 五、注意事项

1. 调节恒温水浴至 20℃恒温待用。

2. 容器的毛细管尖端必须洁净。

3. 每次测定时，毛细管接触液面的深度必须一致，以毛细管的尖端刚刚接触液面为宜。

4. 每次测定时，容器一定要预热 5 分钟，目的是使被测药液均在恒温 20℃条件下测定。

## 六、思考题

1. 本实验成败的关键因素是什么？

2. 操作过程中如将毛细管尖端插入液面过深有何影响？

# 实验 5 - 8　溶胶的制备、净化与性质

## 一、实验目的

1. 了解用凝聚法制备溶胶的方法及净化的作用；

2. 通过制备 $Fe(OH)_3$ 溶胶，熟悉溶胶的基本性质。

## 二、实验原理

固体以胶体分散程度分散在液体介质中即得溶胶。溶胶的基本特征有三：①多相体系，相界面很大；②高分散度，胶粒大小在 1 ~ 100nm 之间；③是热力学不稳定体系，有相互聚结而降低表面积的倾向。溶胶的制备方法可分为二类：一是分散法，把较大的物质颗粒变为胶体大小的质点；二是凝聚法，把分子或离子聚合成胶体大小的质点。本实验采取化学凝聚法制备 $Fe(OH)_3$ 溶胶，原理如下：

$$FeCl_3 + 3H_2O \longrightarrow Fe(OH)_3 + 3HCl$$

$$Fe(OH)_3 + HCl \longrightarrow FeOCl + 2H_2O$$

$$\downarrow$$

$$FeO^+ + Cl^-$$

$$[Fe(OH)_3]_n + mFeO^+ \longrightarrow \{[Fe(OH)_3]_n \cdot mFeO^+ \cdot (m - x)Cl^-\}^{x+} \cdot xCl^-$$

溶液中少量的铁氧离子和氯离子作为稳定剂离子，按特性选择吸附规则而被吸附，但更多的离子属杂质，影响溶胶的稳定性，故必须用渗析法除去。渗析采用半透膜，做半透膜的火棉胶使用的是纤维素与硝酸结合而成的低氮硝化纤维素，可取酒精与乙醚各50mL混合，加8g低氮硝化纤维素，溶解即得。半透膜的孔径大小与半透膜的干燥时间长短有关，时间短则膜厚而孔大，透过性强；时间长则膜薄而孔小，透过性弱。

溶胶的性质包括三个方面：光学性质、动力学性质与电学性质。

溶胶属热力学不稳定体系，外加电解质时易发生凝聚，但在大分子溶液的保护下，稳定性大大加强，抗凝结能力也就增强了。

## 三、仪器与试剂

**1. 仪器**

电泳仪1套，电炉（300W）1个，直流稳定电源1台，具暗视野镜头显微镜1台，试管架（小试管5只以上）1个，250mL锥形瓶1个，250mL烧杯1个，800mL烧杯1个。

**2. 试剂**

2% $FeCl_3$ 溶液，火棉胶，2%酒精松香溶液，1mol · $L^{-1}$ $Na_2SO_4$，2mol · $L^{-1}$ NaCl，0.5%白明胶溶液，稀盐酸。

## 四、实验内容

### （一）实验步骤

**1. 溶胶的制备**

在250mL烧杯中加入100mL蒸馏水，加热至沸，逐滴加入10mL 2% $FeCl_3$ 溶液，并不断搅拌，加完后继续沸腾几分钟，由于水解反应，得红棕色氢氧化铁溶胶。

**2. 半透膜的制备**

取一干洁的150mL锥形瓶，倒入约10mL火棉胶溶液，小心转动锥形瓶，使之在锥形瓶上形成均匀薄层，倾出多余的火棉胶液倒回原瓶，倒置锥形瓶于通风橱中的铁圈上，让剩余的火棉胶液流尽，并让溶剂挥发，10分钟后，在瓶口剥开一部分膜，在此膜与瓶壁间加几毫升水，用水使膜与瓶壁分开，轻轻取出并吹气使之成袋，检验袋里是否有漏洞，若有漏洞，只需擦干有洞的部分，用玻璃棒醮少许火棉胶液补上即可。

**3. 溶胶的净化**

把制得的 $Fe(OH)_3$ 溶胶置于半透膜内，捏紧袋口，置于大烧杯内，先用自来水渗析5分钟，再换成蒸馏水渗析5分钟。

**4. 溶胶的性质**

光学性质：将渗析好的溶胶取一些放入小试管中，用聚光灯照射，从侧面观察到一束光锥（此为丁达尔现象），另取一支小试管，加几毫升水，滴1滴酒精松香溶液，制得松香溶胶，在光路上进行比较，观察乳光强度大小，可区别溶胶与溶液。也可取一管蒸馏水作对比。

动力学性质：将制得的松香溶胶醮一点在载玻片上，加一盖玻片，放在暗视野显微

镜下。调节聚光器，直到能看到胶体粒子的无规则运动（即布朗运动）。（示教）

电学性质：取一电泳管洗净，加几毫升稀盐酸调至活塞内无空气，再夹到斐氏夹上。从小漏斗中加入氢氧化铁溶胶，小心开启活塞，让氢氧化铁缓慢上涌，不可太快，否则界面易冲坏，直到界面升至U型管分叉处，可再将界面上升速率调快些。等界面升到所需刻度，关上活塞，插上铂电极，画上划线。通直流电后，观察两极有何现象，两极各发生什么反应？过一会儿再看界面移动情况，并由此判断溶胶带什么电荷？（部分实验组做即可）

**5. 溶胶的凝聚与大分子溶液的保护作用**

凝聚：在两支小试管中各注入约1mL溶胶，分别滴加NaCl与$Na_2SO_4$溶液，观察比较产生凝聚现象时，电解质溶液的用量各是多少。

大分子溶液的保护作用：取三支小试管，各加入1mL溶胶，分别加入0.01mL、0.1mL及1.0mL的0.5%白明胶液，然后加蒸馏水使三管总量相等。再各加1mL的2mol·$L^{-1}$NaCl溶液，观察哪一管发生凝聚，如在最前的两支试管内有凝聚现象时，则表示保护作用发生在0.1mL及1.0mL之间，为了更准确地测定，应当再用0.2mL、0.5mL及0.7mL白明胶进行试验，以此类推，最后能较准确确定保护作用是在哪一条件下发生的。

## （二）数据记录与处理

大气压强：__________Pa，室温：__________℃

溶胶的光学性质：

溶胶的动力学性质：

溶胶的电学性质：

**表5-9　大分子溶液对溶胶的保护作用**

| 实验内容 | 加电解质溶液 | 现象 | 解释 |
|---|---|---|---|
| 1mL $Fe(OH)_3$ 溶胶 | 加NaCl溶液____滴 | | |
| 1mL $Fe(OH)_3$ 溶胶 | 加$Na_2SO_4$溶液____滴 | | |
| 1mL $Fe(OH)_3$ 溶胶加1mL白明胶 | 加1mL的NaCl溶液 | | |
| 1mL $Fe(OH)_3$ 溶胶加0.1mL白明胶补水 | 加1mL的NaCl溶液 | | |
| 1mL $Fe(OH)_3$ 溶胶加0.01mL白明胶补水 | 加1mL的NaCl溶液 | | |
| 1mL $Fe(OH)_3$ 溶胶加0.2mL白明胶补水 | 加1mL的NaCl溶液 | | |
| 1mL $Fe(OH)_3$ 溶胶加0.5mL白明胶补水 | 加1mL的NaCl溶液 | | |
| 1mL $Fe(OH)_3$ 溶胶加0.7mL白明胶补水 | 加1mL的NaCl溶液 | | |

结论：（通过实验说明，白明胶的量在什么区间就可对溶胶起到保护作用）

## 五、思考题

1. 制得的溶胶为什么要净化？加速渗析可以采取什么措施？
2. 电泳时两电极分别发生什么反应？试用电极反应方程式表示之。

# 实验 5-9 黏度法测定高聚物摩尔质量

## 一、实验目的

1. 掌握用乌贝路德（ubbelohde）黏度计测定高聚物（线型分子）溶液黏度的原理和方法。
2. 测定高聚物聚乙二醇的黏均摩尔质量。

## 二、实验原理

单体分子经加聚或缩聚过程便可合成高聚物。高聚物中每个分子的大小并非都相同，即聚合度不一定相同，所以高聚物的摩尔质量是一个统计平均值。对于聚合和解聚过程的机理和动力学的研究，以及为了改良和控制高聚物产品的性能，高聚物摩尔质量是必须掌握的重要数据之一。

高聚物溶液的特点是黏度特别大，原因在于其分子链长度远大于溶剂分子，加上溶剂化作用，使其在流动时受到较大的内摩擦阻力。

黏性液体在流动过程中，必须克服内摩擦阻力而做功。其所受阻力的大小可用黏度系数 $\eta$（简称黏度）来表示（$kg \cdot m^{-1} \cdot s^{-1}$）。

高聚物稀溶液的黏度是液体流动时内摩擦力大小的反映。纯溶剂黏度反映了溶剂分子间的内摩擦力，记作 $\eta_0$，高聚物溶液的黏度则是高聚物分子间的内摩擦、高聚物分子与溶剂分子间的内摩擦以及 $\eta_0$ 三者之和。在相同温度下，通常 $\eta > \eta_0$，相对于溶剂，溶液黏度增加的分数称为增比黏度，记作 $\eta_{sp}$，即

$$\eta_{sp} = \frac{\eta - \eta_0}{\eta_0}$$

而溶液黏度与纯溶剂黏度的比值称作相对黏度，记作 $\eta_r$，即

$$\eta_r = \eta / \eta_0$$

$\eta_r$ 反映的也是溶液的黏度行为，而 $\eta_{sp}$ 则意味着已扣除了溶剂分子间的内摩擦效应，仅反映了高聚物分子与溶剂分子间和高聚物分子间的内摩擦效应。

高聚物溶液的增比黏度 $\eta_{sp}$ 往往随质量浓度 $c$ 的增加而增加。为了便于比较，将单位浓度下所显示的增比黏度 $\eta_{sp}/c$ 称为比浓黏度，而 $\ln\eta_r/c$ 则称为比浓对数黏度。当溶液无限稀释时，高聚物分子彼此相隔甚远，它们的相互作用可忽略，此时有关系式

$$\lim_{c \to 0} \frac{\eta_{sp}}{c} = \lim_{c \to 0} \frac{\ln\eta_r}{c} = [\eta]$$

[$\eta$] 称为特性黏度，它反映的是无限稀释溶液中高聚物分子与溶剂分子间的内摩

擦，其值取决于溶剂的性质及高聚物分子的大小和形态。由于 $\eta_r$ 和 $\eta_{sp}$ 均是无因次量，所以［$\eta$］的单位是质量浓度 $c$ 单位的倒数。

在足够稀的高聚物溶液里，$\eta_{sp}/c$ 与 $c$ 和 $\ln\eta_r/c$ 与 $c$ 之间分别符合下述经验关系式：

$$\eta_{sp}/c = [\eta] + \kappa[\eta]^2 c$$

$$\ln\eta_r/c = [\eta] - \beta[\eta]^2 c$$

上两式中 $\kappa$ 和 $\beta$ 分别称为 Huggins 和 Kramer 常数。这是两直线方程，通过 $\eta_{sp}/c$ 对 $c$ 或 $\ln\eta_r/c$ 对 $c$ 作图，外推至 $c=0$ 时所得截距即为［$\eta$］。显然，对于同一高聚物，由两线性方程作图外推所得截距交于同一点，如图 5－11 所示。

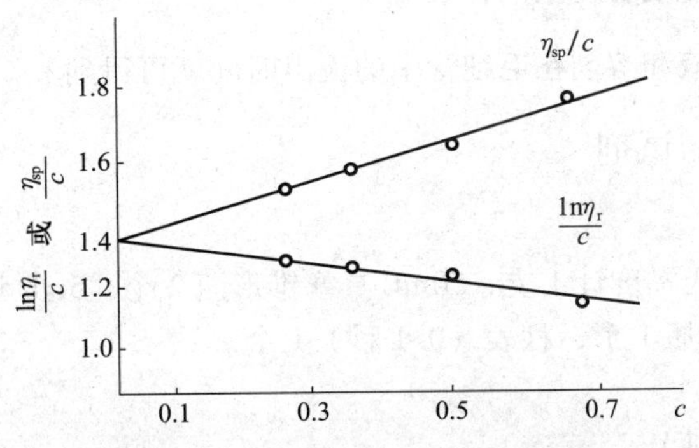


图 5－11　外推法求特性黏度图

高聚物溶液的特性黏度［$\eta$］与高聚物摩尔质量之间的关系，通常用带有两个参数的 Mark－Houwink 经验方程式来表示：

$$[\eta] = K \cdot \overline{M}_\eta^\alpha$$

式中 $\overline{M_\eta}$ 是黏均摩尔质量，$K$、$\alpha$ 是与温度、高聚物及溶剂的性质有关的常数，只能通过一些绝对实验方法（如膜渗透压法、光散射法等）确定，聚乙二醇水溶液在 25℃时

$$K = 1.56 \times 10^{-3}\,\mathrm{dL \cdot g^{-1}},\ \alpha = 0.5。$$

本实验采用毛细管法测定黏度，通过测定一定体积的液体流经一定长度和半径的毛细管所需时间而获得。本实验使用的乌贝路德黏度计如图 5－12 所示。当液体在重力作用下流经毛细管时，其遵守 Poiseuille 定律：

$$\eta = \frac{\pi p r^4 t}{8lV} = \frac{\pi h \rho g r^4 t}{8lV}$$

式中 $\eta$（$kg \cdot m^{-1} \cdot s^{-1}$）为液体的黏度；

$p$（$\mathrm{kg \cdot m^{-1} \cdot s^{-2}}$）为当液体流动时在毛细管两端间的压力差（即是液体密度 $\rho$，重力加速率 $g$ 和流经毛细管液体的平均液柱高度 $h$ 这三者的乘积）；

$r$（m）为毛细管的半径；

$V$（$\mathrm{m^3}$）为流经毛细管的液体体积；

$t$（s）为 $V$ 体积液体的流出时间；

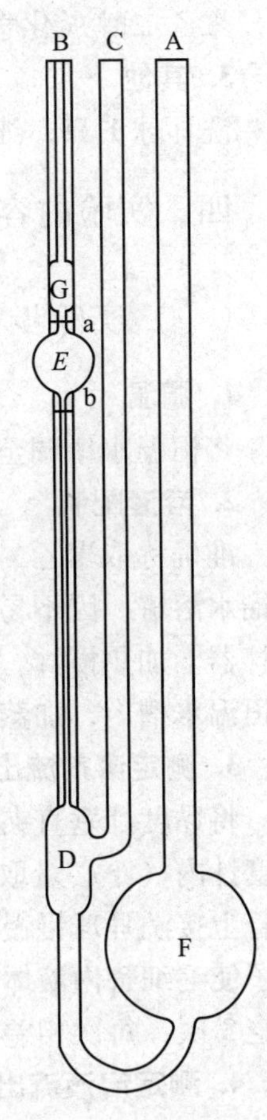


图 5－12　乌氏黏度计

$l$（m）为毛细管的长度。

用同一黏度计在相同条件下测定两个液体的黏度时，它们的黏度之比就等于密度与流出时间之比

$$\frac{\eta_1}{\eta_2} = \frac{p_1 t_1}{p_2 t_2} = \frac{\rho_1 t_1}{\rho_2 t_2}$$

如果用已知黏度 $\eta_1$ 的液体作为参考液体，则待测液体的黏度 $\eta_2$ 可通过上式求得。

在测定溶剂和溶液的相对黏度时，如溶液的浓度不大（$c < 10\text{kg} \cdot \text{m}^{-3}$），溶液的密度与溶剂的密度可近似地看作相同，故 $\eta_r = \frac{\eta}{\eta_0} = \frac{t}{t_0}$

所以只需测定溶液和溶剂在毛细管中的流出时间就可得到 $\eta_r$。

## 三、实验仪器与试剂

**1. 仪器**

恒温槽 1 套，乌氏黏度计 1 支，50mL 具塞锥形瓶 2 个，5mL 移液管 1 支，10mL 移液管 2 支，25mL 容量瓶 1 个，秒表（0.1 秒）1 个。

**2. 试剂**

聚乙二醇（化学纯）。

**3. 其他**

洗耳球 1 只，细乳胶管 2 根，弹簧夹 1 个，恒温槽夹 3 个，吊锤 1 只。

## 四、实验内容

### （一）实验步骤

**1. 调温**

将恒温水槽调至（25 ±0.3）℃。

**2. 溶液配制**

准确称取聚乙二醇 1.000g（称准至 0.001g）于 100mL 具塞锥形瓶中，加入约 60mL 蒸馏水溶解。因不易溶解，可在 60℃水浴中加热数小时，待其颗粒膨胀后，放在电磁搅拌器上加热搅拌，加速其溶解，溶解后，小心转移至 100mL 容量瓶中，将容量瓶置入恒温水槽内，加蒸馏水稀释至刻度（可由教师准备）。

**3. 测定溶剂流出时间 $t_0$**

将黏度计垂直夹在恒温槽内，用吊锤检查是否垂直。将约 20mL 纯溶剂自 A 管注入黏度计内（不必量取），恒温数分钟，夹紧 C 管上连接的乳胶管，同时在连接 B 管的乳胶管上接洗耳球慢慢抽气，待液体升至 G 球的 1/2 左右即停止抽气，打开 C 管乳胶管上夹子使毛细管内液体同 D 球分开，用秒表测定液面在 a、b 两线间移动所需时间。重复测定 3 次，每次相差不超过 0.3 秒，取平均值。

**4. 测定溶液流出时间 $t$**

取出黏度计，倒出溶剂，乙醇润洗、吹干、冷却后同样方法装入水浴。用专用移液

管吸取 10mL 聚乙二醇溶液，同上法测定流经时间。再用另一移液管加入 5mL 溶剂，用洗耳球从 B 管鼓气搅拌并将溶液慢慢地抽上流下数次使之混合均匀，再如上法测定流经时间。同样，依次再加入 5mL、10mL、10mL 溶剂，逐一测定溶液的流经时间。

实验结束后，将溶液倒入回收瓶内，用溶剂仔细冲洗黏度计 3 次，装满蒸馏水浸泡，备下次用。

### （二）数据记录与处理

1. 按表 5 - 10 记录并计算各种数据。
2. 以 $\ln\eta_r/c$ 及 $\eta_{sp}/c$ 分别对 $c$ 作图，作直线外推至 $c\rightarrow 0$ 求 $[\eta]$。
3. 取常数 $K$、$\alpha$ 值，计算出聚乙二醇的黏均摩尔质量 $\overline{M_\eta}$。

**表 5 - 10　实验数据记录与处理**

| 编号 | 1 | 2 | 3 | 4 | 5 | 6 |
|---|---|---|---|---|---|---|
| 溶液量（mL） | | 10 | | | | |
| 每次加溶剂量（mL） | | 0 | 5 | 5 | 10 | 10 |
| 溶液的浓度（g/100mL） | $t_0$ | 1.00 | 0.67 | 0.50 | 0.33 | 0.25 |
| $t_1$ | | | | | | |
| $t_2$ | | | | | | |
| $t_3$ | | | | | | |
| $t$（平均） | | | | | | |
| $\eta_r$ | | | | | | |
| $\eta_{sp}$ | | | | | | |
| $\ln\eta_r/c$ | | | | | | |
| $\eta_{sp}/c$ | | | | | | |

大气压强：＿＿＿＿＿＿＿＿＿＿Pa，室温：＿＿＿＿＿＿＿＿＿＿℃

## 五、思考题

1. 乌氏黏度计中的支管 C 的作用是什么？能否去除 C 管改为双管黏度计使用？为什么？
2. 在测定流出时间时，C 管的夹子忘记打开了，所测的流出时间正确吗？为什么？
3. 黏度计为何必须垂直，为什么总体积对黏度测定没有影响？

# 实验 5 - 10　电导率法测定弱电解质的电离平衡常数、难溶盐的溶解度及表面活性剂的临界胶束浓度

## 一、实验目的

1. 用电导率仪测定乙酸的电离平衡常数。
2. 掌握电导法测定表面活性剂溶液的临界胶束浓度 CMC 的原理与方法。

3. 掌握电导率仪的正确使用方法。

## 二、实验原理

电导率仪法测定溶液电导率是以"电阻分压"原理为基础的不平衡测量法。常用 DDS－11A 型电导率仪。

用电导法测定 MA 型弱电解质电离平衡常数的基本公式为式 $K=\dfrac{\dfrac{C}{C^{\ominus}}\cdot \Lambda_m^2}{\Lambda_m^{\infty}(\Lambda_m^{\infty}-\Lambda_m)}$

式中 $\Lambda_m^{\infty}$ 可由式 $\Lambda_m^{\infty}=\nu_+\lambda_{m,+}^{\infty}+\nu_-\lambda_{m,-}^{\infty}$ 求得。

$\Lambda_m$ 可由式 $\Lambda_m=\dfrac{\kappa}{C}$（$C$ 的浓度单位 $mol\cdot m^{-3}$）求出。

由实验测出电解质溶液的电导率 $\kappa$，就可由上两式求出弱电解质的电离平衡常数。

对于难溶盐 $BaSO_4$ 来说，$\Lambda_m^{\infty}=\Lambda_m$，再结合公式 $\Lambda_m=\dfrac{\kappa}{C}$，根据测得的电导率可求出难溶盐 $BaSO_4$ 饱和溶液的浓度，并计算出溶解度。

在表面活性剂溶液中，当浓度增大到一定值时，表面活性剂离子或分子发生缔合，形成胶束（或称胶团），对于某表面活性剂，其溶液开始形成胶束的浓度称为该表面活性剂的临界胶束浓度（critical micelle concentration），简称 CMC。

中药制剂生产过程中，常用加一定量的表面活性剂，以解决药物的增溶、乳化、润湿、分散、气泡、消沫及有效成分的提取等问题。例如，中药注射剂的澄清度和稳定性等问题，中药片剂、栓剂的分散润湿能力，均可用在药液中加入适量的表面活性剂来解决。此外，中药外用膏剂、洗剂、搽剂可用改变表面活性剂种类的方法来改变药物的亲水性或亲油性，以满足治疗需要。中药抗癌药物莪术乳剂，为便于吸收可加入少量非离子型表面活性剂 Tween－80 使之形成 O/W 型乳剂。所以表面活性剂种类的选择及用量的多少，直接关系到疗效和用药安全。

由于表面活性剂溶液的许多物理化学性质随着胶束的形成而发生突变（如图 5－13 所示），故将 CMC 看作表面活性剂的一个重要特性，是表面活性剂溶液表面活性大小的量度。在药物生产过程中，表面活性剂的用量可用其在溶液中形成胶束所需的最低浓度（即 CMC）作为参考标准，只要测得表面活性剂在某种药液中的 CMC，即可用于指导生产。此外，测定 CMC，分析影响 CMC 的因素，对深入研究表面活性剂的物理化学性质是至关重要的。

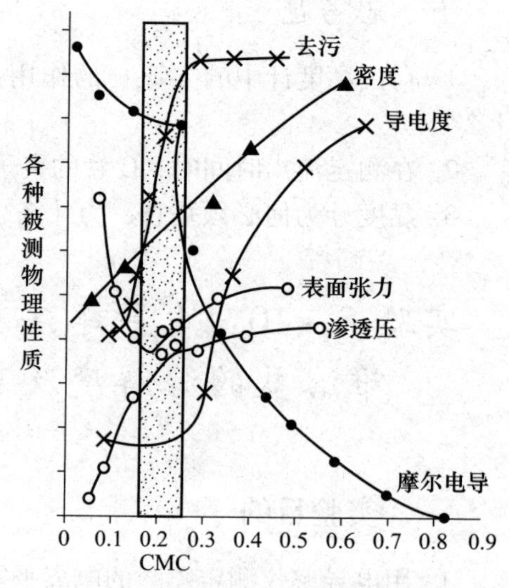

图 5－13　表面活性剂水溶液的一些物化性质

测定 CMC 的方法很多，原则上只要溶液的物理化学性质随着表面活性剂溶液浓度在 CMC 处发生突变，都可以利用来测定 CMC，如核磁共振法、蒸气压法、溶解度法、光散射法、表面张力法、电导法、染料吸附法、紫外分光光度法、增溶法等。常用的测定方法是后5种方法，本实验应用电导法测定表面活性剂CMC。

电导法原则上讲仅对离子型表面活性剂适用。对于离子型表面活性剂溶液，当溶液浓度很稀时，电导的变化规律也和强电解质一样；但当溶液浓度达到CMC时，随着胶束的生成，电导率发生改变，摩尔电导率急剧下降，这样从电导率（$\kappa$）对浓度（$c$）曲线或摩尔电导率（$\Lambda_m$）$-c$ 曲线上的转折点可方便地求出CMC。这就是电导法测定CMC的依据。

## 三、实验仪器与试剂

**1. 仪器**

DDS-11A型电导率仪，烧杯（100mL，6个），移液管（25mL），洗耳球，容量瓶（25mL），容量瓶（50mL、100mL）。

**2. 试剂**

$0.1mol \cdot L^{-1}$ HAc溶液，$BaSO_4$ 饱和溶液，十二烷基硫酸钠（用乙醇经2~3次重结晶提纯），重蒸馏水。

## 四、实验内容

### （一）实验步骤

1. 用逐步稀释法配制 $0.05mol \cdot L^{-1}$、$0.025mol \cdot L^{-1}$ 的HAc溶液。用25mL容量瓶精确配制浓度范围在 $3 \times 10^{-3} \sim 3 \times 10^{-2} mol \cdot L^{-1}$ 之间的8~10个不同浓度的十二烷基硫酸钠水溶液。配制时最好用新蒸出的电导水。

2. 调节恒温水浴至25.00℃±0.01℃，将待测溶液置恒温水浴中恒温。

3. 按要求接好电导率仪线路并调整好电导率仪。

4. 用电导水充分清洗电导池和铂电极，然后在电导池中装入已在恒温水浴中恒温15分钟的电导水，用电导率仪测量电导水的电导率3次，取平均值。

5. 依次用电导水、HAc溶液荡洗电导池3次，向电导池内加入已恒温好的HAc溶液。用电导率仪从稀到浓依次测各浓度HAc溶液的电导率。每个样品测3次，取平均值。

6. 依次用电导水、$BaSO_4$ 饱和溶液荡洗电导池3次，向电导池内加入已恒温好的 $BaSO_4$ 饱和溶液，用电导率仪测 $BaSO_4$ 饱和溶液的电导率，测3次取平均值。

7. 从低浓度到高浓度依次测定十二烷基硫酸钠表面活性剂溶液的电导率值。每次测量前电导电极都得用电导水、待测溶液荡洗3次。

8. 实验结束后，切断电源，停止恒温，取出电导池，洗涤电极。

### （二）数据记录及处理

测弱电解质的电离平衡常数、难溶盐 $BaSO_4$ 的溶解度的数据处理如表5-11所示。

**表 5－11 HAC 的电离平衡常数、$BaSO_4$ 的溶解度数据**

| | $\kappa_{测}$（$s \cdot m^{-1}$） | $\kappa_{平均}$（$s \cdot m^{-1}$） | $\Lambda_m$（$s \cdot m^2 \cdot mol^{-1}$） | $\alpha$ | $K$ | $K_{平均}$ |
|---|---|---|---|---|---|---|
| $H_2O$（重蒸馏） | | | — | — | — | — |
| HAc（$0.0250mol \cdot L^{-1}$） | | | | | | |
| HAc（$0.0500mol \cdot L^{-1}$） | | | | | | |
| HAc（$0.1000mol \cdot L^{-1}$） | | | | | | |
| $BaSO_4$（饱和） | | | | — | — | — |

室温________℃，大气压________mmHg，电极常数________$m^{-1}$

测表面活性剂临界胶束浓度的数据处理：

1. 将测得各浓度的十二烷基硫酸钠水溶液的电导率按 $\Lambda_m = \kappa/c$ 关系式换算成相应浓度 $c$ 时的摩尔电导率，并将各数据列表。

2. 根据表中的数据作 $\kappa \sim c$ 图与 $\Lambda_m \sim c$ 图，由曲线转折点确定临界胶束浓度 CMC 值。

## 五、注意事项

1. 溶液浓度一定要配制准确。

2. 测量电导水时要迅速，否则电导率会变化很快，因空气中 $CO_2$ 溶入水中，致水中有碳酸根离子生成，影响结果。

3. 使用铂电极时不可发生碰撞。用水冲洗电极时不可直接冲击铂黑。

4. 盛被测溶液的容器必须清洁，无电解质离子污染。

## 六、思考题

1. 影响本实验测定的主要因素有哪些？

2. 表面活性剂临界胶束浓度的测定在药剂学上有何意义？

3. 本测定方法是否只适用于离子型表面活性剂？

# 附　录

## 附录一　实验室常用酸、碱、盐试剂的配制

### 一、酸溶液

| 试剂名称 | 密度（20℃）g·$mL^{-1}$ | 质量分数/% | 物质的量浓度 mol·$L^{-1}$ | 配制方法 |
|---|---|---|---|---|
| 浓盐酸 HCl | 1.19 | 37.23 | 12 | |
| 稀盐酸 HCl | 1.10 | 20.4 | 6 | 浓盐酸 496mL 用水稀释至 1000mL |
| 稀盐酸 HCl | 1.03 | 7.15 | 2 | 浓盐酸 167mL 用水稀释至 1000mL |
| 浓硝酸 $HNO_3$ | 1.40 | 68 | 15 | |
| 稀硝酸 $HNO_3$ | 1.20 | 32 | 6 | 浓硝酸 375mL 用水稀释至 1000mL |
| 浓硫酸 $H_2SO_4$ | 1.84 | 98 | 18 | |
| 稀硫酸 $H_2SO_4$ | 1.34 | 44 | 6 | 浓 $H_2SO_4$334mL 慢慢加到 600mL 水中，并不断搅拌，再用水稀释到 1000mL |
| 浓醋酸 HAc | 1.05 | 99 | 17 | |
| 稀醋酸 HAc | 1.04 | 35 | 6 | 浓醋酸 353mL 用水稀释至 1000mL |

续表

| 试剂名称 | 密度（20℃）g·$mL^{-1}$ | 质量分数/% | 物质的量浓度 mol·$L^{-1}$ | 配制方法 |
|---|---|---|---|---|
| 稀醋酸 HAc | 1.02 | 12 | 2 | 浓醋酸 118mL 用水稀释至 1000mL |
| 浓磷酸 $H_3PO_4$ | 1.69 | 85 | 14.7 | |
| 浓氢氟酸 HF | 1.15 | 48 | 27.6 | |
| 高氯酸 $HClO_4$ | 1.12 | 19 | 2 | |

## 二、碱溶液

| 试剂名称 | 密度（20℃）g·$mL^{-1}$ | 质量分数/% | 物质的量浓度 mol·$L^{-1}$ | 配制方法 |
|---|---|---|---|---|
| 氢氧化钠 NaOH | 1.22 | 20 | 6 | 240g NaOH 溶于水中稀释到 1000mL |
| 氢氧化钠 NaOH | 1.09 | 8 | 2 | 80g NaOH 溶于水中稀释到 1000mL |
| 氢氧化钾 KOH | 1.25 | 26 | 6 | 337g KOH 溶于水中稀释到 1000mL |
| 浓氨水 $NH_3 \cdot H_2O$ | 0.90 | 25~27 | 15 | |
| 稀氨水 $NH_3 \cdot H_2O$ | 0.96 | 10 | 6 | 浓氨水 400mL 加水稀释到 1000mL |
| 氢氧化钙 $Ca(OH)_2$ | — | — | 0.025 | 饱和溶液 |
| 氢氧化钡 $Ba(OH)_2$ | — | — | 0.2 | 饱和溶液 |

## 三、盐溶液

| 试剂名称 | 摩尔质量 g·$mol^{-1}$ | 物质的量浓度 mol·$L^{-1}$ | 配制方法 |
|---|---|---|---|
| 氯化铵 $NH_4Cl$ | 53.5 | 1 | 溶解 53.5g，用水稀释至 1000mL |
| 氯化铵 $NH_4Cl$ | 53.5 | 3 | 溶解 160g，用水稀释至 1000mL |
| 硝酸铵 $NH_4NO_3$ | 80 | 1 | 溶解 80g，用水稀释至 1000mL |
| 硝酸铵 $NH_4NO_3$ | 80 | 2.5 | 溶解 200g，用水稀释至 1000mL |
| 硫酸铵 $(NH_4)_2SO_4$ | 132 | 1 | 溶解 132g，用水稀释至 1000mL |
| 氯化钾 KCl | 74.5 | 1 | 溶解 74.5g，用水稀释至 1000mL |
| 碘化钾 KI | 166 | 1 | 溶解 166g，用水稀释至 1000mL |
| 铬酸钾 $K_2CrO_4$ | 194.2 | 1 | 溶解 194g，用水稀释至 1000mL |

续表

| 试剂名称 | 摩尔质量 $g \cdot mol^{-1}$ | 物质的量浓度 $mol \cdot L^{-1}$ | 配制方法 |
|---|---|---|---|
| 高锰酸钾 $KMnO_4$ | 158 | 饱和溶液 | 溶解 70g，用水稀释至 1000mL |
| 高锰酸钾 $KMnO_4$ | 158 | 0.01 | 溶解 1.6g，用水稀释至 1000mL |
| 高锰酸钾 $KMnO_4$ | 158 | 0.03% | 溶解 0.3g，用水稀释至 1000mL |
| 铁氰化钾 $K_3Fe(CN)_6$ | 329.2 | 1 | 溶解 329g，用水稀释至 1000mL |
| 亚铁氰化钾 $K_4Fe(CN)_6 \cdot 3H_2O$ | 422.4 | 1 | 溶解 422.4g $K_4Fe(CN)_6 \cdot 3H_2O$，用水稀释至 1000mL |
| 醋酸钠 $NaAc \cdot 3H_2O$ | 136.1 | 1 | 溶解 136g $NaAc \cdot 3H_2O$，用水稀释至 1000mL |
| 硫代硫酸钠 $Na_2S_2O_3 \cdot 5H_2O$ | 248.2 | 0.1 | 溶解 24.82g $Na_2S_2O_3 \cdot 5H_2O$，用水稀释至 1000mL |
| 磷酸氢二钠 $Na_2HPO_4 \cdot 12H_2O$ | 358.2 | 0.1 | 溶解 35.82g $Na_2HPO_4 \cdot 12H_2O$，用水稀释至 1000mL |
| 碳酸钠 $Na_2CO_3$ | 106.0 | 1 | 溶解 106g $Na_2CO_3$，用水稀释至 1000mL |
| 硝酸银 $AgNO_3$ | 169.7 | 0.1 | 溶解 17g $AgNO_3$，用水稀释至 1000mL |
| 氯化钡 $BaCl_2 \cdot 2H_2O$ | 244.3 | 10% | 溶解 100g $BaCl_2 \cdot 2H_2O$，用水稀释至 1000mL |
| 氯化钡 $BaCl_2 \cdot 2H_2O$ | 244.3 | 0.1 | 溶解 24.4g $BaCl_2 \cdot 2H_2O$，用水稀释至 1000mL |
| 硫酸亚铁 $FeSO_4 \cdot 7H_2O$ | 278.0 | 1 | 用适量稀硫酸溶解 278g $FeSO_4 \cdot 7H_2O$，用水稀释至 1000mL |
| 氯化铁 $FeCl_3 \cdot 6H_2O$ | 270.3 | 1 | 溶解 270g $FeCl_3 \cdot 6H_2O$ 于适量浓盐酸中，用水稀释至 1000mL |
| 醋酸铅 $Pb(Ac)_2 \cdot 3H_2O$ | 379 | 1 | 溶解 379g 固体，用水稀释至 1000mL |
| 氯化亚锡 $SnCl_2 \cdot 2H_2O$ | 225.6 | 0.1 | 溶解 22.5g $SnCl_2 \cdot 2H_2O$ 于适量浓盐酸中，用水稀释至 1000mL |
| 硫酸锌 $ZnSO_4 \cdot 7H_2O$ | 287 | 饱和 | 溶解约 900g $ZnSO_4 \cdot 7H_2O$ 于水中，稀释至 1000mL |
| 硫酸锌 $ZnSO_4 \cdot 7H_2O$ | 287 | 5% | 溶解 5g 固体于水中，用水稀释至 1000mL |

## 四、常用的缓冲溶液

| pH 值 | 配制方法 |
|---|---|
| 3.6 | $NaAc\cdot3H_2O$ 8g，溶于适量水中，加 6mol · $L^{-1}$ HAc 134mL，加水稀释至 500mL |
| 4.0 | $NaAc\cdot3H_2O$ 20g，溶于适量水中，加 6mol · $L^{-1}$ HAc 134mL，加水稀释至 500mL<br>0.1mol · $L^{-1}$ NaOH 0.4mL，加入 50.0mL 0.1mol · $L^{-1}$ $KHC_8H_4O_4$（邻苯二甲酸氢钾），加水至 1000mL |
| 4.5 | $NaAc\cdot3H_2O$ 32g，溶于适量水中，加 6mol · $L^{-1}$ HAc 134mL，加水稀释至 500mL |
| 5.0 | $NaAc\cdot3H_2O$ 50g，溶于适量水中，加 6mol · $L^{-1}$ HAc 134mL，加水稀释至 500mL |
| 5.7 | $NaAc\cdot3H_2O$ 100g，溶于适量水中，加 6mol · $L^{-1}$ HAc 134mL，加水稀释至 500mL |
| 7.0 | $NH_4Ac$ 77g，用水溶解后，加水稀释至 500mL<br>0.1mol · $L^{-1}$ NaOH 0.4mL，加入 50.0mL 0.1mol · $L^{-1}$ $KH_2PO_4$，加水稀释至 500mL |
| 7.5 | $NH_4Cl$ 60g 溶于适量水中，加 15mol · $L^{-1}$ 氨水 1.4mL，加水稀释至 500mL |
| 8.0 | $NH_4Cl$ 50g 溶于适量水中，加 15mol · $L^{-1}$ 氨水 3.5mL，加水稀释至 500mL |
| 8.5 | $NH_4Cl$ 40g 溶于适量水中，加 15mol · $L^{-1}$ 氨水 8.8mL，加水稀释至 500mL |
| 9.0 | $NH_4Cl$ 35g 溶于适量水中，加 15mol · $L^{-1}$ 氨水 24mL，加水稀释至 500mL |
| 9.5 | $NH_4Cl$ 30g 溶于适量水中，加 15mol · $L^{-1}$ 氨水 65mL，加水稀释至 500mL |
| 10.0 | $NH_4Cl$ 27g 溶于适量水中，加 15mol · $L^{-1}$ 氨水 197mL，加水稀释至 500mL |
| 10.5 | $NH_4Cl$ 9g 溶于适量水中，加 15mol · $L^{-1}$ 氨水 175mL，加水稀释至 500mL |

## 五、特殊试剂

| 试剂名称 | 用　途 | 配制方法 |
|---|---|---|
| 过氧化氢（3% $H_2O_2$） | 消毒灭菌；鉴定 $Cr^{3+}$ 离子 | 将 10mL 30% 过氧化氢用水稀释到 1000mL |
| 氯水 | 鉴定 $Br^-$、$I^-$ 用 | 通 $Cl_2$ 于水中至饱和为止 |
| 碘溶液 | 鉴定 $AsO_3^{3-}$ 用 | 将 1.3g 碘与 3g KI 溶解于尽可能少的水中，加水稀释到 1000mL（浓度约为 0.01mol · $L^{-1}$） |
| 茜素 | 鉴定 $Al^{3+}$、$F^-$ 用 | 溶解茜素于 95% 的乙醇中，直至饱和 |
| 镁试剂（对 - 硝基苯偶氮 - 间苯二酚） | 鉴定 $Mg^{2+}$ 用 | 溶解 0.01g 镁试剂于 1000mL 的 1mol · $L^{-1}$ NaOH 溶液中 |
| 邻二氮菲 | 鉴定 $Fe^{2+}$ 用 | 0.5% 水溶液 |
| 奈斯勒试剂 | 鉴定 $NH_4^+$ 用 | 溶解 115g $HgI_2$ 和 80g KI 于水中，加水稀释至 500mL，加入 500mL 6mol · $L^{-1}$ NaOH 溶液，静置后，吸取其溶液。试剂宜藏于阴暗处 |
| 丁二酮肟 | 鉴定 $Ni^{2+}$ 用 | 溶解 10g 丁二酮肟于 1000mL 95% 乙醇中 |

# 附录二

## 常用的酸碱指示剂

| 指示剂名称 | 变色范围(pH) | 颜色变化 | | 配制方法 | 用量(滴/10mL 试液) |
|---|---|---|---|---|---|
| | | 酸色 | 碱色 | | |
| 百里酚蓝 | 1.2～2.8 | 红 | 黄 | 0.1%的20%酒精溶液 | 1～2 |
| 甲基黄 | 2.9～4.0 | 红 | 黄 | 0.1%的90%酒精溶液 | 1 |
| 甲基橙 | 3.1～4.4 | 红 | 黄 | 0.05%的水溶液 | 1 |
| 溴酚蓝 | 3.0～4.6 | 黄 | 蓝紫 | 0.1%的20%酒精溶液 | 1 |
| 甲基红 | 4.2～6.2 | 红 | 黄 | 0.1%的60%酒精溶液 | 1 |
| 溴百里酚蓝(溴麝香草酚蓝) | 6.2～7.6 | 黄 | 蓝 | 0.1%的20%酒精溶液 | 1 |
| 中性红 | 6.8～8.0 | 红 | 黄 | 0.1%的60%酒精溶液 | 1 |
| 酚红 | 6.7～8.4 | 黄 | 红 | 0.1%的60%酒精溶液 | 1 |
| 酚酞 | 8.0～10.0 | 无色 | 红 | 0.1%的90%酒精溶液 | 1～3 |
| 百里酚酞 | 9.4～106 | 无色 | 蓝 | 0.1%的90%酒精溶液 | 1～2 |
| 茜黄素 | 10.1～12.1 | 黄 | 紫 | 0.1%的水溶液 | 1 |
| 1,3,5－三硝基苯 | 12.2～14.0 | 无色 | 蓝 | 0.18%的90%酒精溶液 | 1－2 |

# 附录三 常见离子和化合物的颜色

## 一、常见离子的颜色（水溶液中）

| 离子 | 颜色 | 离子 | 颜色 | 离子 | 颜色 |
|---|---|---|---|---|---|
| $[Ag(NH_3)_2]^+$ | 无色 | $Cr_2O_7^{2-}$ | 橘红色 | $[HgI_4]^{2-}$ | 黄色 |
| $[Ag(S_2O_3)_2]^{3-}$ | 无色 | $[CuCl_4]^{2-}$ | 黄色 | $Mn^{2+}$ | 浅粉色 |
| $Co^{2+}$ | 桃红 | $[Cu(OH)_4]^{2-}$ | 蓝色 | $MnO_4^-$ | 紫色 |
| $[Co(CN)_6]^{3-}$ | 紫色 | $[Cu(NH_3)_4]^{2+}$ | 浅蓝色 | $MnO_4^{2-}$ | 绿色 |
| $[Co(NH_3)_6]^{2+}$ | 橙黄 | $Fe^{3+}$ | 浅紫色 | $[Ni(CN)_4]^{2-}$ | 无色 |
| $[Co(NH_3)_6]^{3+}$ | 酒红色 | $[Fe(CN)_6]^{3-}$ | 无色 | $[Ni(NH_3)_6]^{2+}$ | 紫色 |
| $[Co(NO_2)_6]^{3-}$ | 黄色 | $[Fe(CN)_6]^{4-}$ | 黄色 | $SCN^-$ | 无色 |
| $CrO_4^{2-}$ | 橘黄色 | $[HgCl_4]^{2-}$ | 无色 | $[Zn(NH_3)_4]^{2+}$ | 无色 |

## 二、常见化合物的颜色

| 化合物 | 颜色 | 化合物 | 颜色 | 化合物 | 颜色 |
|---|---|---|---|---|---|
| $Ag_2O$ | 棕黑色 | $Cu_2S$ | 蓝～灰黑色 | $K_2CrO_4$ | 柠檬黄色 |
| $Ag_2S$ | 灰黑色 | $Cr(OH)_3$ | 灰绿色 | KSCN | 无色 |
| AgSCN | 无色 | $Cr_2O_3$ | 亮绿色 | $KMnO_4$ | 紫色 |
| AgBr | 淡黄色 | $CrCl_3$ | 暗绿色 | $K_2S_2O_3$ | 无色 |
| AgCl | 白色 | $Cl_2$ | 黄绿色 | $K_2Cr_2O_7$ | 橘红色 |
| AgI | 黄色 | $FeCl_3$ | 暗红色 | $K_2MnO_4$ | 绿色 |
| $Ag_2CrO_4$ | 砖红色 | $Fe(OH)_3$ | 红～棕色 | $K_2SO_4$ | 无色或白色 |
| $Ag_2CrO_7$ | 无色 | $Fe_2O_3$ | 红棕色 | $KNO_3$ | 无色 |
| $AgNO_3$ | 无色 | $Fe_2S_3$ | 黄绿色 | $MgSO_4 \cdot 7H_2O$ | 白色 |

续表

| 化合物 | 颜　色 | 化合物 | 颜　色 | 化合物 | 颜　色 |
|---|---|---|---|---|---|
| $Al(OH)_3$ | 白色 | $FeCl_2$ | 灰绿色 | $MgSO_4$ | 淡红色 |
| $As_2O_3$ | 白色 | $FeSO_4 \cdot 7H_2O$ | 蓝绿色 | MnS | 浅红色 |
| $BaCl_2$ | 白色 | FeS | 黑色 | $MnCl_2$ | 淡红色 |
| $BaCrO_4$ | 黄色 | $HgNH_2Cl$ | 白色 | $MnO_2$ | 紫黑色 |
| $Ba(OH)_2$ | 白色 | $Hg_2Cl_2$ | 白色 | $NaHCO_3$ | 白色 |
| $BaSO_4$ | 白色 | $HgI_2$ | 猩红色 | $Na_2CO_3$ | 白色 |
| $Br_2(l)$ | 棕红色 | $Hg(NO_3)_2 \cdot H_2O$ | 无色,微黄色 | $Na_2CO_3 \cdot 10H_2O$ | 无色 |
| $Ca(ClO)_2$ | 白色 | HgO | 亮红色 | NaCl | 白色 |
| $Ca_3(PO_4)_2$ | 白色 | $Hg(NO_3)_2$ | 无色 | $Na_2CrO_4$ | 黄色 |
| $CaHPO_4$ | 白色 | HgS | 黑色 | $Na_2Cr_2O_4$ | 橘红色 |
| $Ca(H_2PO_4)_2$ | 无色 | HgS | 红色 | NaF | 无色 |
| $CaCO_3$ | 白色 | $HgCl_2$ | 白色 | NaI | 白色 |
| $CaCl_2$ | 白色 | $Hg_2I_2$ | 亮黄色 | NaAc | 白色 |
| $CaSO_4$ | 白色 | $H_2O_2$ | 无色 | $Na_2S_2O_3$ | 白色 |
| $CaCrO_4$ | 黄色 | $I_2$ | 紫黑色 | $Na_2HPO_4$ | 白色 |
| $CdCl_2$ | 无色,白色 | KCl | 白色 | $NaH_2PO_4$ | 白色 |
| CdS | 蛋黄色 | $K_2SO_3$ | 白色 | $Na_3PO_4$ | 白色 |
| $CoSO_4$ | 红色 | KOH | 白色 | $Na_2SO_4$ | 白色 |
| $CoCl_2 \cdot 6H_2O$ | 粉红色 | KBr | 白色 | $Na_2S_2O_3$ | 白色 |
| $Cu_2O$ | 红棕色 | $KNO_2$ | 白色,微黄色 | $Na_2SO_4 \cdot 10H_2O$ | 无色 |
| CuO | 黑色 | KI | 白色 | $Na_2S$ | 白色 |
| $Cu(OH)_2$ | 蓝色 | $KIO_3$ | 白色 | $Na_2SO_3$ | 白色 |
| $CuSO_4$ | 灰白色 | KCN | 白色 | $Na_2B_4O_7$ | 白色 |
| $CuSO_4 \cdot 5H_2O$ | 蓝色 | $K_3Fe(CN)_6$ | 宝石红色 | $NH_4NO_3$ | 无色,白色 |
| CuS | 黑色 | $K_4Fe(CN)_6$ | 黄色 | $(NH_4)_2S_2O_8$ | 白色 |
| $NH_4F$ | 白色 | $Ni(OH)_2$ | 苹果绿色 | $PbSO_4$ | 白色 |
| $(NH_4)_2HPO_4$ | 白色 | $NiSO_4$ | 翠绿色 | PbS | 黑色 |
| $(NH_4)H_2PO_4$ | 白色 | NiS | 黑色 | SnS | 棕色 |
| $(NH_4)_2SO_4$ | 无色 | $Pb(Ac)_2$ | 无色,白色 | $SnCl_4$ | 无色 |
| $NH_4SCN$ | 无色 | $PbCl_2$ | 白色 | $SnCl_2$ | 白色 |
| $NH_4Cl$ | 白色 | $PbCrO_4$ | 橙黄色 | ZnS | 白色,淡黄色 |
| $NH_4Br$ | 白色 | $PbO_2$ | 深棕色 | | |
| $NiCl_2$ | 绿色 | $Pb(NO_3)_2$ | 白色,无色 | | |

# 附录四 常见阴、阳离子鉴定一览表

| 离子 | 试 剂 | 现 象 | 条 件 |
|---|---|---|---|
| $Cl^-$ | 银氨溶液 + $HNO_3$ | 白色沉淀（AgCl） | |
| $Br^-$ | 氨水 + $CCl_4$ | $CCl_4$ 层显黄色或橙色（$Br_2$） | |
| $I^-$ | 氨水 + $CCl_4$ | $CCl_4$ 层显紫色（$I_3^-$） | |
| $NO_3^-$ | 二苯胺 | 蓝色环 | 硫酸介质 |
| $NO_2^-$ | KI + $CCl_4$ | $CCl_4$ 层显紫色（$I_2$） | HAc 介质 |
| $CO_3^{2-}$ | $Ba(OH)_2$ | $Ba(OH)_2$ 溶液浑浊（$BaCO_3\downarrow$） | |
| $SO_4^{2-}$ | HCl + $BaCl_2$ | 白色沉淀（$BaSO_4$） | 酸性介质 |
| $SO_3^{2-}$ | HCl + $H_2O_2$ | 白色沉淀（$BaSO_4$） | 酸性介质 |
| $S_2O_3^{2-}$ | HCl | 溶液变浊（S） | 酸性、加热 |
| $S^{2-}$ | HCl | Pb（Ac）$_2$ 试纸变黑（PbS） | 酸性介质 |
| | $Na_2[Fe(CN)_5NO]$ | $Na[Fe(CN)_5NOS]$ 紫色 | 酸性介质 |
| $PO_4^{3-}$ | $(NH_4)_2MoO_2$ | 黄色沉淀 | $HNO_3$ 介质 |
| | | $(NH_4)_3PO_4 \cdot 12MoO_3 \cdot 6H_2O$ | 过量试剂 |
| $K^+$ | $Na_3[Co(NO_2)_6]$ | 黄色沉淀 $K_2Na[Co(NO_2)_6]$ | 中性或弱酸性介质 |
| $Na^+$ | $Zn(Ac)_2 \cdot UO_2(Ac)_2$ | 淡黄色沉淀 | 中性或 HAc 介质 |
| $NH_4^+$ | 纳斯勒试剂 | 红褐色沉淀（$HgO \cdot HgNH_2I$） | 碱性介质 |
| $Ag^+$ | $HCl - NH_3 \cdot H_2O - HNO_3$ | 白色沉淀（AgCl） | 酸性介质 |
| $Ca^{2+}$ | $(NH_4)_2C_2O_4$ | 白色沉淀（$CaC_2O_4$） | $NH_3 \cdot H_2O$ 介质 |
| $Mg^{2+}$ | $(NH_4)_3PO_4$ | 白色沉淀（$MgNH_4PO_4$） | $NH_3 \cdot H_2O - NH_4Cl$ 介质 |
| | 镁试剂 | 蓝色沉淀 | 强碱性介质 |
| $Ba^{2+}$ | $K_2CrO_4$ | 黄色沉淀（$BaCrO_4$） | $HAc - NH_4Ac$ 介质 |
| $Zn^{2+}$ | $Na_2S$ | 白色沉淀（ZnS） | |
| | $(NH_4)_2Hg(SCN)_4$ | 白色沉淀［$ZnHg(SCN)_4$］ | HAc 介质 |

续表

| 离　子 | 试　剂 | 现　象 | 条　件 |
|---|---|---|---|
| $Cu^{2+}$ | $K_4[Fe(CN)_6]$ | 红棕色沉淀（$Cu_2[Fe(CN)_6]$） | HAc 介质 |
| $Hg^{2+}$ | $SnCl_2$ | 白色沉淀（$HgCl_2$）变黑（Hg） | 酸性介质 |
| $Pb^{2+}$ | $K_2CrO_4$ | 黄色沉淀（$PbCrO_4$） | HAc 介质 |
| $Co^{2+}$ | KSCN | 蓝色沉淀［$Co(SCN)_4^{2-}$］ | 中性、$NH_4F$、丙酮介质 |
| $Al^{3+}$ | 铝试剂 | 红色沉淀 | HAc－$NH_4Ac$ 介质 |
| $Fe^{2+}$ | $K_3[Fe(CN)_6]$ | 蓝色沉淀（滕氏蓝） | 酸性介质 |
| $Fe^{3+}$ | $K_4[Fe(CN)_6]$ | 蓝色（普鲁士蓝） | 酸性介质 |
|  | KSCN | 血红色［$Fe(SCN)_x]^{3-x}$ | 酸性介质 |
| $Bi^{3+}$ | $Na_2[Sn(OH)_4]$ | 沉淀变黑色（Bi） | 浓 $NH_3$ 介质 |
| $Cr^{3+}$ | $3\%\ H_2O_2-PbAc_2$ | 黄色沉淀（$PbCrO_4$） | 碱性介质 |

# 附录五 常用试剂的配制方法

| 试剂名称 | 浓度（$mol \cdot L^{-1}$） | 配制方法 |
| --- | --- | --- |
| 硫化钠 $Na_2S$ | 1 | 称取 240g $Na_2S \cdot 9H_2O$、40g NaOH 溶于适量水中，稀释至 1L，混匀 |
| 氯化亚铜氨溶液 | | 取 1g 氯化亚铜加 1～2mL 浓氨水和 10mL 水，用力振摇，静置，倾出溶液，并投入 1 块铜片贮存备用 |
| $Cl_2$ 水 | $Cl_2$ 的饱和水溶液 | 将 $Cl_2$ 通入水中至饱和为止（用时临时配制） |
| $Br_2$ 水 | $Br_2$ 的饱和水溶液 | 在带有良好磨口塞的玻璃瓶内，将市售的 $Br_2$ 约 50g（16mL）注入 1L 水中，在 2 小时内经常剧烈振荡，每次振荡之后微开塞子，使积聚的 $Br_2$ 蒸气放出。在储存瓶底总有过量的溴。将 $Br_2$ 水倒入试剂瓶时，剩余的 $Br_2$ 应留于储存瓶中，而不倒入试剂瓶（倾倒 $Br_2$ 或 $Br_2$ 水时，应在通风橱中进行，将凡士林涂在手上或戴橡皮手套操作，以防 $Br_2$ 蒸气灼伤） |
| $I_2$ 水 | ～0.005 | 将 1.3g $I_2$ 和 5g KI 溶解在尽可能少量的水中。待 $I_2$ 完全溶解后（充分搅动）再加水稀释至 1L |
| 淀粉溶液 | | 将 2g 可溶性淀粉和 5mL 水，置于烧杯中，调成薄浆，然后将此混合液倾入 95mL 沸水中，搅拌并煮沸，可得透明的溶胶液体 |
| 饱和亚硫酸氢钠溶液 | | 在 100mL 40% 亚硫酸氢钠溶液中，加入不含醛的无水乙醇 25mL，混匀后如有少量的亚硫酸氢钠晶体析出，必须滤去。此溶液易被氧化分解，用前配制 |
| 2,4－二硝酸苯肼 | | 称取 2,4－二硝基苯肼 3g，溶于 15mL 浓 $H_2SO_4$，再加入 70mL 95% 乙醇中，再加水稀释至 100mL 即得 |
| 碘－碘化钾溶液 | | 称取 2g 碘和 5g 碘化钾溶于 100mL 水中即可 |

续表

| 试剂名称 | 浓度（mol·$L^{-1}$） | 配制方法 |
| --- | --- | --- |
| 铬酸试剂 | | 将20g三氧化铬加到20mL浓硫酸中，搅拌成均匀糊状，然后将糊状物小心地倒入60mL蒸馏水中，搅拌均匀得到橘红色澄清透明液体 |
| 希夫试剂（Schiff） | | 取0.2g对品红盐酸盐溶解于100mL热水，冷却后，加入2g亚硫酸氢钠和2mL HCl，再用水稀释至200mL |
| 氯化锌－盐酸试剂（Lucas） | | 取34g熔化过的无水$ZnCl_2$溶于23mL纯浓HCl中，同时冷却约得35mL溶液 |
| 多伦试剂（Tollens） | | 取1mL 5% $AgNO_3$于一干净试管内，加入1滴10% NaOH，然后滴加2%氨水，摇匀，直至沉淀刚好溶解为止 |
| 斐林试剂（Fehling） | | 斐林试剂A：取3.5g $CuSO_4\cdot2H_2O$溶于100mL水中，混浊时过滤。斐林试剂B：取酒石酸钾钠晶体17g于15～20mL热水中，加入20mL 20% NaOH稀释至100mL。此两种溶液要分别贮存，使用时取等量试剂A和试剂B混合即可 |
| 班氏试剂（Benedict） | | 取20g柠檬酸和11.5g无水$Na_2CO_3$溶解于100mL热水中，在不断搅拌下把2g硫酸铜结晶的20mL水溶液加入此柠檬酸和$Na_2CO_3$溶液中即可 |
| $\alpha$－萘酚乙醇试剂 | | 取$\alpha$－萘酚10g溶于20mL 95%乙醇内，再用水稀释至100mL即可 |
| 西里瓦诺夫试剂（Seliwanoff） | | 取间苯二酚0.05g溶于50mL浓盐酸内，再用水稀释至100mL即可，用前配制 |
| 高碘酸－硝酸银试剂 | | 将25g 12%的高碘酸钾溶液与2mL 10%的硝酸银溶液混合均匀，如有沉淀，过滤后取透明液体备用 |
| 二苯硫腙 | 0.01 | 称取10mg二苯硫腙溶于100mL $CCl_4$中 |
| 丁二酮肟 | 1 | 称取1g丁二酮肟溶于100mL 95%的乙醇中 |

# 附录六 水的饱和蒸汽压（P）

| 温度(℃) | P(mmHg) | 温度(℃) | P(mmHg) | 温度(℃) | P(mmHg) | 温度(℃) | P(mmHg) |
|---|---|---|---|---|---|---|---|
| 0 | 4.579 | 15 | 12.788 | 30 | 31.62 | 85 | 433.6 |
| 1 | 4.926 | 16 | 13.634 | 31 | 33.695 | 90 | 525.76 |
| 2 | 5.294 | 17 | 14.530 | 32 | 35.52 | 91 | 546.05 |
| 3 | 5.685 | 18 | 15.477 | 33 | 37.729 | 92 | 566.99 |
| 4 | 6.101 | 19 | 16.477 | 34 | 39.898 | 93 | 588.60 |
| 5 | 6.543 | 20 | 17.535 | 35 | 42.175 | 94 | 610.90 |
| 6 | 7.013 | 21 | 18.650 | 40 | 55.324 | 95 | 633.90 |
| 7 | 7.513 | 22 | 19.827 | 45 | 71.88 | 96 | 657.62 |
| 8 | 8.045 | 23 | 21.068 | 50 | 92.61 | 97 | 682.07 |
| 9 | 8.609 | 24 | 22.377 | 55 | 118.04 | 98 | 707.27 |
| 10 | 9.227 | 25 | 23.756 | 60 | 149.38 | 99 | 733.24 |
| 11 | 9.844 | 26 | 25.209 | 65 | 187.54 | 100 | 760.00 |
| 12 | 10.52 | 27 | 26.739 | 70 | 233.7 | | |
| 13 | 11.28 | 28 | 28.349 | 75 | 289.1 | | |
| 14 | 11.987 | 29 | 30.043 | 80 | 355.1 | | |

# 附录七

# 不同温度下水的折光率

| 温度（℃） | 折光率 | 温度（℃） | 折光率 | 温度（℃） | 折光率 |
|---|---|---|---|---|---|
| 0 | 1. 33395 | 19 | 1. 33308 | 26 | 1. 33243 |
| 5 | 1. 33388 | 20 | 1. 33300 | 27 | 1. 33231 |
| 10 | 1. 33368 | 21 | 1. 33292 | 28 | 1. 33219 |
| 15 | 1. 33337 | 22 | 1. 33283 | 29 | 1. 33206 |
| 16 | 1. 33330 | 23 | 1. 33274 | 30 | 1. 33192 |
| 17 | 1. 33323 | 24 | 1. 33264 | | |
| 18 | 1. 33316 | 25 | 1. 33254 | | |

# 附录八

## 常用有机溶剂的物理常数

| 名称 | 沸点（℃） | 熔点（℃） | 密度（20℃） | 介电常数 | 溶解度（100g 水[①]） |
|---|---|---|---|---|---|
| 乙醚 | 35 | -116 | 0.71 | 4.3 | 6.0 |
| 戊烷 | 36 | -130 | 0.63 | 1.8 | 不溶 |
| 二氯甲烷 | 40 | -95 | 1.33 | 8.9 | 1.30 |
| 二硫化碳 | 46 | -111 | 1.26 | 2.6 | 0.29（20℃） |
| 丙酮 | 56 | -95 | 0.79 | 20.7 | ∞ |
| 氯仿 | 61 | -64 | 1.49 | 4.8 | 0.82（20℃） |
| 甲醇 | 65 | -98 | 0.79 | 32.7 | ∞ |
| 四氢呋喃 | 66 | -109 | 0.89 | 7.6 | ∞ |
| 己烷 | 69 | -95 | 0.66 | 1.9 | 不溶 |
| 三氯醋酸 | 72 | -15 | 1.49 | 39.5 | ∞ |
| 四氯化碳 | 77 | -23 | 1.59 | 2.2 | 0.08 |
| 醋酸乙酯 | 77 | -84 | 0.90 | 6.0 | 8.1 |
| 乙醇 | 78 | -114 | 0.79 | 24.6 | ∞ |
| 环己烷 | 81 | 6.5 | 0.78 | 2.0 | 0.01 |
| 苯 | 80 | 5.5 | 0.88 | 2.3 | 0.18 |
| 甲基乙基丙酮 | 80 | -87 | 0.80 | 18.5 | 24.0（20℃） |
| 乙腈 | 82 | -44 | 0.78 | 37.5 | ∞ |
| 异丙醇 | 82 | -88 | 0.79 | 19.9 | ∞ |
| 正丁醇 | 82 | 26 | 0.78（30℃） | 12.5 | ∞ |
| 三乙胺 | 90 | -115 | 0.73 | 2.4 | ∞ |
| 丙醇 | 97 | -126 | 0.80 | 20.3 | ∞ |
| 甲基环乙烷 | 101 | -127 | 0.77 | 2.2 | 0.01 |
| 甲酸 | 101 | 8 | 1.22 | 58.5 | ∞ |
| 硝基甲烷 | 101 | -29 | 1.14 | 35.9 | 11.1 |
| 1,4-二氧乙烷 | 101 | 12 | 1.03 | 2.2 | ∞ |
| 甲苯 | 111 | -95 | 0.87 | 2.4 | 0.05 |

续表

| 名称 | 沸点（℃） | 熔点（℃） | 密度（20℃） | 介电常数 | 溶解度（100g 水[①]） |
|---|---|---|---|---|---|
| 吡啶 | 115 | -42 | 0.98 | 12.4 | ∞ |
| 正丁醇 | 118 | -89 | 0.81 | 17.5 | 7.45 |
| 醋酸 | 118 | 17 | 1.05 | 6.2 | ∞ |
| 乙二醇单甲醚 | 125 | -85 | 0.96 | 16.9 | ∞ |
| 吗啉 | 129 | -3 | 1.00 | 7.4 | ∞ |
| 氯苯 | 132 | -46 | 1.11 | 5.6 | 0.05（30℃） |
| 醋酐 | 140 | -73 | 1.08 | 20.7 | 反应 |
| 二甲苯（混合体） | 138～142 | 13[②] | 0.86 | 2.3[③] | 0.02 |
| 二丁醚 | 142 | -95 | 0.77 | 3.1 | 0.03（20℃） |
| 四氯甲烷 | 146 | -44 | 1.59 | 8.2 | 0.29（20℃） |
| 苯甲醚 | 154 | -38 | 0.99 | 4.3 | 1.04 |
| 二甲基甲酰胺 | 153 | -60 | 0.95 | 36.7 | ∞ |
| 二甘醇二甲醚 | 160 | | 0.94 | | ∞ |
| 1,3,5-三甲苯 | 165 | 45 | 0.87 | 2.3 | 0.03（20℃） |
| 二甲亚砜 | 189 | 18 | 1.10 | 46.7 | 25.3 |
| 乙二醇 | 197 | -16 | 1.11 | 37.7 | ∞ |
| N-甲基-2-吡咯烷酮 | 202 | -24 | 1.03 | 32.0 | ∞ |
| 硝基苯 | 211 | 6 | 1.20 | 34.8 | 0.19（20℃） |
| 甲酰胺 | 210 | 3 | 1.13 | 111 | ∞ |
| 喹啉 | 237 | -15 | 1.09 | 9.0 | 0.6（20℃） |
| 二甘醇 | 245 | -7 | 1.11 | 31.7 | ∞ |
| 二苯醚 | 258 | 27 | 1.07 | 3.7（>27℃） | 0.39 |
| 三甘醇 | 288 | -4 | 1.12 | 23.7 | ∞ |
| 丁抱砜 | 287 | 28 | 1.26（30℃） | 43 | ∞（30℃） |
| 甘油 | 290 | 18 | 1.26 | 42.5 | ∞ |
| 三乙醇胺 | 335 | 22 | 1.12（25℃） | 29.4 | ∞ |
| 邻苯二甲酸二丁酯 | 340 | -35 | 1.05 | 6.4 | 不溶 |

注：① 除非另作注明外，皆为25℃的溶解度。溶解度<0.01 作为不溶解。

② 对二甲苯的熔点（较高熔点的异构体）。

③ 对二甲苯在20℃时的介电常数。

# 附录九 常用化合物的毒性及易燃性

| 化合物名称 | 闪点（℃） | 爆炸极限（体积） | 主要危险特征 |
| --- | --- | --- | --- |
| 乙二胺 | 43.3（闭杯） | 2.7% ~16% | 自燃点385℃。灼伤眼睛，刺激鼻、喉、皮肤。遇热分解放出有毒气体 |
| 乙二酸（草酸） | | | 刺激并严重损害眼、皮肤、黏膜、呼吸道，也损害肾。误服可引起胃肠道炎症。长期吸入可发生慢性中毒 |
| 乙二醇 | 111.1（闭杯） | | 自燃点400℃。可经皮肤吸收中毒。大剂量损害神经系统和肝、肾。轻微刺激眼和皮肤 |
| 乙炔 | -17.8（闭杯） | 2.5% ~82% | 自燃点305℃。具有麻醉和组织细胞氧化的作用，使脑缺氧引起昏迷 |
| 乙酐 | 53.89（闭杯） | 3% ~10% | 自燃点305℃。强烈刺激眼、皮肤、呼吸道，有催泪作用。严重灼伤皮肤和眼睛 |
| 乙胺 | < -17.78 | 3.55% ~13.95% | 自燃点385℃。对上呼吸道、皮肤、黏膜有刺激性 |
| 乙烯 | -136 | 2.7% ~36%<br>2.9% ~79.9%（氧） | 自燃点490℃。有较强麻醉作用，大量吸入可引起头痛 |
| 乙烷 | -60 | 3% ~16%<br>4.1% ~50.5%（氧） | 自燃点515℃。高浓度时由于缺氧而引起窒息 |
| 乙腈 | 5.56（开杯） | 4% ~16% | 自燃点525℃。可经皮肤吸收，有刺激性。较大量吸入，隔一定潜伏期后出现氰化物中毒症状。在体内能释放出 $CN^-$ |
| 乙酰乙酸乙酯 | 85（开杯） | | 自燃点295℃。对眼、皮肤、黏膜有一定刺激作用。眼接触引起角膜损害。大量吸入可致呼吸麻醉 |
| 乙酰苯胺 | 169（开杯） | | 高剂量摄入可引起高铁血红蛋白和骨髓增生。反复接触会引起紫绀 |

续表

| 化合物名称 | 闪点（℃） | 爆炸极限（体积） | 主要危险特征 |
|---|---|---|---|
| 乙酸 | 43 | 4%～16% | 自燃点465℃。刺激眼睛、呼吸道，引起严重的化学灼伤 |
| 乙酸乙酯 | 22.22 | 2.18%～11.40% | 自燃点426.67℃，对黏膜有中度刺激作用。大量接触可致呼吸道麻痹。偶有过敏 |
| 乙酸丁酯 | 4.44 | 1.39%～7.55% | 自燃点425.2℃。强刺激眼和呼吸道，高浓度时有麻醉作用 |
| 乙酸戊酯 | 25（闭杯） | 1.10%～7.50% | 自燃点379℃。刺激眼睛、黏膜，重者有头痛、嗜睡、胸闷等症状。长期接触可发生贫血和嗜酸性细胞增多 |
| 乙酸异戊酯 | 25 | 1.0%～10.0% | 刺激眼、黏膜。大剂量吸入可致麻醉，引起头痛、恶心、食欲不振 |
| 乙醇 | 12.78 | 3.3%～19% | 自燃点423℃。为麻醉剂，对眼睛、黏膜有刺激作用。对试验动物有致癌作用 |
| 乙醛 | -38（闭杯） | 3.97%～57% | 自燃点175℃。有严重的着火危险。刺激中枢神经、皮肤、鼻、咽喉、黏膜。引起痉挛性咳嗽，合并气管炎或肺炎 |
| 乙醚 | -45 | 1.85%～48%<br>2.1%～82.0%（氧） | 自燃点160℃。易被火花或火焰点燃。久置易生成过氧化物。主要作用：对中枢神经系统可引起全身麻醉。对呼吸道有轻微的刺激作用 |
| 二乙胺 | -26.11 | 1.77%～10.10% | 自燃点312.2℃。腐蚀眼、皮肤、呼吸道 |
| 二甲亚砜（DMSO） | 95（开杯） | 2.6%～28.5% | 人的皮肤接触主要引起刺激、发红、发痒。可引起湿疹，但并不普遍 |
| 二甲苯（混合） | 25 | 1.0%～7.0% | 主要是对中枢神经和植物神经系统的刺激和麻醉作用，慢性毒性比苯弱 |
| 二甲胺 | -17.78 | 2.8%～14.4% | 自燃点400℃。对皮肤和黏膜有一定的刺激性和腐蚀性。大鼠和狗吸入100～200ppm引起肝的损害 |
| 二甲基甲酰胺 | 57.78 | 2.2%～15.2% | 自燃点445℃。可经皮肤吸收，对肝、肾、胃有损害。轻度刺激皮肤、黏膜。能引起慢性中毒的最低浓度为$60mg\cdot m^{-3}$。与浓碱接触产生另一毒物二甲胺 |

续表

| 化合物名称 | 闪点（℃） | 爆炸极限（体积） | 主要危险特征 |
|---|---|---|---|
| N,N－二甲基苯胺 | 62.78 | 1.2%～7.0% | 自燃点371.11℃。毒性与苯胺相似但比苯胺低，可经皮肤吸收。为另一种高铁血红蛋白形成剂 |
| 二苯酮 | | | 刺激眼睛、皮肤，加热时放出辛辣的刺激性气体 |
| 二苯胺 | 153 | 0.7%～ | 毒性与苯胺相似，但远比苯胺小。可经皮肤或呼吸道吸收，但吸收低于苯胺。有致畸胎作用。其中常含有杂质4－氨基联苯，该杂质有致癌作用。自燃点634℃。 |
| 1,4－二氧六环 | 12（闭杯） | 2%～22.2% | 自燃点180℃。可经皮肤吸收。刺激眼、黏膜，具麻醉性。能在体内蓄积，主要损害肝、肾。动物试验可导致造血系统损伤，细胞分裂受抑制，可造成胎儿畸形 |
| 二硝基苯肼 | | | 受热易燃，干燥时有爆炸性，受震动、撞击会爆炸。含水20%以上则无爆炸性。有毒，有刺激性 |
| 1,2－二氯乙烷 | 13.33 | 6.2%～15.9% | 自燃点412.78℃。刺激眼睛、呼吸道。可引起肺水肿和肝、肾损害，接触引起皮炎，对动物有明显致癌作用 |
| 二氯甲烷 | 无 | 15.5%～66.4%（在氧气中） | 自燃点615℃。有麻醉作用。刺激眼睛、黏膜、皮肤、呼吸道。可引起肺水肿，对肝、肾有轻微毒性 |
| 2,4－二氯苯氧乙酸 | | | 大剂量主要影响神经系统，表现为无力、嗜睡、瞳孔放大，角膜反应消失，最后死亡。小剂量长期接触引起无力、震颤和痉挛性瘫痪、齿龈出血和溃疡，对皮肤有轻微刺激 |
| 1,3－丁二烯 | －78 | 2.0%～11.5% | 自燃点420℃。有刺激性和麻醉作用 |
| 1－丁烯 | －80 | 1.6%～10% | 自燃点384℃。引起弱的刺激和麻醉作用 |
| 2－丁烯 | －73 | 1.75%～9.70% | 自燃点323.89℃ |
| 2－丁烯醛（巴豆醛） | 12.78 | 2.12%～15.50% | 自燃点232.22℃。窒息性臭味，有催泪性，对眼和上呼吸道黏膜有强烈刺激性作用 |
| 丁烷 | －60（闭杯） | 1.86%～8.41% | 自燃点405℃。人吸入23.73g · $m^{-3}$ ×10min，嗜睡、头晕，严重者昏迷 |

续表

| 化合物名称 | 闪点（℃） | 爆炸极限（体积） | 主要危险特征 |
| --- | --- | --- | --- |
| 丁酮 | 5.56（开杯） | 1.8%～10.0% | 对黏膜刺激性较大，为麻醉剂。自燃点515.56℃ |
| 丁醇 | 29 | 1.45%～11.25% | 自燃点365℃。为麻醉剂。刺激眼、鼻、喉、黏膜。皮肤多次接触可致出血和坏死 |
| 2-丁醇 | 24（闭杯） | 1.7%～9.8%（100℃） | 自燃点406℃。刺激眼、鼻、皮肤、呼吸道。抑制中枢神经，高浓度时有麻醉作用 |
| 丁醛 | -6.67（闭杯） | 2.5%～12.5% | 自燃点230℃。灼伤眼睛、黏膜、呼吸道。刺激皮肤，有催泪性 |
| 丁醚 | 25（闭杯） | 1.5%～7.6% | 自燃点194.44℃ |
| 三乙胺 | <-7（开杯） | 1.25%～7.95% | 对眼睛、皮肤有一定刺激作用。在500ppm浓度下可产生严重的肺刺激症状 |
| 三甲胺 | -6.67（闭杯） | 2.0%～11.6% | 自燃点190℃ |
| 2,4,6-三硝基甲苯（T.N.T） | | | 可经皮肤、呼吸道、消化道吸收，主要危险为慢性中毒。对局部皮肤刺激产生黄疸、皮炎。可形成高铁血红蛋白症，但比苯胺弱。慢性作用表现为中毒性胃炎、肝炎、再生障碍性贫血、中毒性白内障。本品在295℃燃烧 |
| 2,4,6-三硝基苯酚（苦味酸） | 150 | | 自燃点300℃。至少应用10%的水润湿保存。刺激眼、黏膜、呼吸道，强烈刺激皮肤，引起过敏性皮炎，常累及面部及口、唇、鼻周围。长期接触可出现消化道症状，损伤红细胞，引起出血性肾炎、肝炎、黄疸等 |
| 己二酸 | 196.12 | | 自燃点420℃。在天然食品中有发现。可经呼吸道和消化道吸收，刺激眼睛和呼吸道。吸入引起喉痛、咳嗽，眼睛、皮肤接触引起充血和疼痛 |
| 己内酰胺 | 110 | 1.4%～8.0% | 自燃点375℃。为致痉挛性毒物和细胞原生质毒，主要作用于中枢神经，特别是脑干，可引起实质脏器的损害 |
| 己烷 | -21.7 | 1.18%～7.4% | 自燃点225℃。毒性作用主要是麻醉和皮肤黏膜刺激 |
| 己酸 | 102 | | 对皮肤和眼睛有明显刺激作用 |
| 马来酐（顺丁烯二酸酐） | 102 | 1.4%～7.1% | 自燃点476℃。滴入眼后可有浅表的角膜炎。吸入可致咽喉炎和支气管炎 |

续表

| 化合物名称 | 闪点（℃） | 爆炸极限（体积） | 主要危险特征 |
|---|---|---|---|
| 水杨酸<br>（邻羟基苯甲酸） | 157 | | 自燃点 540℃。对皮肤有强烈刺激性作用。可造成严重的局部烧伤，可引起恶心、眩晕和呼吸急促 |
| 水杨酸甲酯<br>（冬青油） | 101（闭杯） | | 自燃点 454℃。入口有明显的胃肠道刺激症状、中枢神经系统症状及高热。在体内易分解。可引起恶心、呕吐、肺炎、痉挛。致死剂量成人约 $500mg \cdot kg^{-1}$，儿童约 $4mg \cdot kg^{-1}$ |
| 水杨醛 | 77.78 | | 潜在助癌剂。刺激眼睛、呼吸道。对皮肤有一定程度刺激 |
| 六氢吡啶 | 16.11 | | 对皮肤、黏膜有腐蚀作用，可引起肺水肿。对中枢神经系统有损伤，重者神志不清或昏厥 |
| 丙二酸 | | | 强烈刺激皮肤、眼睛。导致头痛、胃痛、呕吐 |
| 丙三醇<br>（甘油） | 160 | 0.9% ~ | 自燃点 370℃。经消化道吸收，刺激眼睛、皮肤。可引起头痛、恶心、腹泻，眼睛、皮肤充血、疼痛。影响肾功能 |
| 丙烯 | -108 | 2.0% ~11.1%<br>2.1% ~52.8%（氧气中） | 自燃点 460℃。有麻醉作用 |
| 丙烯腈 | -1.11 | 3.1% ~17.6% | 自燃点 481℃。可经皮肤吸收。毒性作用与氢氰酸相似。轻度中毒表现为乏力、头晕、头痛、恶心、呕吐等。严重时可出现胸闷、心悸、烦躁不安、呼吸困难、紫绀、抽搐、昏迷，甚至死亡。对皮肤、黏膜有一定刺激作用，可以引起接触性皮炎 |
| 丙烯酸 | 54.44（开杯） | 5.3% ~19.8% | 自燃点 375℃。强烈刺激眼、鼻、黏膜、皮肤，具有催泪性。严重灼伤眼睛、皮肤。摄入可导致严重的胃肠道损害 |
| 丙烯醛 | -26 | 2.8% ~31.0% | 自燃点 235℃。具有催泪性，强烈刺激眼、皮肤、黏膜、上呼吸道。高浓度吸入可引起眩晕、腹痛、恶心、手足紫绀，甚至肺炎、肺水肿 |
| 丙烷 | | 2.12% ~9.35% | 自燃点 456℃。高浓度吸入可引起麻醉作用。长期吸入 $100 \sim 300mg \cdot m^{-3}$，出现头痛、易倦、多汗 |

续表

| 化合物名称 | 闪点（℃） | 爆炸极限（体积） | 主要危险特征 |
|---|---|---|---|
| 丙醇 | 25（闭杯） | 2.15%～13.50% | 自燃点440℃。具有刺激作用的麻醉剂 |
| 丙烯醇 | 21.11 | 2.5%～18% | 自燃点378℃。遇明火即燃烧甚至爆炸。可经呼吸道、消化道及皮肤吸收，腐蚀皮肤、眼睛、呼吸道。对神经系统有影响，重者可致死 |
| 丙醛 | -9.44～-7.22（开杯） | 2.9%～17.0% | 自燃点207.22℃。可经皮肤吸收。对眼睛和皮肤有严重刺激 |
| 石油醚 | <-17.78 | 1.1%～5.9% | 自燃点287℃。吸入高浓度蒸气可引起头痛、恶心、昏迷 |
| 戊烷 | -40 | 1.40%～7.80% | 自燃点260℃。主要作用于中枢神经系统，具有麻醉作用。人每天接触8小时，安全浓度300mg·$m^{-3}$ |
| 戊酸 | 96.11（开杯） | | 强烈刺激、眼睛、皮肤 |
| 戊醇 | 32.78（闭杯） | 1.19%～ | 自燃点300℃。各种染毒途径均可吸收，代谢较快，靶器官是肺和肾，强烈刺激眼和皮肤，抑制中枢神经系统功能 |
| 戊醛 | 12 | | 有中度刺激性，抑制中枢神经，有麻醉作用 |
| 甲苯 | 4.44（闭杯） | 1.2%～7.1% | 自燃点480℃。可经皮肤和呼吸道吸收，具麻醉作用。对皮肤和黏膜有较大刺激作用。纯品未见对造血系统有影响，工业品慢性吸入产生类似苯的毒性 |
| 甲胺 | 0（闭杯） | 4.95%～20.75% | 自燃点430℃。对皮肤和黏膜有腐蚀和刺激作用 |
| 2-甲基丙烯酸 | 77（开杯） | | 强烈刺激眼、呼吸道 |
| 甲基苯酚（邻、对位混合物） | 94 | 1.06%～1.40% | 刺激眼、黏膜、皮肤，个别人致敏。吸入后引起呼吸道刺激、充血、炎症，对心、肾可致损。经口摄入对胃肠道有腐蚀作用 |
| 甲烷 | -190 | 5.3%～15%<br>5.4%～59.2%（氧气中） | 自燃点540℃。有单纯窒息作用，高浓度时因缺氧而窒息。空气中达到25%～30%出现头晕、呼吸加速、运动失调 |
| 甲酸 | 68.89（开杯） | 18%～57% | 自燃点600℃。具刺激性、强腐蚀性，接触皮肤引起水泡，人经口摄入约30g，肾功能衰竭或呼吸功能衰竭而亡 |
| 甲酸甲酯 | -18.89 | 5.05%～22.70% | 自燃点465℃。高浓度时有显著作用，吸入可作用于中枢神经系统，引起视觉等的障碍 |

续表

| 化合物名称 | 闪点（℃） | 爆炸极限（体积） | 主要危险特征 |
| --- | --- | --- | --- |
| 甲醇 | 11.1 | 6.72% ~36.5% | 自燃点385℃，主要作用于神经系统，具有麻醉作用，可引起视神经和视网膜的损伤，视力模糊而失明。其蒸气对黏膜有明显的刺激作用 |
| 甲醛 | 85（37%） | 7% ~73% | 自燃点430℃。对皮肤和黏膜有腐蚀和刺激作用。可使蛋白凝固。皮肤触及可使皮肤发硬乃至局部组织坏死。能引起结膜炎，严重者发生喉痉挛、肺水肿等 |
| 四乙基铅 | 93.33 |  | 剧毒，易燃，可经皮肤和消化道吸收，引起急性和慢性中毒，可在体内积蓄。急性中毒表现为头痛、头晕、失眠、烦躁不安、幻视、幻听、精神分裂、痴呆、昏迷等神经系统症状。消化系统症状表现为恶心、恶吐、食欲不振。此外，血压、脉搏、体温偏低 |
| 四氢呋喃 | -14（闭杯） | 2.3% ~11.8% | 自燃点321℃。刺激眼睛、黏膜，高浓度时抑制中枢神经，引起肝肾损失 |
| 四氯化碳 | 无 | 无 | 具有轻度麻醉作用，能经呼吸道和皮肤吸收，对肝、肾、肺等脏器有严重损害。对试验动物有致癌作用。高温下分解成剧毒的光气 |
| 对-二氯苯 | 65.5（闭杯） |  | 主要损坏肝脏，其次是肾脏。人在高浓度接触后可引起虚脱，头晕呕吐。对肝的损坏可致肝硬化甚至坏死，对眼、鼻有刺激作用 |
| 对-甲苯胺 | 86.67（闭杯） |  | 自燃点482.22℃。可经皮肤或呼吸道吸收。毒性与苯胺相似，为高铁血红蛋白形成剂，可引起缺氧、血尿。对动物有致癌作用 |
| 对-甲苯磺酰氯 |  |  | 有明显刺激作用。皮肤接触可引起水泡。吸入可致肺水肿，严重的可致死亡 |
| 对-甲苯磺酰酸 | 180 |  | 对皮肤和眼睛有明显的刺激作用 |
| 对-苯二酚（氢醌） | 165（闭杯） |  | 自燃点515.56℃。动物急性中毒时活动增加，对外界刺激过敏，反射亢进，呼吸困难，紫钳，阵发性抽搐，体温下降，瘫痪，反射消失，昏迷以至死亡。亚急性中毒出现溶血性黄疸、贫血、白细胞增多、低血糖等 |

续表

| 化合物名称 | 闪点（℃） | 爆炸极限（体积） | 主要危险特征 |
|---|---|---|---|
| 对－苯醌 | | | 动物大剂量吸收可引起局部变化和全身反应，如肾损伤、肺水肿等。可直接作用于延髓并影响血液的携氧能力，致死剂量可致延髓麻醉。刺激眼、皮肤，长期接触引起眼的晶体浑浊和溃疡，造成视力障碍 |
| 对－氨基苯磺酸 | | | 有轻刺激作用。其中常混有 α－萘胺（可致癌） |
| 对－硝基甲苯 | 105 | | 毒性与邻－硝基甲苯相似 |
| 对－硝基苯胺 | 198.89（闭杯） | 粉尘具爆炸性 | 为强烈的高铁血红蛋白形成剂，可经皮肤吸收。慢性接触可致黄疸及贫血 |
| 对－硝基苯酚 | | | 毒性与邻－硝基苯酚相同 |
| 对－氯苯酚 | 121.11 | | 迅速透皮吸收，有强烈刺激性，可能是一种中枢神经毒剂 |
| 光气 | | | 为窒息性毒性，主要作用于呼吸器官，可引起急性中毒性水肿而致死 |
| 异丁烷 | －82.78 | 1.8%～8.44% | 自燃点 462.22℃。高浓度接触时有头痛、迟钝、视物模糊、呼吸急促、失去知觉等症状 |
| 异丁醇 | 27.78 | 1.2%～10.9% | 自燃点 426.6℃。可经皮肤吸收，但不刺激皮肤，刺激眼和喉咙部的黏膜。有麻醉作用 |
| 异丁醛 | －40（闭杯） | 1.6%～10.6% | 自燃点 254.44℃。对皮肤和眼睛有明显刺激作用 |
| 异丙苯 | 43.9 | 0.9%～6.5% | 自燃点 423.89℃。可经皮肤吸收，刺激皮肤，有麻醉作用，但诱导期慢且持续时间长 |
| 异丙醇 | 11.67（闭杯） | 2.02%～11.80% | 自燃点 398.9℃。对眼睛、皮肤、上呼吸道黏膜有刺激作用，高浓度蒸气能引起眩晕和呕吐，在体内几乎无蓄积 |
| 异戊二烯 | －53.89 | 1.5%～ | 自燃点 220℃。具有刺激性和麻醉作用 |
| 异戊醇 | 42.78 | 1.2%～9.0% | 自燃点 350℃。对眼睛和黏膜有较强刺激作用 |
| 异氰酸酯 | <6.67 | | 对眼睛和呼吸道黏膜有明显刺激作用，有催泪性，可经皮肤吸收。高浓度吸入可引起肺水肿 |

续表

| 化合物名称 | 闪点（℃） | 爆炸极限（体积） | 主要危险特征 |
|---|---|---|---|
| 呋喃 | <0 | 2.3% ~14.3% | 自燃点 >0℃。有较高燃烧危险性，易通过皮肤吸收 |
| 呋喃甲醇 | 75（开杯） | 1.8% ~16.3% | 自燃点 490.5℃。对眼有强烈刺激作用。能引起皮炎 |
| 呋喃甲醛 | 60（闭杯） | 2.1% ~16.3% | 自燃点 315.56℃。易经皮肤吸收。接触后引起中枢神经系统损害，呼吸中枢麻痹以至死亡。对皮肤、黏膜有刺激作用，有时出现皮炎、鼻炎、嗅觉减退 |
| 吡啶 | 20（闭杯） | 1.8% ~12.4% | 自燃点 482.2℃。高浓度吸入可抑制中枢神经系统，引起多发性神经炎。经口可损伤肝、肾。可经皮肤吸收。对皮肤、黏膜、眼睛有强烈刺激作用，对皮肤有光感作用 |
| 邻－二硝基苯 | 150（闭杯） | | 为强烈高铁血红蛋白形成剂，毒性远大于苯胺和硝基苯。易经皮肤吸收。慢性接触可致肝、肾、中枢神经系统损害。引起贫血及呼吸道刺激 |
| 邻－甲苯胺 | 85（闭杯） | | 自燃点 482.2℃。可经皮肤或呼吸道吸收，毒性与苯胺相似，为高铁血红蛋白形成剂，急性中毒可出现血尿。对动物有致癌作用 |
| 邻－甲苯酚 | 81.1（闭杯） | 1.4% ~ | 自燃点 598.9℃。毒性与甲基苯酚（混合物）相似 |
| 邻－苯二甲酸二丁酯 | 157.22（闭杯） | | 自燃点 402.78℃。其雾对黏膜有刺激作用 |
| 邻－苯二甲酸二甲酯 | 146.11（闭杯） | | 自燃点 555.56℃。刺激眼睛、黏膜。误服引起胃肠道刺激，大剂量可引起麻醉、血压降低。抑制中枢神经系统，人接触可引起多发性神经炎 |
| 邻－苯二酚 | 127.22（闭杯） | | 毒性比苯酚大，可经皮肤吸收。对眼睛有损害。皮肤接触可引起湿疹样皮炎或溃疡。动物大剂量接触明显抑制中枢神经，可使血压持续上升。小剂量时引起高铁血红蛋白症，淋巴细胞减少或贫血 |
| 邻－氨基苯酚 | | | 可致接触性过敏性皮炎。吸入量较多时可致高铁血红蛋白症。不易经皮肤吸收 |

续表

| 化合物名称 | 闪点（℃） | 爆炸极限（体积） | 主要危险特征 |
|---|---|---|---|
| 邻－硝基甲苯 | 106.11（闭杯） | | 可经皮肤或呼吸道吸收。形成高铁血红蛋白的能力较小。慢性接触可引起贫血 |
| 邻－硝基苯胺 | 168.33 | | 自燃点521.11℃。毒性与对－硝基苯胺相似 |
| 邻－硝基苯酚 | | | 高铁血红蛋白形成剂，但毒性比苯胺、硝基苯小。可经皮肤和呼吸道吸收。损害动物的肝、肾 |
| 间－二甲苯 | 29 | 1.0%～7.0% | 自燃点530℃。具麻醉性 |
| 间－二硝基苯 | 150（闭杯） | | 爆炸点≥300℃。具有爆炸性，对摩擦敏感。毒性与邻－二硝基苯相似 |
| 间－苯二酚（雷索辛） | 127（闭杯） | 1.4% | 自燃点608℃。刺激眼睛、皮肤。中毒表现类似苯酚中毒，但毒性低于邻－苯二酚 |
| 间－硝基甲苯 | 106.11（闭杯） | | 与邻－硝基甲苯相似 |
| 辛烷 | 13.33 | 1%～6.5% | 自燃点220℃。有轻微的窒息作用。小鼠吸入高浓度的辛烷4个月后，甲状腺和肾上腺皮质功能降低 |
| 环已烯 | －6.67 | | 自燃点310℃。抑制中枢神经，具有麻醉作用。刺激眼睛、黏膜，皮肤 |
| 环已烷 | －20（开杯） | | 自燃点310℃。抑制中枢神经，具有麻醉作用。能抑制中枢神经系统，有麻醉作用 |
| 环已酮 | 43.89 | 1.1%～8.1% | 自燃点420℃。对眼、喉、黏膜、皮肤有刺激作用，有麻醉作用。高浓度可引起呼吸衰竭 |
| 环已醇 | 67.78（闭杯） | 1.2%～ | 自燃点300℃。刺激眼、皮肤、呼吸道，引起眼角膜坏死。对中枢神经系统有抑制作用，可见结膜刺激症状、麻醉作用及肝、肾损害 |
| 环氧乙烷 | ＜－18 | 3.0%～80.0%（3.0%～100%） | 自燃点429℃。具有刺激性，对神经系统可产生抑制作用，为一原浆毒。许多实验证明为诱变剂 |
| 环氧丙烷 | －37.22（开杯） | 2.8%～37% | 具有原发性刺激性。轻度抑制中枢神经，为一原浆毒。对动物致癌。对人体危害主要局限于眼和皮肤 |

续表

| 化合物名称 | 闪点（℃） | 爆炸极限（体积） | 主要危险特征 |
| --- | --- | --- | --- |
| 苯 | -11（闭杯） | 1.4% ~7.1% | 自燃点 562.2℃。主要经呼吸道或皮肤吸收中毒。急性毒性累及中枢神经系统，产生麻醉作用。慢性毒性主要影响造血机能及神经系统。对皮肤有刺激作用。疑为致癌物 |
| 苯乙酮 | 82.22（开杯） | | 自燃点 571℃。刺激眼、黏膜、皮肤。高浓度时抑制中枢神经。皮肤接触时可造成灼伤 |
| 苯甲酰氯 | 72 | | 强烈刺激眼和上呼吸道。引起皮肤坏死。长期接触引起血象异常和神经系统功能紊乱 |
| 苯甲酸 | 121 | | 自燃点 574℃。用作食品防腐剂。对皮肤有轻度刺激作用。已公布的对人的最低中毒剂量为 6mg · $kg^{-1}$ |
| 苯甲酸乙酯 | 88 | | 自燃点 490℃。对皮肤有中度刺激，对眼有轻度刺激。可经口、皮肤、呼吸道侵入肌体。未见人中毒的报道 |
| 苯甲酸甲酯 | 83 | | 毒性特征类似苯甲酸乙酯 |
| 苯甲醇 | 100.56 | | 自燃点 436℃。对眼和上呼吸道黏膜有刺激作用。有麻醉作用。进入体内代谢迅速 |
| 苯甲醛 | 64.44（闭杯） | | 自燃点 191.67℃。对眼和上呼吸道黏膜有一定刺激作用。可引起头痛、恶心、呕吐、皮炎 |
| 苯甲醚（茴香醚） | 51.67 | | 自燃点 475℃ |
| 苯肼 | 88.89（闭杯） | | 自燃点 173.89℃。可经皮肤吸收，对皮肤有刺激和致癌作用。可引起溶血性贫血、肝大和肝功能异常 |
| 苯胺 | 70（闭杯） | 1.3% ~ | 自燃点 615℃。可经皮肤吸收。主要产生高铁血红蛋白症、溶血性贫血、肝和肾的损害 |
| 苯酚 | 79.44（闭杯） | 1.5% ~ | 自燃点 715℃。细胞原浆毒物，对各种细胞有直接损害。强烈刺激眼睛和皮肤，造成严重灼伤。在鼠试验中损害肝脏 |
| 叔丁醇 | 11.11（闭杯） | 2.4% ~8% | 自燃点 480℃。刺激眼睛和黏膜 |

续表

| 化合物名称 | 闪点（℃） | 爆炸极限（体积） | 主要危险特征 |
|---|---|---|---|
| 咖啡因 | | | 口服剂量大于1g会引起心悸、失眠、眩晕、头痛 |
| 肼（联氨） | 52 | 4.7%~100% | 可经皮肤、消化道、呼吸道迅速吸收。对磷酸吡啶醛酶系统有抑制作用，能引起局部刺激，也可致敏，对人可能致癌。为高活性还原剂，爆炸范围广，如遇可浸渍的物质如木屑、布、灰污等，可在空气中自燃。接触金属氧化物、过氧化物或其他氧化剂时也会自燃 |
| 庚烷 | -4（闭杯） | 1.10%~6.70% | 自燃点215℃。具有刺激性和麻醉性作用，对血象稍有影响 |
| 2-庚醇 | 71.11（开杯） | | 对眼睛、皮肤有一定的刺激作用 |
| 2-庚酮 | 48.89（开杯） | | 自燃点532.78℃。具有刺激性和麻醉作用，急性中毒少见 |
| 重氮甲烷 | | 200℃时爆炸 | 具有强烈刺激作用，对人可能是致癌物。遇金属或粗糙表面、遇热或受撞击会猛烈爆炸 |
| 6-氨基乙酸 | | | 大鼠口服60天后产生致畸作用。最低致癌剂量为150g·kg$^{-1}$ |
| 特戊醇 | 19（闭杯） | 1.2%~9.0% | 对眼、上呼吸道黏膜和皮肤有中度刺激作用，但不致敏。高浓度有麻醉作用 |
| 烟碱（尼古丁） | | 0.75%~4.0% | 自燃点243.89℃。易燃有毒。大量吸入会引起恶心、呕吐、腹泻、腹痛、大汗、昏厥、痉挛甚至死亡 |
| 萘 | 78.89 | 0.9%~5.9%（蒸气） | 自燃点526℃。可通过呼吸道、胃肠道、皮肤等侵入机体。刺激眼、黏膜、皮肤，引起皮肤湿疹。高浓度吸入可导致溶血性贫血、肝肾损害、神经炎和晶体浑浊 |
| 2-萘酚 | 153（闭杯） | | 强烈刺激眼睛、黏膜、皮肤和肾脏，可经皮肤吸收。可引起皮炎、肾炎、眼球和角膜损伤、晶体浑浊等 |
| 脱氢醋酸 | | | 为广谱杀菌剂 |
| 脲 | | | 可经口、呼吸道或皮肤吸收，刺激眼睛和呼吸道，吸入其粉尘可引起喉痛、咳嗽、气短，经口摄入出现腹痛 |

续表

| 化合物名称 | 闪点（℃） | 爆炸极限（体积） | 主要危险特征 |
| --- | --- | --- | --- |
| 联苯胺 | | | 可经呼吸道、胃肠道及皮肤侵入。形成高铁血红蛋白症的能力较弱。其粉尘对皮肤有刺激作用。有致癌作用，可诱发人的膀胱癌 |
| 硝基甲烷 | 35（闭杯） | 7.3% ~ | 自燃点 418.3℃。具有强烈的痉挛作用及后遗症。强烈振动、遇热、遇无机碱等易引起燃烧和爆炸 |
| 硝基苯 | 35（闭杯） | 1.8% ~ | 自燃点 482℃。为高铁血红蛋白形成剂，能引起紫绀。可经呼吸道或皮肤吸收。刺激眼睛。急性接触影响中枢神经系统，慢性接触则引起肝、脾损害，红细胞中可找到海恩小体，并致贫血。饮酒可增强毒性作用 |
| 硫酸二乙酯 | 104.44（闭杯） | | 自燃点 436℃。对眼睛和皮肤有严重刺激性和损害，但毒性低于硫酸二甲酯 |
| 硫酸二甲酯 | 83.3<br>（开杯） | | 自燃点 190.78℃。作用与芥子气相似。对呼吸道和皮肤有刺激作用。可引起支气管炎、肺气肿、肺水肿。皮肤接触可引起红肿、上皮细胞坏死、点状出血，深部可有出血和溃疡。眼部接触有疼痛、眼睑痉挛和水肿、视觉减退、色觉障碍 |
| 喹啉 | 99 | 1.0% ~ | 自燃点 480℃。对皮肤、眼睛有明显刺激性，并能引起较严重的持久性损害 |
| 氯乙烯 | 13（闭杯） | 3.6% ~33%<br>（4.0% ~21.7%） | 自燃点 472℃。对动物和人有致癌作用，引起肝血管内瘤。高浓度可产生不同浓度的麻醉作用，主要取决于吸入剂量。长期少量吸入可引起肝、肾功能异常，为致癌剂 |
| 氯乙烷 | -43 | 4.0% ~14.8% | 高浓度时对中枢神经有抑制作用，亦可引起心律不齐 |
| 氯乙酸 | 126.11 | 8% ~ | 本品与磷酸丙糖脱氢酶的巯基反应产生毒性作用。对皮肤、黏膜和眼睛有明显的局部刺激作用和腐蚀作用 |
| 氯乙醇 | 60（开杯） | 4.9% ~15.9% | 对黏膜有强烈刺激作用。可经呼吸道、消化道或皮肤进入体内。代谢迅速，无蓄积性。可能是潜在的致癌物 |
| 氯乙醛 | 87.78 | 4.9% ~15.9% | 对皮肤和黏膜有强烈的刺激性和腐蚀作用 |

续表

| 化合物名称 | 闪点（℃） | 爆炸极限（体积） | 主要危险特征 |
|---|---|---|---|
| 1－氯丁烷 | －9.44（开杯） | 1.85%～10.10% | 自燃点460℃。高浓度时有麻醉作用，并对皮肤有强烈刺激性 |
| 3－氯－1－丙烯 | －32 | 2.9%～11.2% | 自燃点485℃。对眼、鼻、喉有强烈刺激作用。损害肝和肾 |
| 1－氯丙烷 | －17.78 | 2.6%～11.1% | 自燃点520℃。高浓度时能抑制中枢神经系统。长期低浓度接触对肝、肾有损害 |
| 1－氯戊烷 | 12.22（开杯） | 1.6%～8.63% | 自燃点260℃。高浓度有麻醉作用 |
| 氯甲烷 | | 8.25%～18.70% | 自燃点630℃。主要作用于中枢神经系统，并能损害肝和肾 |
| 氯仿 | | | 刺激眼睛。主要作用于中枢神经系统，具麻醉作用。可造成对肝、肾、心脏的损害 |
| 氯苄 | 67.22 | 1.1%～14% | 自燃点585℃。主要经呼吸道吸收，对黏膜（尤以眼结膜）有刺激作用。皮肤接触可引起红斑和大疱，乃至湿疹。遇金属分解可能引起爆炸 |
| 氯苯 | 29.44（闭杯） | 1.3%～7.1% | 自燃点637.75℃。对中枢神经系统有抑制及麻醉作用。大剂量可引起试验动物肝、肾病变。对血液的作用比苯轻。具有轻度的局部麻醉作用 |
| 蒽 | 121.11 | 0.6%～ | 自燃点540℃。纯品有轻度的局部麻醉作用和弱的光感作用。工业品因含有相当的杂质而毒性增加，有致癌作用。长期大量接触引起肝、心的轻度损害 |
| 碘甲烷 | | | 可经皮肤吸收。对中枢神经系统有抑制作用，对皮服有刺激作用 |
| 溴乙烷 | －20 | 6.75%～11.25% | 自燃点511.11℃。有麻醉作用，能引起肺、肝、肾损害 |
| 1－溴丁烷 | 18.33（开杯） | 2.6%～6.6% | 自燃点265℃。高浓度时有麻醉作用 |
| 溴甲烷 | | 10%～16% | 自燃点536℃。为较强的神经毒剂，对皮肤、肾、肝都可引起损害。对呼吸道有刺激作用，严重时可引起肺水肿 |
| 溴仿 | 无 | | 主要抑制中枢神经系统，具麻醉作用和催泪性，严重损害肝脏 |
| 樟脑 | 65.56（闭杯） | 0.6%～3.5% | 自燃点536℃。蒸气有麻醉性 |
| 磺胺 | | | 不能引起再生障碍性贫血，疑为致癌物 |

# 附录十 部分有机物的 $pK_a$ 值

| 弱酸 | 分子式 | $K_a$ | $pK_a$ |
|---|---|---|---|
| 甲酸 | $HCOOH$ | $1.8\times10^{-4}$ | 3.74 |
| 乙酸 | $CH_3COOH$ | $1.8\times10^{-5}$ | 4.74 |
| 丙酸 | $C_2H_5COOH$ | $1.34\times10^{-6}$ | 4.87 |
| 一氯乙酸 | $CH_2ClCOOH$ | $1.4\times10^{-3}$ | 2.86 |
| 二氯乙酸 | $CHCl_2COOH$ | $5.0\times10^{-2}$ | 1.30 |
| 三氯乙酸 | $CCl_3COOH$ | 0.23 | 0.64 |
| 氨基乙酸盐 | $NH_3CH_2COOH$ | $4.5\times10^{-3}$ ($K_{a1}$) | 2.35 |
|  | $NH_3CH_2COO^-$ | $4.5\times10^{-10}$ ($K_{a2}$) | 9.60 |
| 抗坏血酸 |  | $5.0\times10^{-5}$ ($K_{a1}$) | 4.30 |
|  |  | $1.5\times10^{-10}$ ($K_{a2}$) | 9.82 |
| 乳酸 | $CH_3CHOHCOOH$ | $1.4\times10^{-4}$ | 3.86 |
| 苯甲酸 | $C_6H_5COOH$ | $6.2\times10^{-5}$ | 4.21 |
| 草酸 |  | $5.9\times10^{-2}$ ($K_{a1}$) | 1.22 |
|  |  | $6.4\times10^{-5}$ ($K_{a2}$) | 4.19 |
| d－酒石酸 |  | $9.1\times10^{-4}$ ($K_{a1}$) | 3.04 |
|  |  | $4.3\times10^{-5}$ ($K_{a2}$) | 4.37 |
| 邻－苯二甲酸 |  | $1.1\times10^{-3}$ ($K_{a1}$) | 2.95 |
|  |  | $3.9\times10^{-6}$ ($K_{a2}$) | 5.41 |
| 柠檬酸 |  | $7.4\times10^{-4}$ ($K_{a1}$) | 3.13 |
|  |  | $1.7\times10^{-5}$ ($K_{a2}$) | 4.76 |
|  |  | $4.0\times10^{-7}$ ($K_{a3}$) | 6.40 |
| 苯酚 |  | $1.1\times10^{-10}$ | 9.95 |
| 乙二胺四乙酸（EDTA） |  | 0.1 ($K_{a1}$) | 0.9 |
|  |  | $3\times10^{-2}$ ($K_{a2}$) | 1.6 |
|  |  | $1\times10^{-2}$ ($K_{a3}$) | 2. 0 |
|  |  | $2.1\times10^{-3}$ ($K_{a4}$) | 2.67 |
|  |  | $6.9\times10^{-7}$ ($K_{a5}$) | 6.16 |
|  |  | $5.5\times10^{-11}$ ($K_{a6}$) | 10.26 |

续表

| 弱酸 | 分子式 | $K_a$ | p$K_a$ |
|---|---|---|---|
| 环已烷二胺四乙酸（$C_yDTA$） | | $3.72\times10^{-3}$（$K_{a1}$） | 2.43 |
| | | $3.02\times10^{-4}$（$K_{a2}$） | 3.52 |
| | | $7.59\times10^{-7}$（$K_{a3}$） | 6.12 |
| | | $2.0\times10^{-12}$（$K_{a4}$） | 11.70 |
| 乙二醇二乙醚二胺四乙酸（EGTA） | | $1.0\times10^{-2}$（$K_{a1}$） | 2.00 |
| | | $2.24\times10^{-3}$（$K_{a2}$） | 2.65 |
| | | $1.41\times10^{-9}$（$K_{a3}$） | 8.85 |
| | | $3.47\times10^{-10}$（$K_{a4}$） | 9.46 |
| 二乙三胺五乙酸 | | $1.29\times10^{-2}$（$K_{a1}$） | 1.89 |
| | | $1.62\times10^{-3}$（$K_{a2}$） | 2.79 |
| | | $5.13\times10^{-5}$（$K_{a3}$） | 4.29 |
| | | $2.46\times10^{-9}$（$K_{a4}$） | 8.61 |
| | | $3.81\times10^{-11}$（$K_{a5}$） | 10.48 |
| 水杨酸 | $C_6H_4OHCOOH$ | $1.0\times10^{-3}$（$K_{a1}$） | 3.00 |
| | | $4.2\times10^{-13}$（$K_{a2}$） | 12.38 |
| 硫代硫酸 | $H_2S_2O_3$ | $5\times10^{-1}$（$K_{a1}$） | 0.3 |
| | | $1\times10^{-2}$（$K_{a2}$） | 2.0 |
| 苦味酸 | $HOC_6H_2(NO_2)_3$ | $4.2\times10^{-1}$ | 0.38 |
| 乙酰丙酮 | $CH_3COCH_2COCH_3$ | $1\times10^{-9}$ | 9.0 |
| 邻二氮菲 | $C_{12}H_8N_2$ | $1.1\times10^{-5}$ | 4.96 |
| 8-羟基喹啉 | $C_9H_6NOH$ | $9.6\times10^{-1}$（$K_{a1}$） | 5.02 |
| | | $1.55\times10^{-10}$（$K_{a2}$） | 9.81 |

# 附录十一 常见的共沸混合物

**二元共沸混合物**

| 组分 A（沸点） | 组分 B（沸点） | 共沸点（℃） | 共沸物质量组成 A | 共沸物质量组成 B |
|---|---|---|---|---|
| 水（100℃） | 苯（80.6℃） | 69.3 | 9% | 91% |
| | 甲苯（110.6℃） | 84.1 | 19.6% | 80.4% |
| | 氯仿（61℃） | 56.1 | 2.8% | 97.2% |
| | 乙醇（78.3℃） | 78.2 | 4.5% | 95.5% |
| | 丁醇（117.8℃） | 92.4 | 38% | 62% |
| | 异丁醇（108℃） | 90.0 | 33.2% | 66.8% |
| | 仲丁醇（99.5℃） | 88.5 | 32.1% | 67.9% |
| | 叔丁醇（82.8℃） | 79.9 | 11.7% | 88.3% |
| | 烯丙醇（97.0℃） | 88.2 | 27.1% | 72.9% |
| | 苄醇（205.2℃） | 99.9 | 91% | 9% |
| | 乙醚（34.6℃） | 110（最高） | 79.8% | 20.2% |
| | 二氧六环（101.3℃） | 87 | 20% | 80% |
| | 四氯化碳（76.8℃） | 66 | 4.1% | 95.9% |
| | 丁醛（75.7℃） | 68 | 6% | 94% |
| 水（100℃） | 三聚乙醛（115℃） | 91.4 | 30% | 70% |
| | 甲酸（100.8℃） | 107.3（最高） | 22.5% | 77.5% |
| | 乙酸乙酯（77.1℃） | 70.4 | 8.2% | 91.8% |
| | 苯甲酸乙酯（212.4℃） | 99.4 | 84% | 16% |
| 乙醇（78.3℃） | 苯（80.6℃） | 68.2 | 32% | 68% |
| | 氯仿（61℃） | 59.4 | 7% | 93% |
| | 四氯化碳（76.8℃） | 64.9 | 16% | 84% |
| | 乙酸乙酯（77.1℃） | 72 | 30% | 70% |
| 甲醇（64.7℃） | 四氯化碳（76.8℃） | 55.7 | 21% | 79% |
| | 苯（80.6℃） | 58.3 | 39% | 61% |
| 乙酸乙酯（77.1℃） | 四氯化碳（76.8℃） | 74.8 | 43% | 57% |
| | 二硫化碳（46.3℃） | 46.1 | 7.3% | 92.7% |
| 丙酮（56.5℃） | 二硫化碳（46.3℃） | 39.2 | 34% | 66% |
| | 氯仿（61℃） | 65.5 | 20% | 80% |

续表

| 组分 | | 共沸点（℃） | 共沸物质量组成 | | 组分 | | 共沸点（℃） | 共沸物质量组成 | |
|---|---|---|---|---|---|---|---|---|---|
| A（沸点） | B（沸点） | | A | B | A（沸点） | B（沸点） | | A | B |
| 丙酮（56.5℃） | 异丙醚（69℃） | 54.2 | 61% | 39% | 己烷（69℃） | 氯仿（61℃） | 60.0 | 28% | 72% |
| 己烷（69℃） | 苯（80.6℃） | 68.8 | 95% | 5% | 环己烷（80.8℃） | 苯（80.6℃） | 77.8 | 45% | 55% |

**三元共沸混合物**

| 组分（沸点） | | | 共沸物质量组成 | | | 共沸点（℃） |
|---|---|---|---|---|---|---|
| A | B | C | A | B | C | |
| 水（100℃） | 乙醇（78.3℃） | 乙酸乙酯（77.1℃） | 7.8% | 9.0% | 83.2% | 70.3 |
| | | 四氯化碳（76.8℃） | 4.3% | 9.7% | 86% | 61.8 |
| | | 苯（80.6℃） | 7.4% | 18.5% | 74.1% | 64.9 |
| | | 环己烷（80.8℃） | 7% | 17% | 76% | 62.1 |
| | | 氯仿（61℃） | 3.5% | 4.0% | 92.5% | 55.6 |
| | 正丁醇（117.8℃） | 乙酸乙酯（77.1℃） | 29% | 8% | 63% | 90.7 |
| | 异丙醇（82.4℃） | 苯（80.6℃） | 7.5% | 18.7% | 73.8% | 66.5 |
| | 二硫化碳（46.3℃） | 丙酮（56.4℃） | 0.81% | 75.21% | 23.98% | 38.04 |

# 附录十二 贝克曼温度计

物理化学实验中常用贝克曼温度计精密测量温差，其构造如附图1所示。它与普通水银温度计的区别在于测温端水银球内的水银量可以借助毛细管上端的U状水银贮槽来调节，因此贝克曼温度计的适用范围较大，可在 -20℃至 +120℃范围内使用。贝克曼温度计上的刻度通常只有5℃或6℃，每1℃刻度间隔5cm，中间分为100等份，可直接读出0.01℃，用放大镜可估读到0.002℃，测量精密度高。主要用于量热技术中，如凝固点降低、沸点升高及燃烧热的测定等精密测量温差的工作中。

温度量程的调节方法主要有两种：

**1. 恒温浴调节法**

（1）首先确定所使用的温度范围。例如测量水溶液凝固点的降低需要能读出1℃至 -5℃之间的温度读数；测量水溶液沸点的升高则希望能读出99℃至105℃之间的温度读数；至于燃烧热的测定，则室温时水银柱示值在2℃至3℃之间最为适宜。

（2）根据使用范围，估计当水银柱升至毛细管末端弯头处的温度值。一般的贝克曼温度计，水银柱由刻度最高处上升至毛细管末端，还需要升高2℃左右。根据这个估计值来调节水银球中的水银量。例如测定水的凝固点降低时，最高温度读数拟调节至1℃，那么毛细管末端弯头处的温度应相当于3℃。

（3）将贝克曼温度计浸在温度较高的恒温浴中，使毛细管内的水银柱升至弯头，并在球形出口处形成滴状，然后从水浴中取出温度计，将其倒置，即可使它与水银贮槽中水银相连接。

（4）另用一恒温浴，将其调至毛细管末端弯头所应达到的温度，把贝克曼温度计置于该恒温浴中，恒温5分钟以上。

（5）取出温度计，用右手紧握它的中部，使其近乎垂直，用左手轻击右手小臂，这时水银柱即可在弯头处断开。温度计从恒温浴中取出后，由于温度差异，水银体积会迅速变化，因此，这一调节步骤要求迅速、轻快，但不必慌乱，以免造成失误。

（6）将调节好的温度计置于欲测温度的恒温浴中，观察其读数值，并估计量程是否符合要求。例如凝固点降低法测摩尔质量中，可用0℃的冰水浴予以检验，如果温度值落在3℃～5℃处，意味着量程合适。若偏差过大，则应按上述步骤重新调节。

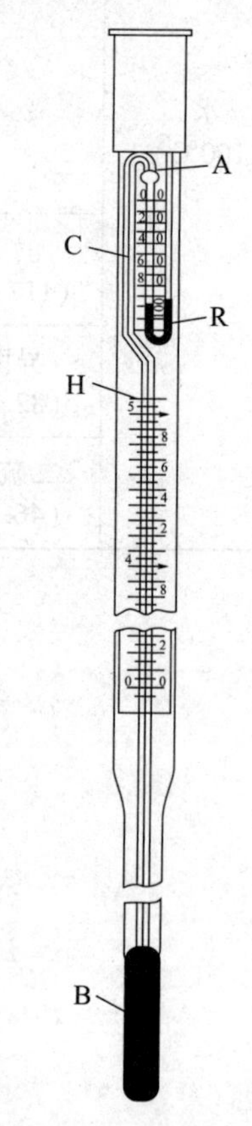


附图1　贝克曼温度计

**2. 标尺读数法**

对操作比较熟练的人可采用此法。该法是直接利用贝克曼温度计上部的温度标尺，而不必另外用恒温浴来调节，其操作步骤如下：

（1）首先估计最高使用温度值。将温度计倒置，使水银球和毛细管中的水银徐徐注入毛细管末端的球部，再把温度计慢慢倾斜，使贮槽中的水银与之相连接。

（2）若估计值高于室温，可用温水，或倒置温度计利用重力作用，让水银流入水银贮槽，当温度标尺处的水银面到达所需温度时，轻轻敲击，使水银柱在弯头处断开；若估计值低于室温，可将温度计浸于较低的恒温浴中，让水银面下降至温度标尺上的读数正好到达所需温度的估计值，同法使水银柱断开。

（3）与上法同，检查调节的水银量是否合适。

贝克曼温度计较贵重，下端水银球尺寸较大，玻璃壁很薄，极易损坏，使用时不要与任何物体相碰，调节时注意勿让它受剧热或骤冷，还应避免重击，不要随意放置，用完后，必须立即放回盒内。调节好的温度计，注意勿使毛细管中的水银柱再与贮槽里的水银相连接。

# 附录十三 恒温水浴的组装及其性能测试

普通恒温水浴的结构是由浴槽、温度计、搅拌器、加热器、接触温度计（或称导电表）和继电器等部分组成。其装置如附图 2 所示。

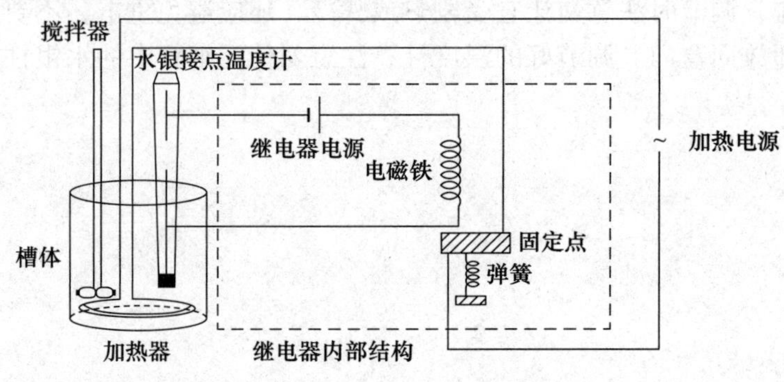


附图 2　恒温水浴结构示意图

恒温水浴的工作原理简述如下。

## 一、浴槽

浴槽包括容器和液体介质。如果要求设定的温度与室温相差不太大，通常可用 20dm$^3$ 的圆形玻璃缸作容器。若设定的温度较高（或较低），则应对整个槽体保温，以减小热量传递速度，提高恒温精度。

恒温水浴以蒸馏水为工作介质。如对装置稍作改动并选用其他合适液体作为工作介质，则上述恒温浴可在较大的温度范围内使用。

## 二、温度计

观察恒温浴的温度可选用分度值为 0.1℃ 的水银温度计，而测量恒温浴的灵敏度时应采用贝克曼温度计。温度计的安装位置应尽量靠近被测系统。所用的水银温度计读数都应加以校正。

## 三、搅拌器

搅拌器以小型电动机带动，其功率可选 40W，用变速器或变压器来调节搅拌速度。搅拌器一般应安装在加热器附近，使热量迅速传递，以使槽体各部位温度均匀。

## 四、加热器

在要求设定温度比室温高的情况下，必须不断供给热量以补偿水浴向环境散失的热量。电加热器的选择原则是热容量小、导热性能好、功率适当。如果容量为 $20\text{dm}^3$ 的浴槽，要求恒温在 20℃ ~30℃之间，可选用 200 ~300W 的电加热器。室温过低时，则应选用较大功率或采用两组加热器。

## 五、接触温度计

接触温度计又称水银导电表。水银球上部焊有金属丝，温度计上半部有另一金属丝，两者通过引出线接到继电器的信号反馈端。接触温度计的顶部有一磁性螺旋调节帽，用来调节金属丝触点的高低。同时，从温度计调节指示螺母在标尺上的位置可以估读出大致的控温设定温度值。浴槽温度升高时，水银膨胀并上升至触点，继电器内线圈通电产生磁场，加热线路弹簧片跳开，加热器停止加热。随后浴槽热量向外扩散，使温度下降，水银收缩并与触点脱离，继电器的电磁效应消失，弹簧片弹回，而接通加热器回路，系统温度又开始回升。这样接触温度计反复工作，而使系统温度得到控制。可以说它是恒温浴的中枢，对恒温起着关键作用。

## 六、继电器

继电器必须与加热器和接触温度计相连，才能起到控温作用。

衡量恒温水浴的品质好坏，可以用恒温水浴灵敏度来度量。通常以实测的最高温度值与最低温度值之差的一半数值来表示其灵敏度。测定恒温水浴灵敏度的方法，是在设定温度下，观察温度随时间变动情况。采用精密度较高的贝克曼温度计，记录温度作为纵坐标，同时记录相应的时间为横坐标，再绘制灵敏度曲线。$T_S$ 为设定温度，波动最低温度为 $T_1$，最高温度为 $T_2$，则该恒温水浴的灵敏度为

$$S = \pm \frac{T_2 - T_1}{2}$$

**1. 使用方法**

① 插上电子继电器电源，打开电子继电器开关。

② 插上电动搅拌机电源，调节合适的搅拌速度。

③ 插上数字贝克曼温度计电源，打开开关。检查实际温度是否低于所控制温度。

④ 旋转下降调节帽，直到电子继电器的红灯刚好亮。插上加热器电源，缓慢旋转调节帽，使钨丝高度上升，直到电子继电器的红灯刚好灭，加热器开始加热。

⑤ 当电子继电器的红灯亮，重复调节并反复进行，直到实际温度在设定温度的一定范围内波动。

⑥ 记录温度随时间的变化值，绘制恒温槽灵敏度曲线。

**2. 注意事项**

① 旋转调节帽时，速度宜慢。调节时应密切注意实际温度与所控温度的差别，以决定调节的速度。

② 每次旋转调节帽后，均应拧紧固定螺丝。

③ 实验结束后，千万不要忘了拔掉加热电源。

# 附录十四　折射率的测定

折射率是物质的重要物理常数之一，测定物质的折射率可以定量地求出该物质的浓度或纯度。

## 一、物质的折射率与物质浓度的关系

许多纯的有机物质具有一定的折射率，如果纯的物质中含有杂质，其折射率将发生变化，偏离了纯物质的折射率，杂质越多，偏离越大。纯物质溶解在溶剂中折射率也发生变化，如蔗糖溶解在水中随着浓度愈大，折射率越大，所以通过测定蔗糖水溶液的折射率，也就可以定量地测出蔗糖水溶液的浓度。异丙醇溶解在环已烷中，浓度愈大其折射率愈小。折射率的变化与溶液的浓度、测定温度、溶剂溶质的性质以及它们的折射率等因素有关，当其他条件固定时，一般情况下当溶质的折射率小于溶剂的折射率时，浓度愈大，折射率愈小。反之亦然。

测定物质的折射率，可以测定物质的浓度，其方法如下。

1. 制备一系列已知浓度的样品，分别测定各浓度的折射率。

2. 以浓度 $c$ 与折射率 $n_D^t$ 作图得一工作曲线。

3. 测未知浓度样品的折射率，在工作曲线上可以查得未知浓度样品的浓度。

用折射率测定样品的浓度所需试样量少，操作简单方便，读数准确。

实验室常用的阿贝（Abbe）折射仪，它既可以测定液体的折射率，也可以测定固体物质的折射率，同时可以测定蔗糖溶液的浓度。其结构外形如附图3所示。

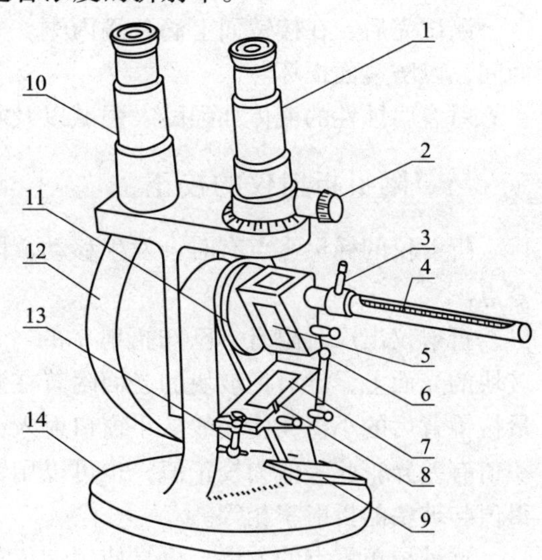


附图3　阿贝折射仪

1. 测量望远镜　2. 消色散手柄　3. 恒温水入口　4. 温度计　5. 测量棱镜　6. 铰链　7. 辅助棱镜　8. 加液槽　9. 反射镜　10. 读数望远镜　11. 转轴　12. 刻度罩盘　13. 闭合旋钮　14. 底座

阿贝折射仪的标尺上除标有1.300～1.700折射率数值外，在标尺旁还标有20℃糖溶液的百分浓度的读数，可以直接测定糖溶液的浓度。

在指定的条件下，液体的折射率因所用单色光的波长不同而不同。若用普通白光作光源（波长400～700nm），由于发生色散而在明暗分界线处呈现彩色光带，使明暗交界不清楚，故在阿贝折射仪中还装有两个各由三块棱镜组成的阿密西（Amici）棱镜作为消色散棱镜（又称补偿棱镜）。通过调节消色散棱镜，使折射棱镜出来的色散光线消失，使明暗分界线完全清楚，这时所测的液体折射率相当于用钠光 D 线（589nm）所测得的折射率 $n_D$。

## 二、阿贝折射仪的使用方法

将阿贝折射仪放在光亮处，但避免阳光直接曝晒。用超级恒温槽将恒温水通入棱镜夹套内，其温度以折射仪上温度计读数为准。

扭开测量棱镜和辅助棱镜的闭合旋钮，并转动镜筒，使辅助棱镜斜面向上，若测量棱镜和辅助棱镜表面不清洁，可滴几滴丙酮，用擦镜纸顺单一方向轻擦镜面（不能来回擦）。

用滴管滴入 2 ~ 3 滴待测液体于辅助棱镜的毛玻璃面上（滴管切勿触及镜面），合上棱镜，扭紧闭合旋钮。若液体样品易挥发，动作要迅速，或将两棱镜闭合，从两棱镜合缝处的一个加液小孔中注入样品（特别注意不能使滴管折断在孔内，以致损伤棱镜镜面）。

转动镜筒使之垂直，调节反射镜使入射光进入棱镜，同时调节目镜的焦距，使目镜中十字线清晰明亮。再调节读数螺旋，使目镜中呈半明半暗状态。

调节消色散棱镜至目镜中彩色光带消失，再调节读数螺旋，使明暗界面恰好落在十字线的交叉处。如此时又呈现微色散，必须重调消色散棱镜，直到明暗界面清晰为止。

从望远镜中读出标尺的数值即 $n_D$，同时记下温度，则 $n_D$ 为该温度下待测液体的折射率。每测一个样品需重复测 3 次，3 次误差不超过 0. 0002，然后取平均值。

测试完后，在棱镜面上滴几滴丙酮，并用擦镜纸擦干。最后用两层擦镜纸夹在两镜面间，以防镜面损坏。

对有腐蚀性的液体如强酸、强碱以及氟化物，不能使用阿贝折射仪测定。

## 三、阿贝折射仪的校正

折射仪的标尺零点有时会发生移动，因而在使用阿贝折射仪前需用标准物质校正其零点。

折射仪出厂时附有一已知折射率的“玻块”，一小瓶 α - 溴萘。滴 1 滴 α - 溴萘在玻块的光面上，然后把玻块的光面附着在测量棱镜上，不需合上辅助棱镜，但要打开测量棱镜背后的小窗，使光线从小窗口射入，就可进行测定。如果测得的值与玻块的折射率值有差异，此差值为校正值，也可以用钟表螺丝刀旋动镜筒上的螺丝进行校正，使测得值与玻块的折射率相等。

这种校正零点的方法，也是使用该仪器测定固体折射率的方法，只要将被测固体代替玻块进行测定。

在实验室中一般用纯水作标准物质（$n_D^{25} = 1.3325$）来校正零点。在精密测量中，须在所测量的范围内用几种不同折射率的标准物质进行校正，考察标尺刻度间距是否正确，把一系列的校正值画成校正曲线，以供测量对照校正。

## 四、温度和压力对折射率的影响

液体的折射率是随温度变化而变化的，多数液态的有机化合物当温度每增高 1℃时，其折射率下降 $3.5\times10^{-4}\sim5.5\times10^{-4}$。纯水的折射率在 15℃～30℃之间，温度每增高 1℃，其折射率下降 $1\times10^{-4}$。若测量时要求准确度为 $\pm1\times10^{-4}$，则温度应控制在 $t$℃ ±0.1℃，此时阿贝折射仪需要有超级恒温槽配套使用。如果是溶液，则应该按溶液浓度比例进行校正，如 5% 乙醇，应该是 $95\%\times1\times10^{-4}+5\%\times4.5\times10^{-4}$。

压力对折射率有影响，但不明显，只有在很精密的测量中，才考虑压力的影响。

# 附录十五 旋光度的测定

许多物质具有旋光性，如石英晶体、酒石酸晶体、蔗糖、葡萄糖、果糖的溶液等。当平面偏振光线通过具有旋光性的物质时，它们可以将偏振光的振动面旋转某一角度，使偏振光的振动面向左旋的物质称左旋物质，向右旋的称右旋物质。因此通过测定物质旋光度的方向和大小，可以鉴定物质、检测浓度。

## 一、旋光度与物质浓度的关系

旋光物质的旋光度，除了取决于旋光物质的本性外，还与测定温度、光经过物质的厚度、光源的波长等因素有关。若被测物质是溶液，当光源波长、温度、溶液厚度恒定时，其旋光度与溶液的浓度成正比。

**1. 测定旋光物质的浓度**

先将已知浓度的样品按一定比例稀释成若干不同浓度的试样，分别测出其旋光度。然后以横轴为浓度，纵轴为旋光度，绘制 $\alpha - c$ 曲线。然后取未知浓度的样品测其旋光度，在 $\alpha - c$ 曲线上查出该样品的浓度。

**2. 根据物质的比旋光度测出物质的浓度**

物质的旋光度由于实验条件的不同有很大的差异，所以提出了物质的比旋光度。规定以钠光 D 线作为光源、温度为 20℃、样品管长为 10cm、浓度为每立方厘米中含有 1g 旋光物质时所产生的旋光度，即为该物质的比旋光度，通常用符号 $[\alpha]_t^{D}$ 表示。D 表示光源，$t$ 表示温度。

$$[\alpha]_t^{D} = \frac{100\alpha}{lc}$$

比旋光度是度量旋光物质旋光能力的一个常数。

根据被测物质的比旋光度，可以测出该物质的浓度，其方法如下：

（1）从手册上查出被测物质的比旋光度 $[\alpha]_t^{D}$。

（2）选择一定厚度（最好 10cm）的旋光管。

（3）在 20℃时测出未知浓度样品的旋光度，代入上式即可求出浓度 $c$。

测定旋光度的仪器通常使用旋光仪。

## 二、旋光仪的构造和测试原理

普通光源发出的光称自然光，其光波在垂直于传播方向的一切方向上振动。如果我们借助某种方法，从这种自然聚集体中挑选出只在平面内的方向上振动的光线，这种光线称为偏振光。尼柯尔（Nicol）棱镜就是根据这原理设计的。旋光仪的主体是两块尼柯尔棱镜，尼柯尔棱镜是将方解石晶体沿一对角面剖成两块直角棱镜，再由加拿大树脂沿剖面黏合起来。如附图 4 所示。

当光线进入棱镜后，分解为两束相互垂直的平面偏振光，一束折射率为 1. 658 的寻常光，一束折射率为 1. 486 的非寻常光，这两束光线到达方解石与加拿大树脂黏合面上时，折射率为 1. 658 的一束光线就被全反射到棱镜的底面上（因加拿大树脂的折射率为 1. 550）。若底面是黑色涂层，则折射率为 1. 658 的寻常光将被吸收，折射率为 1. 486 的非寻常光则通过树脂而不产生全反射现象，就获得了一束单一的平面偏振光。用于产生偏振光的棱镜称起偏镜，从起偏镜出来的偏振光仅限于在一个平面上振动。假如再有另一个尼柯尔棱镜，其透射面与起偏镜的透射面平行，则起偏镜出来的一束光线也必能通过第二个棱镜，第二个棱镜称检偏镜。若起偏镜与检偏镜的透射面相互垂直，则由起偏镜出来的光线完全不能通过检偏镜。如果起偏镜和检偏镜的两个透射面的夹角（$\theta$ 角）在 0°~90°之间，则由起偏镜出来的光线部分透过检偏镜，如附图 5 所示。一束振幅为 $E$ 的 $OA$ 方向的平面偏振光，可以分解成为互相垂直的两个分量，其振幅分别为 $E\cos\theta$ 和 $E\sin\theta$。但只有与 $OB$ 重合的具有振幅为 $E\cos\theta$ 的偏振光才能透过检偏镜，透过检偏镜的振幅为 $OB = E\cos\theta$。由于光的强度 $I$ 正比于光的振幅的平方，因此：

$$I = OB^2 = E^2\cos^2\theta = I_0\cos^2\theta$$

式中 $I$ 为透过检偏镜的光强度；$I_0$ 为透过起偏镜的光强度。当 $\theta = 0°$时，$E\cos\theta = E$，此时透过检偏镜的光最强。当 $\theta = 90°$时，$E\cos\theta = 0$，此时没有光透过检偏镜，光最弱。旋光仪就是利用透光的强弱来测定旋光物质的旋光度。

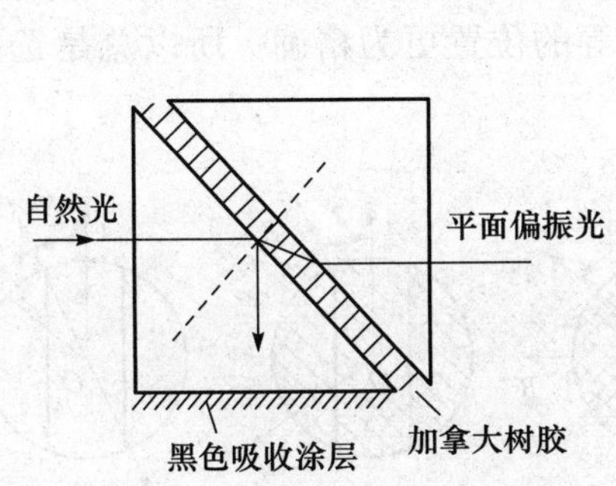


附图 4 尼柯尔棱镜的起偏原理

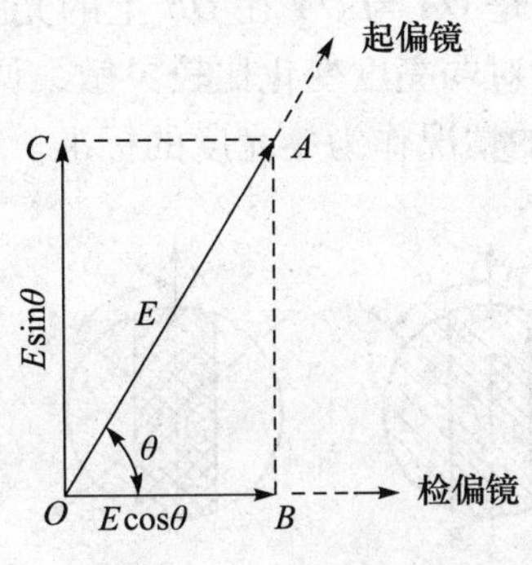


附图 5 偏振光强度

旋光仪的结构示意图如附图 6 所示。

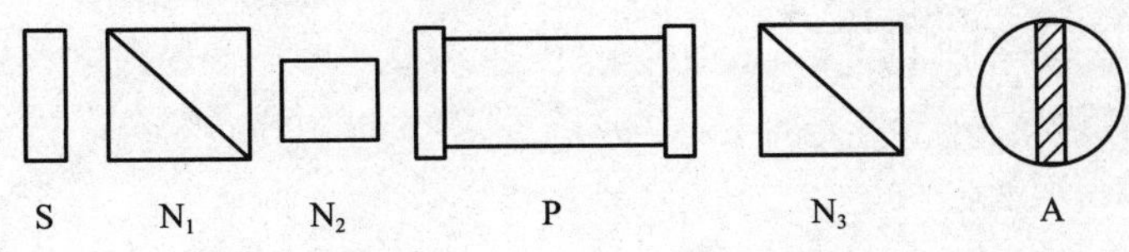


附图 6 旋光仪的结构示意图

图中，S 为钠光光源，$N_1$ 为起偏镜，$N_2$ 为一块石英片，$N_3$ 为检偏镜，P 为旋光管（盛放待测溶液），A 为目镜的视野，$N_3$ 上附有刻度盘，当旋转 $N_3$ 时，刻度盘随同转动，其旋转的角度可以从刻度盘上读出。

若转动 $N_3$ 的透射面与 $N_1$ 的透射面相互垂直，则在目镜中观察到视野呈黑暗。若在旋光管中盛以待测溶液，由于待测溶液具有旋光性，必须将 $N_3$ 相应旋转一定的角度 $\alpha$，目镜中才会又呈黑暗，$\alpha$ 即为该物质的旋光度。但人们的视力对鉴别二次全黑相同的误差较大（可差 4°～6°），因此设计了一种三分视野或二分视野，以提高人们观察的精确度。为此，在 $N_1$ 后放一块狭长的石英片 $N_2$，其位置恰巧在 $N_1$ 中部。石英片具有旋光性，偏振光经 $N_2$ 后偏转了一角度 $\alpha$，在 $N_2$ 后观察到的视野如附图 7（a）。$OA$ 是经 $N_1$ 后的振动方向，$OA'$是经 $N_1$ 后再经 $N_2$ 后的振动方向，此时视野左右两侧亮度相同，而与中间不同，$\alpha$ 角称为半荫角。如果旋转 $N_3$ 的位置使其透射面 $OB$ 与 $OA'$垂直，则经过石英片 $N_2$ 的偏振光不能透过 $N_3$。目镜视野中出现中部黑暗而左右两侧较亮，如附图7（b）所示。若旋转 $N_2$ 使 $OB$ 与 $OA$ 垂直，则目镜视野中部较亮而两侧黑暗，如附图7（c）所示。如调节 $N_3$ 位置使 $OB$ 的位置恰巧在附图 7（c）和（b）的情况之间，则可以使视野三部分明暗相同如附图 7（d）所示。此时 $OB$ 恰好垂直于半荫角的角平分线 $OP$。由于人们视力对选择明暗相同的三分视野易于判断，因此在测定时先在 P 管中盛无旋光性的蒸馏水，转动 $N_3$，调节三分视野明暗度相同，此时的读数作为仪器的零点。当 P 管中盛具有旋光性的溶液后，由于 $OA$ 和 $OA'$的振动方向都被转动过某一角度，只有相应地把检偏镜 $N_3$ 转动某一角度，才能使三分视野的明暗度相同，所得读数与零点之差即为被测溶液的旋光度。测定时若需将检偏镜 $N_3$ 顺时针方向转某一角度，使三分视野明暗相同，则被测物质为右旋。反之则为左旋，常在角度前加负号表示。

若调节检偏镜 $N_3$ 使 $OB$ 与 $OP$ 重合，如附图 7（e）所示，则三分视野的明暗也应相同，但是 $OA$ 与 $OA'$在 $OB$ 上的光强度比 $OB$ 垂直 $OP$ 时大，三分视野特别亮。由于人们的眼睛对弱亮度变化比较灵敏，调节亮度相等的位置更为精确。所以总是选取 $OB$ 与 $OP$ 垂直的情况作为旋光度的标准。

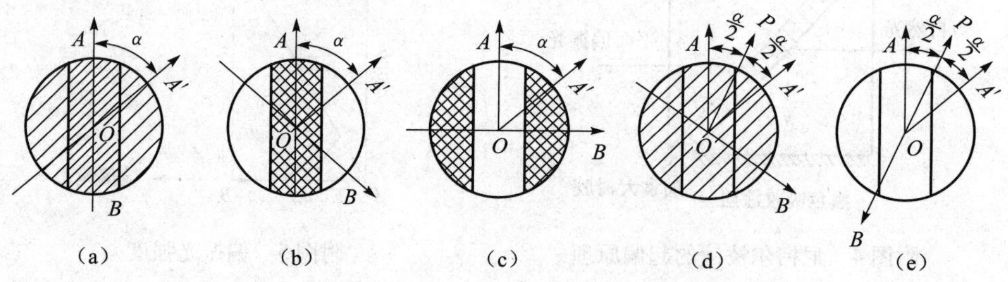


附图 7　旋光仪的测量原理

# 附录十六

# 不同温度下水、苯、乙醇的密度

| 温度（℃） | 密度（$g \cdot cm^{-3}$） | | | 温度（℃） | 密度（$g \cdot cm^{-3}$） | | |
|---|---|---|---|---|---|---|---|
| | 水 | 苯 | 乙醇 | | 水 | 苯 | 乙醇 |
| 5 | 0. 999965 | 0. 891 | 0. 802 | 23 | 0. 997538 | 0. 877 | 0. 787 |
| 10 | 0. 999700 | 0. 887 | 0. 798 | 24 | 0. 997296 | 0. 876 | 0. 786 |
| 15 | 0. 999099 | 0. 883 | 0. 794 | 25 | 0. 997044 | 0. 875 | 0. 785 |
| 16 | 0. 998943 | 0. 882 | 0. 794 | 26 | 0. 996783 | 0. 875 | 0. 784 |
| 17 | 0. 998774 | 0. 882 | 0. 792 | 27 | 0. 996512 | — | 0. 784 |
| 18 | 0. 998595 | 0. 881 | 0. 791 | 28 | 0. 996232 | — | 0. 783 |
| 19 | 0. 998405 | 0. 881 | 0. 790 | 29 | 0. 995944 | — | 0. 782 |
| 20 | 0. 998203 | 0. 879 | 0. 789 | 30 | 0. 995646 | 0. 869 | 0. 781 |
| 21 | 0. 997992 | 0. 879 | 0. 789 | 40 | 0. 99244 | 0. 858 | 0. 772 |
| 22 | 0. 997770 | 0. 878 | 0. 788 | 50 | 0. 99007 | 0. 847 | 0. 763 |

# 附录十七

## 水的表面张力（$10^{-3}$ N · $m^{-1}$）

| 温度（℃） | $\sigma$ | 温度（℃） | $\sigma$ | 温度（℃） | $\sigma$ | 温度（℃） | $\sigma$ |
|---|---|---|---|---|---|---|---|
| 0 | 75.64 | 15 | 73.49 | 22 | 72.44 | 29 | 71.35 |
| 5 | 74.92 | 16 | 73.34 | 23 | 72.28 | 30 | 71.18 |
| 10 | 74.22 | 17 | 73.19 | 24 | 72.13 | 35 | 70.38 |
| 11 | 74.07 | 18 | 73.05 | 25 | 71.97 | 40 | 69.56 |
| 12 | 73.93 | 19 | 72.90 | 26 | 71.82 | 45 | 68.74 |
| 13 | 73.78 | 20 | 72.75 | 27 | 71.66 | | |
| 14 | 73.64 | 21 | 72.59 | 28 | 71.50 | | |

# 附录十八

## 不同温度时无限稀释离子的摩尔电导（$10^{-4}$ S·m·$mol^{-1}$）

| 离　子 | 0℃ | 18℃ | 25℃ | 50℃ |
|---|---|---|---|---|
| $H^+$ | 240 | 314 | 350 | 465 |
| $K^+$ | 40.4 | 64.4 | 74.5 | 115 |
| $Na^+$ | 26.0 | 43.5 | 50.9 | 82 |
| $NH_4^+$ | 40.2 | 64.5 | 74.5 | 115 |
| $Ag^+$ | 32.9 | 54.3 | 63.5 | 101 |
| $1/2Ba^{2+}$ | 33 | 55 | 65 | 104 |
| $1/2Ca^{2+}$ | 30 | 51 | 60 | 98 |
| $1/3La^{3+}$ | 35 | 61 | 72 | 119 |
| $OH^-$ | 105 | 172 | 192 | 284 |
| $Cl^-$ | 41.1 | 65.5 | 75.5 | 116 |
| $NO_3^-$ | 40.4 | 61.7 | 70.6 | 104 |
| $C_2H_3O_2^{2-}$ | 20.3 | 34.6 | 40.8 | 67 |
| $1/2SO_4^{2-}$ | 41 | 68 | 79 | 125 |
| $1/2C_2O_4^{2-}$ | 39 | 63 | 73 | 115 |
| $1/3C_6H_5O_7^{3-}$ | 36 | 60 | 70 | 113 |
| $1/4Fe(CN)_6^{4-}$ | 58 | 95 | 111 | 173 |

# 附录十九

## 不同温度时 KCl 水溶液的电导率

| t (℃) | k(S · cm⁻¹) | | |
|---|---|---|---|
| | 0. 01mol · L⁻¹ | 0. 02mol · L⁻¹ | 0. 10mol · L⁻¹ |
| 10 | 0. 001020 | 0. 001940 | 0. 00933 |
| 11 | 0. 001045 | 0. 002043 | 0. 00956 |
| 12 | 0. 001070 | 0. 002093 | 0. 00979 |
| 13 | 0. 001095 | 0. 002142 | 0. 01002 |
| 14 | 0. 001021 | 0. 002193 | 0. 01025 |
| 15 | 0. 001147 | 0. 002243 | 0. 01048 |
| 16 | 0. 001173 | 0. 002294 | 0. 01072 |
| 17 | 0. 001199 | 0. 002345 | 0. 01095 |
| 18 | 0. 001225 | 0. 002397 | 0. 01119 |
| 19 | 0. 001251 | 0. 002449 | 0. 01143 |
| 20 | 0. 001278 | 0. 002501 | 0. 01167 |
| 21 | 0. 001305 | 0. 002553 | 0. 01191 |
| 22 | 0. 001332 | 0. 002606 | 0. 01215 |
| 23 | 0. 001359 | 0. 002659 | 0. 01239 |
| 24 | 0. 001386 | 0. 002712 | 0. 01264 |
| 25 | 0. 001413 | 0. 002765 | 0. 01288 |
| 26 | 0. 001441 | 0. 002819 | 0. 01313 |
| 27 | 0. 001468 | 0. 002873 | 0. 01337 |
| 28 | 0. 001496 | 0. 002927 | 0. 01362 |
| 29 | 0. 001524 | 0. 002981 | 0. 011387 |
| 30 | 0. 001552 | 0. 003036 | 0. 01412 |
| 31 | 0. 001581 | 0. 003091 | 0. 01437 |
| 32 | 0. 001609 | 0. 003146 | 0. 01462 |
| 33 | 0. 001638 | 0. 003201 | 0. 01488 |
| 34 | 0. 001667 | 0. 003256 | 0. 01513 |
| 35 | — | 0. 003312 | 0. 01539 |

# 附录二十

# 某些表面活性剂的临界胶束浓度

| 表面活性剂 | 温度℃ | CMC（$mol \cdot dm^{-3}$） |
|---|---|---|
| 辛烷基磺酸钠 | 25 | $1.5 \times 10^{-1}$ |
| 辛烷基硫酸酯 | 40 | $1.36 \times 10^{-1}$ |
| 十二烷基硫酸酯 | 40 | $8.6 \times 10^{-3}$ |
| 十四烷基硫酸酯 | 40 | $2.4 \times 10^{-3}$ |
| 十六烷基硫酸酯 | 40 | $5.8 \times 10^{-4}$ |
| 十八烷基硫酸酯 | 40 | $1.7 \times 10^{-4}$ |
| 硬脂酸钾 | 50 | $4.5 \times 10^{-4}$ |
| 氯化十二烷基胺 | 25 | $1.6 \times 10^{-2}$ |
| 月桂酸钾 | 25 | $1.25 \times 10^{-2}$ |
| 十二烷基磺酸酯 | 25 | $9.0 \times 10^{-3}$ |
| 十二烷基硫酸钠 | 25 | $8.0 \times 10^{-3}$ |
| 十二烷基聚乙二醇（6）基醚 | 25 | $8.7 \times 10^{-5}$ |
| 丁二酸二辛基磺酸钠 | 25 | $1.24 \times 10^{-2}$ |
| 吐温 20 | 25 | $6 \times 10^{-2}$（$g \cdot L^{-1}$，以下均是 $g \cdot L^{-1}$） |
| 吐温 40 | 25 | $3.1 \times 10^{-2}$ |
| 吐温 60 | 25 | $2.8 \times 10^{-2}$ |
| 吐温 65 | 25 | $5.0 \times 10^{-2}$ |
| 吐温 80 | 25 | $1.4 \times 10^{-2}$ |
| 吐温 85 | 25 | $2.3 \times 10^{-2}$ |
| 油酸钾 | 50 | $1.2 \times 10^{-3}$ |
| 松香酸钾 | 25 | $1.2 \times 10^{-2}$ |
| 辛基 β－D－葡萄糖苷 | 25 | $2.5 \times 10^{-2}$ |
| 对－十二烷基苯磺酸钠 | 25 | $1.4 \times 10^{-2}$ |